农机具选型及使用与维修

主　编
宫元娟

副主编
田素博

编著者
王　强　秦军伟

主　审
邱立春

金盾出版社

内 容 提 要

本书由沈阳农业大学工程学院宫元娟教授主编。内容包括：翻转犁、旋耕机、联合整地机、播种机、植保机具、秸秆还田机具、谷物收获机具等众多国家支持推广机具，特别突出了国家予以补贴的农机具及其配置；重点介绍这类机具的选购、使用、维护和常见故障排除。全书内容丰富，通俗易懂，实用性与可操作性强，是农民朋友特别是农用机具拥有者必备图书，亦可供相关院校师生阅读参考。

图书在版编目(CIP)数据

农机具选型及使用与维修/宫元娟主编．—北京：金盾出版社，2008.12

ISBN 978-7-5082-5406-7

Ⅰ．农…　Ⅱ．宫…　Ⅲ．农业机械—基本知识　Ⅳ．S22

中国版本图书馆 CIP 数据核字(2008)第 146897 号

金盾出版社出版、总发行

北京太平路 5 号(地铁万寿路站往南)

邮政编码：100036　电话：68214039　83219215

传真：68276683　网址：www.jdcbs.cn

封面印刷：北京印刷一厂

正文印刷：北京华正印刷有限公司

装订：北京华正印刷有限公司

各地新华书店经销

开本：787×1092 1/32　印张：10.25　字数：230 千字

2010 年 1 月第 1 版第 2 次印刷

印数：8001—16000 册　定价：18.00 元

前　言

农机具是农业生产重要的生产资料，是提高劳动生产率和粮食产量的重要手段。随着农业的发展，广大农民对农业机具的需求在不断增加，因此，农民迫切需要在选购、使用调整和维修农机具方面予以指导。本书编写的目的就是为指导农民如何选购、使用和维修这些农机具，使当前并不十分富裕的农民的有限资金，能产出良好的经济效益，使农业机具在农业生产中能充分发挥作用。

本书主要介绍了翻转犁、旋耕机、联合整地机、耕整机、田园管理机、播种机、插秧机、植保机具、秸秆还田机具、谷物收获机具等农业机具的选购、使用调整、维修保养及故障排除方法。其他类型相同、结构相似的农机具，读者可按书中介绍的方法选购和使用。

笔者针对目前农村正在推广和使用的农业机具，利用多年积累的理论与教学研究、农机设计与制造经验及其使用维修方面的经验，编著了这部实用性很强的专业参考书。本书通俗易懂、图文并茂、实用性强。该书将有助于提高农机化使用水平，提高农机具拥有者的综合素质。

在编写过程中，一些科研单位、生产企业提供了资料，我们对此表示感谢！由于水平有限，书中可能有些缺点和错误之处，请读者批评，同行指教。

编著者

2008年8月

目　　录

第一章 翻转犁

第一节 翻转犁概述

普通铧式犁只能单向翻垡，作业时往往给中间留下一道深沟，不能正常播种。如果在犁架上装上两组犁体或犁体上采用双向犁壁，通过翻转机构，实现自动换向，能使垡片向左向右交替翻转，这就是通称的翻转犁（双向犁）（彩图 1）。其优点是：机组在往返行程中，土垡均向一侧翻转，耕地后地表平整，没有普通犁耕地形成的沟和埂；耕斜坡地沿等高线向坡下翻土，可减少坡度；耕地时由地一边开始，直到地块另一边，不必在地中开墒；地头转弯空行程少，工作效率高。因此，翻转犁在我国得到广泛推广应用。

一、翻转犁的配置

翻转机构按犁体的配置分为全翻转式、半翻转式和水平摆式 3 种类型。

全翻转式指两组犁体呈 180°相对配置，换向时犁体旋转 180°；半翻转式指两组犁体呈小于 90°配置，换向时犁体旋转 90°；水平摆式双向犁是由单组水平摆式犁铧配置而成。工作时，通过换向机构分别对各单个犁体进行换向，这种犁结构复杂，操作不方便，因而应用很少。

二、翻转犁的分类

按动力源可分为半机械式、机械式和液压式3种。

半机械式是以手动操作来完成翻转换向和定位。它经常用于单铧或两铧犁的翻转换向;机械式是以犁在提升时悬挂机构的提升力或犁的重量为动力驱动犁体换向,它主要用于二铧和三铧犁的翻转换向;液压式翻转犁是利用油缸、活塞驱动犁体翻转,其中又分单缸和双缸等不同结构形式。液压式翻转犁比机械式工作更加可靠,是目前使用较多的机型。

三、翻转犁的构造与工作原理

液压翻转犁主要是由悬挂架、犁架及其调平机构、液压翻转机构、限深轮及起换位机构、左翻犁体、右翻犁体等组成。由拖拉机提供液压翻转动力,通过拖拉机液压输出阀控制,经转阀换向,实现犁架的左、右翻转,从而使左、右犁体交替工作。同时,由重锤式限深轮换位机构,实现犁架翻转过程中限深轮的工位变换,以满足左右犁体交替工作时的限深要求。

第二节 翻转犁的推荐机型与选购

一、翻转犁的推荐机型

根据《2006～2008年国家支持推广的农业机械产品目录》和2008年部分地区国家补贴的农机具目录,推荐使用的翻转犁见附表1,其主要型号有辽宁黑山县机械制造有限公司生产的"力王牌"、河北冀新农机有限公司生产的"冀新牌"、乌鲁木齐双剑农机具制造有限公司生产的"双剑牌"、新疆石河子液压件厂生产的“天振牌”，其中“力王牌”系列翻转犁结构见图1-1至图1-6。

二、翻转犁的选购

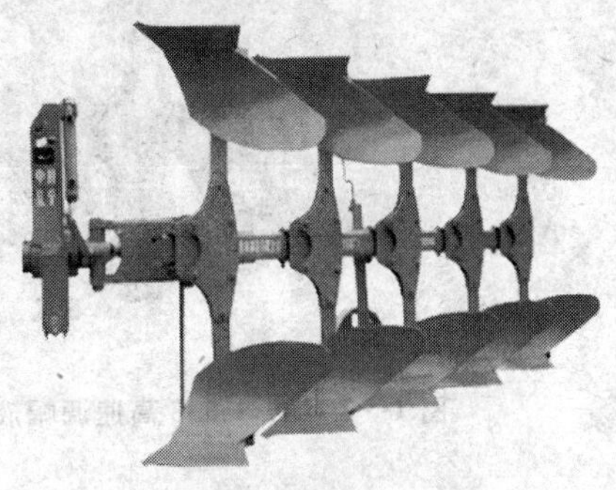

图1-1 1LFG-535型高架液压翻转犁

在选购翻转犁时应注意以下几点：①根据当地农艺要求确定选用翻转犁的种类。②根据自己所拥有或欲购买的拖拉机动力来确定要购买的翻转犁的型号和幅宽。不同动力的拖拉机配不同型号和幅宽的犁，如悬挂犁和半悬挂犁要配有液压装置的拖拉机，同时幅宽要选得合适，幅宽选得过大，拖拉机拉不动或耕不到应有的深度，幅宽选得过小会使犁偏置，既影响操纵性能也浪费拖拉机动力。③所购的产品应符合“三化”（标准化、系列化、通用化）的要求，保证有充足备件供应。在选购时应购买有“农业机械推广许可证章”标记的产品。若在使用中出现质量问题，用户享有向厂家提出修理、索赔的权益。在外观上应无明显缺陷，喷漆要均匀并

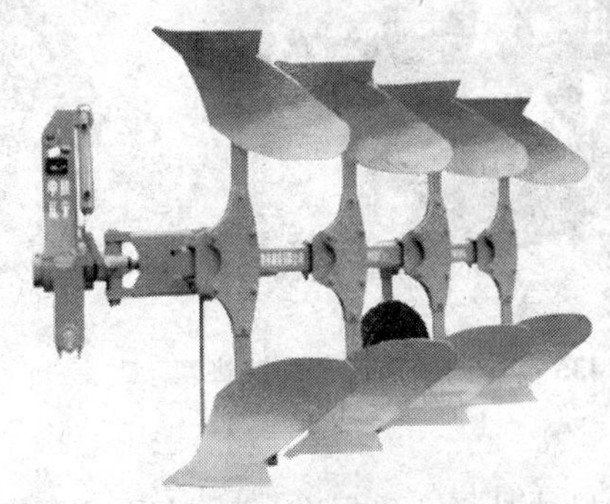

图1-2 1LFG-435型高架液压翻转犁

图 1-3　1LFGT-535 高速调幅液压翻转五铧犁

图 1-4　1LFGT-435 高速调幅液压翻转四铧犁

注意焊接是否牢固，安装尺寸是否合乎标准，表面上无凸凹斑点，更不许有裂纹、刮痕等缺陷，使用说明书和其他有关技术文件应齐全。

图 1-5　1LFQS-535 型翻转式松翻两用犁

图 1-6　1LFQS-435 翻转式松翻两用犁

第三节　翻转犁的调整、使用、维护与故障排除

悬挂液压翻转犁以其高效、墒沟小、可梭式作业等特点，

成为与大、中型拖拉机配套的铧式犁发展的方向而受到青睐，但是由于其结构比传统单向犁复杂，悬挂液压翻转犁的使用调整也成为农机户的麻烦事，以市场上较普遍的型号为例对其调整与维护作一介绍。

一、翻转犁的调整

（一）犁架横向水平调整

首先调整悬挂头架横梁的水平。机组停于水平地面上。旋转拖拉机吊杆上的手柄，伸长或缩短吊杆的长度，使悬挂架横梁与地面平行。横梁距地面的高度依照具体的耕深确定，耕深越大，横梁越低。然后调整犁架的水平。方法是调整犁悬挂头架上两端（也有的在其他部位）的调整螺栓，使左右两螺栓凸出横梁的高度一致。其凸出高度值依照具体的耕深而定，耕深越大，凸出越多。通过以上调节，犁的横向水平基本上已得到保证。

（二）犁架纵向水平调整

犁架的横向水平调整完成后就要在试耕中对犁架进行纵向水平调整。试耕中，观察犁的大架（或斜梁）是否水平，若前高后低，造成犁的大架体入土困难或耕得过浅，应缩短上拉杆；反之，应伸长上拉杆。此时应注意，纵向水平调整是完成横向水平调整后，在保证横向水平状态的前提下进行的，其调整只限于调整上拉杆。若调整下拉杆使其长度发生变化，势必造成整机犁架横向水平的破坏。此时即使犁架在一个耕作状态（如右翻）时达到了水平状态，也难以保证在另一个耕作状态（左翻）时犁架能处于水平状态。

（三）耕深的调整

翻转犁的额定耕深为 20～30 厘米。如果耕深浅，调整限深轮固定板限位支座螺栓，缩短螺栓，使限深轮向后倾斜，使犁架降低，达到增加深度的目的。如果耕深太深，超过 30 厘米，用同样的方法，旋长支座螺栓，使限深轮向前倾斜，使犁架升高，达到耕深变浅的目的。要注意的是一侧长度调整合适后，要把另一侧的螺栓也调整到同样的长度。另外，还可以调整固定板上的左右支座，使其上下移动，来调整限深轮的深浅。

(四)液压系统的调整

目前生产中的液压翻转犁有两种油路：一是拖拉机液压输出油缸，这种油路结构简单，但对驾驶技术要求高；二是带有自动液压换向机构的液压翻转犁。其油路来自拖拉机液压输出转阀油缸。这种油路保证了液压换向可靠，也降低了对驾驶员的技术要求。但是，因为其结构较前种油路复杂，所以对其液压系统的调整也就有了一定的要求。该液压系统的调整主要是转阀换向时机的调整。一般而言，该时机应是犁架转过 90°，油缸后轴、油缸前轴和转轴处于同一平面时(即“死点”位置时)。如果换向时刻与该时机相差过多(即过早或过晚)，势必使犁架停留在 90°位置上不能翻转 180°。调整时，一般是通过调整换向叉拨杆的位置实现。有些犁型换向叉拨杆是螺旋锁紧的，可以松动锁紧螺栓。把拨杆转动一个小角度，锁紧，再试犁的翻转性能。如还是不能翻转，就要继续调整，直到能顺利翻转为止。对于拨杆是焊合件的犁，就须用套管撬动拨叉杆进行调整。调整的方法是，如果犁架停留在“死点”位置之前，就说明是换向提前，须沿犁架翻转的相反方向调整换向叉拨杆；如果犁架停在“死点”位置之后，然后又回到 90°位置，就说明换向滞后，须向犁架翻转的相同方向调整换向叉拨杆。

(五)犁铧入土难的调整

首先检查拖拉机和犁的挂接点(连接点)是否太高,如果过高须降到犁铲入土合适深度,再适当缩短中央拉杆长度,以便增加犁铲入土角度。还可以将限深轮的位置向后移动,从第二根犁柱相对应的位置移到第二根犁与第三根犁柱之间的位置。另外,犁铧刃厚度超过 3 毫米要进行锻打或者磨刃,不然也不易入土。

(六)拖拉机耕作时易跑偏的调整

首先调整犁的挂接,使三点式悬挂在拖拉机的正中心,并保证两升降臂与拖拉机大轮胎内侧尺寸一致。再调整犁架上各犁柱的间距,达到要求的统一尺寸。另外,可检查拖拉机的后轮胎内侧尺寸与前轮胎内侧尺寸是否一致,如果有偏差,可调整前轮胎内侧尺寸,使其达到一致,可减轻耕作时跑偏现象。

二、翻转犁的维护与保养

(一)班 保 养

每班工作后应清除犁体、犁刀和限深轮上的泥土和杂草。紧固各部螺栓。检查升降机构和耕深调节机构灵活性。检查并修复变形零件。向各转动部分加注润滑油。检查安全销状态。检查油缸和油管是否漏油。

(二)定期保养

一般工作 80～100 小时,除班保养内容外,还要做定期保养,主要检查犁铧前、后壁,犁侧板等易损件的磨损情况,需更换的要及时更换。检查牵引犁起落机构的棘轮和长铁的磨损情况。

(三)季 保 养

每耕作季度结束后，应将圆犁刀、限深轮、耕宽调节器丝杆和轴承等零部件拆开进行清洗。全面检查犁的技术状态，换修磨损或变形零件。向各润滑部位注润滑油。在犁体、小前犁和圆犁刀等部件的工作表面及丝杆上涂防锈油，存放在安全、干燥、不积水的机库中，犁轮和犁体要垫起并保持水平。

三、翻转犁使用的注意事项

耕地时，为了安全生产，避免发生事故，应遵守下列各项：①耕地机组人员，必须熟悉犁的结构和调整保养，严格遵守安全操作规程。②机组启动前应发出信号，使所有人员注意，启动时要平稳。③机组在行进中，不允许调整、紧固和清理犁上的泥土缠草。④更换犁铧或在犁和拖拉机之间排除故障时应将拖拉机熄火或与犁分开。悬挂犁升起，在将犁支垫牢靠且液压油缸锁定后方可在犁下方工作。⑤犁耕时，机架和犁后的牵引农具上严禁站人。⑥夜间作业，应有可靠的照明设备。⑦长距离转移机组，犁应处于最大运输间隙，犁架上不得放沉重东西或坐人。悬挂犁要升至最高位置，加以锁定，再将下拉杆左右限位拉链拉紧。运行时不要高速行驶或转急弯。⑧过沟、过埂时，必须降低行驶速度，以减小机组振动。

四、翻转犁故障检查与排除

机械式翻转犁最常见故障是翻转机构不能正常工作，犁体无法翻转，对此问题应做以下检查和调整。检查犁体吊钩是否能够与连杆座分离，如不能分离，应将限位螺栓调整到适当位置，如还不能分离，则应将连杆长度加长，以保证吊钩与连杆座及时分离。

附表 1　推荐使用的翻转犁及其技术参数

生产企业	品　种	产品型号	主要配置及参数
黑山县机械制造有限公司 电话 0416—5505099	液压翻转犁	1LF-535	配套动力:73.5～88.3 千瓦;机具重量:980 千克;耕幅:175 厘米;生产率:6670～8337 米^2/小时;5～6 千米/小时;耕深:18～28 厘米
		1LF-435	配套动力:58.8～66.1 千瓦;机具重量:830 千克;耕幅:140 厘米;生产率:5336～6670 米^2/小时;5～6 千米/小时;耕深:18～28 厘米
	悬挂犁	1L-535	配套动力:58.8～73.5 千瓦;机具重量:520 千克;耕幅:175 厘米;生产率:6003～7337 米^2/小时;5～6 千米/小时;耕深:18～28 厘米
		1L-435	配套动力:51.4～58.8 千瓦;机具重量:430 千克;耕幅:140 厘米;生产率:5002～6003 米^2/小时;5～6 千米/小时;耕深:18～28 厘米
	高架松翻两用犁	1LFG-435	配套动力:55.1～62.5 千瓦;机具重量:440 千克;耕幅:140 厘米;生产率:5002～6336.5 米^2/小时;5～6.5 千米/小时;耕深:30～40 厘米
阿瓦提县新春晓农具厂 电话 0997—2878860	翻转犁	1LF—225	配套动力(千瓦):22～30;外形尺寸(毫米):1400×900×1200;机具重量(千克):165;耕深(毫米):180～240;耕深稳定性变异系数(%):≤10;植被覆盖率(%):≥85;碎土率(%):≥65;耕作速度(千米/小时):≥5;入土行程(米):≤4.0;连接方式:三点悬挂
	旱田铧式犁	1L—320	配套动力(千瓦):22～30;外形尺寸(毫米):1850×850×1000;机具重量(千克):110;耕深(毫米):160～220;耕深稳定性变异系数(%):≤10;植被覆盖率(%):≥85;碎土率(%):≥65;耕作速度(千米/小时):≥5;入土行程(米):≤4.0;连接方式:三点悬挂

续附表 1

生产企业	品　种	产品型号	主要配置及参数
河北冀新农机具有限公司 电话 0319—5667100	气动翻转犁	1LF-230	配套动力(千瓦):29.4;外形尺寸(毫米):1470×1000×1180;机具重量(千克):180;耕深(毫米):220;耕深稳定性变异系数(%):≤10;植被覆盖率(%):≥80;碎土率(%):≥70;耕作速度(千米/小时):≥5;入土行程(米):≤4;连接方式:三点悬挂
	液压翻转双向犁	1LF-327	配套动力(千瓦):29.4～36.8;外形尺寸(毫米):1900×1170×1280;机具重量(千克):415;耕深(毫米):220～270;耕深稳定性变异系数(%):≤10;植被覆盖率(%):≥80;碎土率(%):≥70;耕作速度(千米/小时):>5;入土行程(米):≤4;连接方式:三点悬挂
	气(手)动翻转三铧犁	1LF-325	配套动力(千瓦):29.4;外形尺寸(毫米):1800×1700×1150;机具重量(千克):约260;耕深(毫米):180～250;耕深稳定性变异系数(%)≤10;植被覆盖率(%):≥80(地表以下),≥50(8 厘米以下);碎土率(%)≥70;耕作速度(千米/小时):≥5;入土行程(米):≤4.0;连接方式:三点悬挂
	高速调幅液压翻转犁	1LFGT-435	配套动力(千瓦):99.22 链式;外形尺寸(毫米):3050×1600×1570;机具重量(千克):1100;耕深(毫米):180～270;耕深稳定性变异系数(%):≤10;植被覆盖率(%):≥85;碎土率(%):≥65;耕作速度(千米/小时):≥5;入土行程(米):≤4;连接方式:三点悬挂
	高速调幅液压翻转犁	1LFGT-535 (4+1) (无高架)	配套动力(千瓦):82.7～97.74;外形尺寸(毫米):3050×1600×1570;机具重量(千克):1100;耕深(毫米):180～270;耕深稳定性变异系数(%):≤10;植被覆盖率(%):≥85;碎土率(%):≥65;耕作速度(千米/小时):≥5;入土行程(米):≤4;连接方式:三点悬挂

续附表 1

生产企业	品　种	产品型号	主要配置及参数	
德州宝丰农机制造有限公司 （孙洪伟） 电话 0534－2621172 13336268861	铧式犁	1L3-35 （德州）	耕深稳定性变异系数：≤10% 耕作速度：≥5 千米/小时 碎土率（≤5 厘米土块）：≥65% 入土行程：≤4 米 生产效率：4669～6003 米^2/小时 土壤比阻不大于 0.9 千克/厘米^2	外形尺寸（毫米）：2460×1450×1180 配套动力：40～48 千瓦拖拉机 结构重量：400 千克 设计耕深：270～300 毫米 工作耕幅：1050 毫米
兖州市国丰机械有限公司 （郑继立） 电话 0537－3484399 13905375684	铧式翻转犁	1LQ-330 （世纪国丰）	耕深稳定性变异系数：≤10% 耕作速度：≥5 千米/小时 碎土率（≤5 厘米土块）：≥65% 入土行程：≤4 米 纯生产率：2668～4669 米^2/小时 班次生产率：20010～33350 米^2/8 小时	主要结构型式：气动翻转 外形尺寸（毫米）：2000×1600×1250 配套动力：36.7 千瓦以上拖拉机 结构重量：400 千克 设计耕深：200～300 毫米 工作耕幅：900 毫米

续附表 1

生产企业	品　种	产品型号	主要配置及参数
开封市福星凯恩现代农机有限公司 电话 0378—7288388	液压翻转双向犁	1LFY-327	配套动力(千瓦):36.75～44.1;机具重量(千克):540;耕深(毫米):250～300;耕深稳定性变异系数(%):≤10;植被覆盖率(%):≥85;碎土率(%):≥65;耕作速度(千米/小时):≥5;入土行程(米):≤4;连接方式:三点悬挂
	气动机械翻转犁	1LF-330	配套动力(千瓦):40.4～58.8;机具重量(千克):545;耕深(毫米):250～300;耕深稳定性变异系数(%):≤10;植被覆盖率(%):≥85;碎土率(%):≥65;耕作速度(千米/小时):≥5;入土行程(米):≤4;连接方式:三点悬挂
	自动翻转犁	1LFYT-435 (435+1)	配套动力(千瓦):73.5～103;机具重量(千克):1180;耕深(毫米):300～340;耕深稳定性变异系数(%):≤10;植被覆盖率(%):≥85;碎土率(%):≥65;耕作速度(千米/小时):≥5;入土行程(米):≤4;连接方式:三点悬挂
	双向翻转犁	1LF-435B (高柱/普)	配套动力(千瓦):58.8～73.5;机具重量(千克):710;耕深(毫米):280～320;耕深稳定性变异系数(%):≤10;植被覆盖率(%):≥85;碎土率(%):≥65;耕作速度(千米/小时):≥5;入土行程(米):≤4;连接方式:三点悬挂
商丘市黄河机械制造有限公司 电话 0370—2680219	悬挂中型三铧犁	1L-330	配套动力(千瓦):29.4～36.75;外形尺寸(毫米):2020×1210×1200;机具重量(千克):212;耕深(毫米):180～260;耕深稳定性变异系数(%):≤10;植被覆盖率(%):≥85;碎土率(%):≥65;耕作速度(千米/小时):≥5;入土行程(米):≤4;连接方式:三点悬挂

续附表 1

生产企业	品种	产品型号	主要配置及参数
商丘市黄河机械制造有限公司 电话 0370—2680219	液压翻转三铧犁	1LYF-335	配套动力(千瓦):47.8～55.1 ;外形尺寸(毫米):2700×1615×1340;机具重量(千克):600 ;耕深稳定性变异系数(%):≤10;植被覆盖率(%):≥85;碎土率(%):≥65;耕作速度(千米/小时):>5;入土行程(米):≤4;连接方式:三点悬挂
	双向液压翻转犁	1LFY-327	配套动力(千瓦):29.4～33.08;外形尺寸(毫米):1862×870×1120;机具重量(千克):335;耕深(毫米):≤350 ;耕深稳定性变异系数(%):≤10 ;植被覆盖率(%):≥85;碎土率(%):≥65;耕作速度(千米/小时):>5;入土行程(米):≤4.0;连接方式:三点悬挂
	双向液压翻转犁	1LFY-330	配套动力(千瓦):36.75～51.45;外形尺寸(毫米):2200×1000×1200;机具重量(千克):450;耕深(毫米):≤350 ;耕深稳定性变异系数(%):≤10;植被覆盖率(%):≥85;碎土率(%):≥65;耕作速度(千米/小时):>5;入土行程(米):≤4.0;连接方式:三点悬挂
石河子北郊永昌机械厂 电话 0993—2029416	液压翻转犁	1LF-330	配套动力(千瓦):40.4～47.8;外形尺寸(毫米):2200×1000×1200;机具重量(千克):500;耕深(毫米):250;耕深稳定性变异系数(%):≤10;植被覆盖率(%):≥85;碎土率(%):≥65;耕作速度(千米/小时):5～6;入土行程(米):≤4.0;连接方式:三点悬挂
	液压翻转犁	1LF-335	配套动力(千瓦):44.1～58.8;外形尺寸(毫米):2350×1380×1400;机具重量(千克):600;耕深(毫米):250;耕深稳定性变异系数(%):≤10;植被覆盖率(%):≥85;碎土率(%):≥65;耕作速度(千米/小时):5～6;入土行程(米):≤4.0;连接方式:三点悬挂

续附表 1

生产企业	品　种	产品型号	主要配置及参数
石河子光大农机有限公司 电话 13909933708	液压翻转双向犁	1LF330	配套动力(千瓦):36.8～51.5;外形尺寸(毫米):2200×1000×1200;机具重量(千克):450;耕深(毫米):250;耕深稳定性变异系数(%):≤10;植被覆盖率(%):≥85;碎土率(%):≥65;耕作速度(千米/小时):>5;入土行程(米):≤4.0;连接方式:三点悬挂
	液压翻转双向犁	1LF335	配套动力(千瓦):44.1～58.8;外形尺寸(毫米):2650×1300×1400;机具重量(千克):560;耕深(毫米):250;耕深稳定性变异系数(%):≤10;植被覆盖率(%):≥85;碎土率(%):≥65;耕作速度(千米/小时):>5;入土行程(米):≤4.0;连接方式:三点悬挂
石河子新安镇通达农机厂 13899537665 电话 0993—2356765	气压翻转双向犁	1LF-225	配套动力(千瓦):22～25.7;外形尺寸(毫米):1400×900×1200;机具重量(千克):150;耕深(毫米):180～240;耕深稳定性变异系数(%):≤10;植被覆盖率(%):≥85;碎土率(%):≥65;耕作速度(千米/小时):5～6;入土行程(米):≤4.0;连接方式:三点悬挂
	气压翻转双向犁	1LF-325	配套动力(千瓦):29～40;外形尺寸(毫米):1800×1000×1200;机具重量(千克):250;耕深(毫米):180～240;耕深稳定性变异系数(%):≤10;植被覆盖率(%):≥85;碎土率(%):≥65;耕作速度(千米/小时):>5;入土行程(米):≤4;连接方式:三点悬挂
尉氏县百川犁厂 电话 0378—7288666 0378—7288918	铧式液压翻转犁	1LYF-335	配套动力(千瓦):44.1～62.5;外形尺寸(毫米):2550×1500×1450;机具重量(千克):480;耕深(毫米):240～350;耕深稳定性变异系数(%):≤10.0;植被覆盖率(%):地表以下≥85.0、80毫米深度以下≥60.0;碎土率(%):≥65.0;耕作速度(千米/小时):≥4.0;入土行程(米):≤4.0;连接方式:三点悬挂

续附表 1

生产企业	品　种	产品型号	主要配置及参数
尉氏县百川犁厂 电话 0378—7288666 0378—7288918	铧式犁	1LYFT-435	配套动力(千瓦):58.82～73.52;外形尺寸(毫米):3600×1560×1650;机具重量(千克):1100～1200;耕深(毫米):240～350;耕深稳定性变异系数(%):≤10.0;植被覆盖率(%):地表以下≥85.0、80 毫米深度以下≥50.0;碎土率(%):≥65.0;耕作速度(千米/小时):≥5.0;入土行程(米):≤4.0;连接方式:三点悬挂
乌鲁木齐双剑农机具制造有限公司 电话 0991—3872732 13999112525	液压翻转犁	1LYF-330	配套动力(千瓦):36.8～51.5;外形尺寸(毫米):2200×1000×1200;机具重量(千克):500;耕深(毫米):250;耕深稳定性变异系数(%):≤10;植被覆盖率(%):≥85;碎土率(%):≥65;耕作速度(千米/小时):5～6;入土行程(米):≤4.0;连接方式:三点悬挂
	液压翻转犁	1LYF-335	配套动力(千瓦):44.1～58.8;外形尺寸(毫米):2350×1300×1400;机具重量(千克):600;耕深(毫米):250;耕深稳定性变异系数(%):≤10; 植被覆盖率(%):≥85;碎土率(%):≥65;耕作速度(千米/小时):5～6;入土行程(米):≤4.0;连接方式:三点悬挂
乌鲁木齐现代农庄机械设备有限公司 电话 991—2323466 13609935006	翻转犁	MM110-4T	配套动力(千瓦):88.2;外形尺寸(毫米):3973×2169×1585;机具重量(千克):1220;耕深(毫米):350;耕深稳定性变异系数(%):≤10;植被覆盖率(%):≥85;碎土率(%):≥65;耕作速度(千米/小时):>5;入土行程(米):≤4.0;连接方式:三点悬挂

续附表 1

生产企业	品　种	产品型号	主要配置及参数
新疆科神农业装备科技开发有限公司 电话 0993－2553788 0993－2629933	垂直翻转犁	1LCF-(4＋1)42	配套动力(千瓦):160～180 ;外形尺寸(毫米):4450×2620×1680;机具重量(千克):1550;耕深 (毫米):240～350;耕深稳定性变异系数(%):≤10;植被覆盖率(%):≥85;碎土率(%):≥65;耕作速度(千米/小时):5～8;入土行程(米):≤4;连接方式:三点悬挂
	垂直翻转犁	1LCF-435	配套动力(千瓦):88.2～102.9;外形尺寸(毫米):3750×1800×1620;机具重量(千克):1550;耕深(毫米):240～350;耕深稳定性变异系数(%):≤10;植被覆盖率(%):≥85;碎土率(%):≥65;耕作速度(千米/小时):>5;入土行程(米):≤4;连接方式:三点悬挂
新疆农垦天信国际贸易有限公司 电话 0991-2301609/7885206	翻转犁	RB41	配套动力(千瓦):73.5～110;外形尺寸(毫米):4100×1560×1600;机具重量(千克):1180;耕深(毫米):≤350;耕深稳定性变异系数(%):≤10;植被覆盖率(%):≥85;碎土率(%):≥65;耕作速度(千米/小时):>5;入土行程(米):≤4.0;连接方式:三点悬挂
	翻转犁	RB71	配套动力(千瓦):132.3～154.4;机具重量(千克):1700;耕深(毫米):200～330;耕深稳定性变异系数(%):≤10;植被覆盖率(%):≥85;碎土率(%):≥65;耕作速度(千米/小时):≥5;入土行程(米):≤4;连接方式:三点悬挂
新疆石河子市精工机械厂 电话 13999331297 0993－2839176	液压翻转双向犁	1LF-430	配套动力(千瓦):58.8～66.2;外形尺寸(毫米):2500×1600×1400;机具重量(千克):740;耕深(毫米):≤100;耕深稳定性变异系数(%):≤10;植被覆盖率(%):≥85;碎土率(%):≥65;耕作速度(千米/小时):≥5;入土行程(米):≤4;连接方式:三点悬挂
	液压翻转双向犁	1LF-435	配套动力(千瓦):73.5～88.2;外形尺寸(毫米):2800×1600×1300;机具重量(千克):820;耕深(毫米):250～350;耕深稳定性变异系数(%):≤10;植被覆盖率(%):≥85;碎土率(%):≥65;耕作速度(千米/小时):≥5;入土行程(米):≤4;连接方式:三点悬挂

续附表 1

生产企业	品　种	产品型号	主要配置及参数
新疆天振农牧机械制造厂 电话 0993—2610209 13899529182	液压翻转双向犁	1LF-330	配套动力(千瓦):37～52;外形尺寸(毫米):2190×1220×1300;机具重量(千克):440;耕深(毫米):180～230;耕深稳定性变异系数(%):≤10;植被覆盖率(%):≥85;碎土率(%):≥65;耕作速度(千米/小时):>5;入土行程(米):≤4.0;连接方式:三点悬挂
	液压翻转双向犁	1LF-335	配套动力(千瓦):44.1～58.8;外形尺寸(毫米):2370×1680×1360;机具重量(千克):820;耕深(毫米):220～300;耕深稳定性变异系数(%):≤10;植被覆盖率(%):≥85;碎土率(%):≥65;耕作速度(千米/小时):>5;入土行程(米):≤4.0;连接方式:三点悬挂
	偏置液压翻转双向犁	1LFP-435	配套动力(千瓦):61～102;外形尺寸(毫米):3600×2170×1540;机具重量(千克):960;耕深(毫米):240～320;耕深稳定性变异系数(%):≤10;植被覆盖率(%):≥85;碎土率(%):≥65;耕作速度(千米/小时):>5;入土行程(米):≤4.0;连接方式:三点悬挂
	调幅式液压翻转犁	1LF-440	配套动力(千瓦):88.2～110.3;外形尺寸(毫米):3500×2100×1500;机具重量(千克):1060;耕深(毫米):240～320;耕深稳定性变异系数(%):≤10;植被覆盖率(%):≥85;碎土率(%):≥65;耕作速度(千米/小时):>5;入土行程(米):≤4.0;连接方式:三点悬挂
荥阳市龙丰犁厂 电话:0371-64900320	液压悬挂双向翻转犁	1SYFL-435	配套动力(千瓦):73.52～110.29;外形尺寸(毫米):4800×1640×1500;机具重量(千克):1180;耕深(毫米):230～340;耕深稳定性变异系数(%):≤10;植被覆盖率(%):≥85;碎土率(%):≥65;耕作速度(千米/小时):5～6;入土行程(米):≤4.0;连接方式:三点悬挂

第二章　旋耕机具

第一节　旋耕机具概述

旋耕机是一种由动力驱动的土壤耕整机具。其切土、碎土能力强,一次作业能达到犁耙几次的效果,耕后地表平整、松软,能满足精耕细作要求,且能抢农时,节省劳力。

旋耕机是和拖拉机配套作业的机具,按配套动力分为手扶拖拉机配套旋耕机和轮式拖拉机配套旋耕机两大类。与犁耕和耙耕作业相比,旋耕作业具有碎土性能好、适应性广、作业效率高等优点。在我国无论水田、旱田,旋耕机的应用非常广泛。

第二节　旋耕机的推荐机型与选购

一、旋耕机的推荐机型

根据《2006～2008 年国家支持推广的农业机械产品目录》和 2008 年部分地区农机具补贴目录,推荐使用的旋耕机型及其技术参数见附表 2。从附表可以看出:“春翔”、“常旋”、“方菱”、“亚澳”“正鑫”、“东方红”、“农哈哈”等品牌的旋耕机已形成大规模系列化生产,为主要推荐使用的机型。北京银华春翔农机有限公司“春翔”系列旋耕机见图 2-1 至图 2-4。

图 2-1 与 5.88 千瓦(8 马力)拖拉机配套的旋耕机

图 2-2 与 8.82～22.1 千瓦(12～30 马力)拖拉机配套的旋耕机

二、旋耕机的选购

旋耕机的选购,应掌握如下几点:①配套要合理。旋耕机功率消耗应低于配套拖拉机的输出功率,旋耕机作业幅宽应能覆盖配套拖拉机的左右轮辙。②安全可靠。旋耕机转动部分应有安全护罩,而且护罩要结实,旋耕机单独放置时应能放稳,不施外力不致翻倾;旋耕机外壳上应有安全警示标志,要

图 2-3 与 40.41～117.6 千瓦(55～160 马力)拖拉机配套的旋耕机

图 2-4 折叠式旋耕机

配有内容齐全、正确简明的使用说明书,内容包括技术规格、安全注意事项、正确的装配及使用与操作说明或适当的图示、调整方法及调整量说明、维护与保养说明和常见故障的排除方法等。③能满足当地农业要求。耕作应能满足作物生长需要的一定耕深要求,一般旋耕机耕作深度不应小于 10 厘米。④有良好的售后服务。购买地应有维修和配件销售服务,购买时须配有关修理、更换、退货的“三包”服务卡，售后服务承诺应符合《农业机械产品修理、更换、退货责任》的规定。⑤应尽量选购已获得农业部农业机械推广许可证，并贴有农业部农业机械推广许可证证章的旋耕机产品。⑥选择生产批量大、备件供应及时，其他使用者反映较好的企业生产的产品。⑦在选购具体的某一旋耕机时要注意：旋耕机的动力输入轴是否碰伤，碰伤严重会影响旋耕机与拖拉机的连接；检查万向节是否配套，配不同的拖拉机旋耕机所配的万向节不同，特别要注意花键套的齿数和直径；手转动刀轴转动是否平稳，合格产品应转动平稳，无异响；检查刀座焊缝有无漏焊情况。⑧检查有无出厂合格证（合格证须有检验员盖章）、使用说明书、质量“三包”说明，根据说明书检查配件是否齐全。

第三节　旋耕机的使用、调整与保养

一、旋耕机的使用

使用旋耕机应注意以下几点：①使用前应检查各部件，尤其要检查旋耕刀是否装反和固定螺栓及万向节锁销是否牢靠，发现问题要及时处理，确认稳妥后方可使用。②拖拉机启动前，应将旋耕机离合器手柄拨到分离位置。③要在提升状态下接合动力，待旋耕机达到预定转速后，机组方可起步，并将旋耕机缓慢降下，使旋耕刀入土。严禁在旋耕刀入土情况下直接起步，以防旋耕刀及相关部件损坏。严禁急速下降旋耕机，旋耕刀入土后严禁倒退和转弯。④地头转弯未切断动力时，旋耕机不得提升过高，万向节两端传动角度不得超过30°，同时应适当降低发动机转速。转移地块或远距离行走时，应将旋耕机动力切断，并升到最高位置后锁定。⑤旋耕机运转时，人员严禁接近旋转部件，后面也不得有人，以防万一刀片甩出伤人。⑥检查旋耕机时，必须先切断动力。更换刀片等旋转零件时，必须将拖拉机熄火。⑦耕作时前进的速度，旱田以 2～3 千米/小时为宜。在已耕翻或耙过的地里以 5～7 千米/小时为宜，在水田中耕作可适当快些。切记，速度不可过高，以防止拖拉机超负荷而损坏动力输出轴。⑧旋耕机工作时，拖拉机轮子应走在未耕地上，以免压实已耕地，故需调整拖拉机轮距使其轮子位于旋耕机工作幅内。作业时要注意行走方法，防止拖拉机另一轮子压实已耕地。⑨作业中，如刀轴过多地缠草应及时停车清理，以免增加机具负荷。⑩旋耕时，拖拉机和悬挂部分不准乘人，以防不慎被旋耕机伤害。⑪使用手扶拖拉机旋耕机组时，只有副变速杆放在“慢”的位置时，才能挂旋耕挡。工作中若需倒车，必须将副变速杆放在空挡处才能挂倒挡。旋耕中尽量不使用转向离合器，应用推拉扶手架来纠正方向。地头转弯时，应先减小油门，托起扶手架，再捏转向离合器，不要拐死弯，以防损坏零部件。

二、旋耕机的调整

旋耕机作业前应做如下调整：①左右水平调整。将旋耕机支离地面，检查左右两端刀尖的离地面高度是否一致，可通过右提升杆摇把进行调整。②前后水平调整。先将旋耕机下降到要求的耕深，改变上调节杆（中央栏杆）的长度，使中间传动齿轮箱呈水平状态（或使中央传动输出轴相平行）。③提升高度的调整。万向节在升起时的倾斜角度不超过 30°。一般刀尖只需离地面约 20 厘米左右即可转弯和空行。田间作业时，应限制最高提升位置。④碎土性能的调整。一般情况下，用改变前进速度来调整碎土性能。但具有中间传动箱的旋耕机也可通过改变刀轴转速调整。⑤耕深的调整。机组与有力调节和位调节液压系统的拖拉机配套旋耕作业时，应使用位调节，禁止使用力调节，以免损坏旋耕机。当旋耕机达到要求耕深后，应用限位螺钉将位调节手柄挡住，使每次耕深一致。

三、旋耕机的作业方法

旋耕机的作业方法，一般在地块不大时，采用梭形法、回形法，在地块较大时，可将地块分成小区，采用套耕法。

（一）平　耕

在大田耕作时，为减少地头空行时间，采用小区套耕法来提高工效，小区的宽度尽可能接近耕幅的整数倍，但不能太宽，否则会造成地头空行时间长、工效低。一般小区宽度取15米左右（图2-5）。

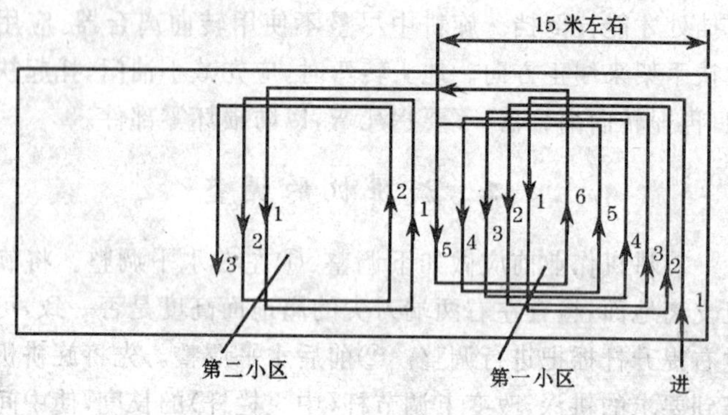

图2-5　小区套耕法

（二）开沟筑畦的耕作方法

一般从田中间左、右回转向外耕作，即外翻法。将欲翻田分数个小区外翻，则可实现开沟筑畦耕作（图 2-6）。

四、旋耕机刀片安装与调整

（一）旋耕机刀片的安装

凿形刀的安装没有特殊的要求，对于直钩形的凿形刀，入土能力强，抛翻土壤性能差，而且易阻缠草，适用于杂草少和板结的土壤。它的安装一般是在刀楞上按螺旋线均匀排列，用螺钉固定在刀座上。对于刀片头部弯曲、外圆弧有较长的刃口的左右弯刀，切割能力强，适用于水、旱地耕作，应用范围较广。刀片如果安装不对，不仅影响作业质量，还要影响机具的使用寿命。其安装一般有以下 3 种方法。

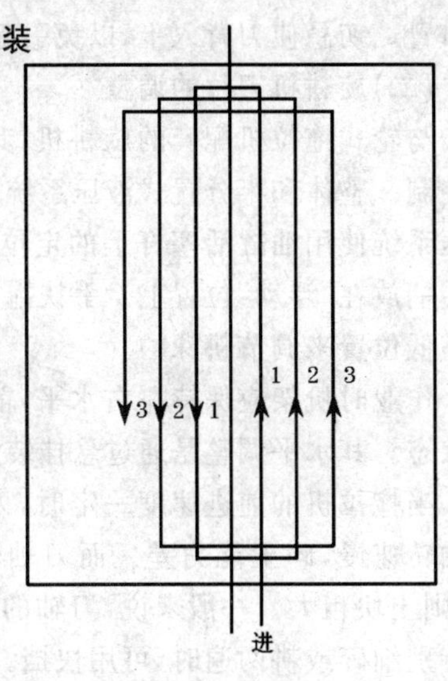

图 2-6 外翻法

1. 交错安装法 左右弯刀在刀轴上交错对称安装，刀轴左、右最外端的一把刀应向里弯，此法旋耕后地面平整，适于平作，是常用的安装方法。

2. 内向安装法 左、右弯刀都向刀轴中间弯。此法旋耕后在耕幅中间有垄，适用做畦前的耕作。也可使机组跨沟作业，起到填沟作用。

3. 外向安装法 指左、右弯刀都向刀轴两端弯，刀轴最外端的一把刀向里弯。此法旋耕后在耕幅中间有一条浅沟；适用于拆畦耕作或旋耕开沟联合作业。注意：安装刀片应按顺序进行，注意刀轴旋转方向。刀轴中心线两端刀片必须对称布置。切忌使刀背入土，以免引起零件损坏。

（二）旋耕机刀片的调整

与轮式拖拉机配套的旋耕机，其耕深由拖拉机的液压系统控制。整体和半分置式液压系统应使用位置调节。分置式液压系统使用油缸活塞杆上的定位卡箍调节耕深，工作时操纵手柄放在"浮动"位置上。手扶拖拉机旋耕是通过改变尾轮的高低位置来调节耕深的。

作业时机架应保持左右水平，前后位置使变速箱处于水平状态。其水平调整是通过悬挂装置的左右吊杆来调整水平的。当拖拉机的前进速度一定时，刀轴转速快，碎土性能好；刀轴转速慢，碎土能力差。而刀轴转速一定时，拖拉机速度快，则土块粗大。一般来说，刀轴的速度通常用慢挡，要求土壤特别细碎或耕两遍时，可用快挡。旋耕作业耕头遍时，拖拉机用Ⅰ、Ⅱ挡，耕二遍时，可用Ⅲ挡。

五、旋耕机的保养

正确地进行维护保养，是保证旋耕机正常运转、高工效、长寿命的重要措施，旋耕机的保养分为班保养、季度保养。

（一）班 保 养

旋耕机工作 10 小时，一般情况下就要进行班保养，保养内容包括：①检查拧紧连接螺栓。②检查插销、开口销等易损件有无缺损，必要时更换。③检查传动箱、十字节和轴承是否缺油，必要时立即补充。

(二)季度保养

每个作业季度完成后应进行季度保养,内容包括:①彻底清除机具上的泥尘,油污。②彻底更换润滑油、润滑脂。③检查刀片是否过度磨损,必要时换新。④检查机罩、拖板等有无变形,恢复其原形或换新。⑤全面检查机具的外观,补刷油漆,弯刀、花键轴上涂油防锈。⑥长期不使用时,轮式拖拉机配套旋耕机应置于水平地面,不得长时间悬挂在拖拉机上,以免造成连接部件变形。

六、旋耕机安全使用的注意事项

安全使用包括:①使用前首先要仔细阅读产品说明书和机具上的安全标志,对机具的潜在危险要做到心中有数,按说明书的要点进行具体操作,避免安全事故发生。②每次作业前应检查旋耕机的传动箱是否加足润滑油,轴承是否加足润滑脂,连接螺栓是否紧固。作业中如发现异常声音,应立即停车检查,排除故障。③万向节的夹角工作时不得大于±10°,地头转弯时不得大于10°,长距离运输时应拆除万向节。④严禁先入土后接合动力输出轴,或急剧增加耕深,以防损坏拖拉机及旋耕机的传动机件。⑤地头转弯时,禁止耕作。⑥倒车时严禁耕作。⑦旋耕机耕作时拖拉机上不准乘人,以防跌入旋耕机内造成人员伤亡故事。⑧机具运转时,严禁接近旋转部分。⑨手扶拖拉机配套旋耕机陷车时,严禁未熄火时人站在机器前拉、抬机器。机器经过较高的田埂时应熄火抬过田埂。⑩检查旋耕机万向节、刀片及齿轮箱零部件时,必须切断拖拉机动力输出轴。更换零部件时应先熄火,确保安全。

第四节　旋耕机的常见故障与排除

一、旋耕机脱挡故障原因与排除

(一)旋耕机脱挡故障原因

主要有:①旋耕机使用的是牙嵌式离合器,由于使用的时间过长,牙嵌齿啮合面严重磨损,使啮合齿齿顶变秃呈圆弧形,丧失啮合后的自锁能力,在作业过程中易滑移而脱挡。②啮合套定位弹簧弹力过小或折断,啮合齿受力或遇机组振动,啮合套产生轴向滑动而脱挡。③啮合套的定向钢球槽轴向磨损大,机组在工作过程中钢球产生轴向游动,使啮合齿脱开。④拨挡槽和操纵杆球头磨损过度,换挡过程中由于轴向自由间隙过大,即使挂上挡,啮合齿的啮合宽度也较小,遇负荷变化或者机组颠跳时很容易脱挡。

(二)旋耕机脱挡故障的排除方法

主要有:①离合器啮合齿磨秃时,应及时修复或更换。修复时可用碳钢焊条堆焊啮合齿,再用标准齿压痕进行焊后修整,并按规定进行热处理。②用标准弹簧更换弹力过小或折断的弹簧,保证啮合套有足够的定位稳定性和可靠性。③啮合套定位钢球的槽如磨损过度,应进行修补加工或更换新件。④拨挡槽和操纵杆球头磨损过度时可焊修,经手工修整后进行热处理,不能修复的更换新件。

二、旋耕机的链条、轴承和刀片调整与维修

(一)链条边过松

由于链条边过松而发生爬链现象,过紧则会加重磨损。

在进行调节时，注意上部张紧滑轨的力应在 5～10 千克，以能压动松边链条为宜，若用劲压不动，则表示链条太紧。

（二）轴承间隙的调整

其调整有两种方法：一是增减垫片。凡内圈位置固定、外圈可调的轴承，可用增减轴承盖处垫片的方法来调整轴向间隙。采用这种方法调整轴承间隙主要有：幅宽 1 米旋耕机第一轴、幅宽 1.25～1.75 米侧边传动旋耕机第一轴和第二轴上的圆锥轴承，中间传动旋耕机圆柱齿轮轮轴及刀轴花键轴处的圆锥轴承。检查调整后的轴承间隙，若没有测量仪器和专用工具，可凭经验用手转动轴，应无明显的轴向窜动并转动灵活，如过紧，转动困难，则应增垫片，如过松则应抽去垫片。二是调节螺母。凡是外圈固定，内圈可调的轴承，可采用此法来调整轴向间隙。采用此法调整轴承间隙主要有：幅宽 1 米旋耕机中间齿轮箱第二轴，幅宽 1.25～1.75 米侧边传动旋耕机中间齿轮箱第三轴上圆锥轴承，中间齿轮传动旋耕机齿轮箱的锥齿轮轴（第一轴）圆锥齿轮。调节方法为（以 1 米旋耕机为例）：先拧紧大锥齿轮端部圆螺母，锁好止推垫片，然后拧紧另一端圆螺母，用手使轴承转动，直到它不能凭惯性力再转动，而后用木榔头敲击轴，使轴承内外圈紧靠，再复查轴承预紧情况，调好后用锁片锁紧圆螺母。

（三）旋耕机刀及配件的调整与维修

1. 弯刀 刃口磨钝的弯刀应重新磨锐，变形弯刀需加垫校正，然后淬火（刀柄部分不淬火），淬火弯刀硬度应为 HRC 50～55，如损坏，应换新件。

2. 刀座 刀座损坏多为脱焊、开裂或六角孔变形，对局部损坏的刀座可用焊条焊补，损坏严重的应予更换。但在焊接刀座时要注意刀轴变形。

3. 刀轴管 断裂刀轴管可在断裂处的管内放一段焊接性较好的圆钢，焊后应进行人工时效及整形校直，然后检查两端轴承挡，如超差太大，需更换没有花键一端的轴头，应以原花键端外径为基准加工新轴头，以保证刀轴转动平衡灵活。

三、旋耕机常见故障及排除方法

旋耕机常见故障与排除方法，见表2-1。

表 2-1 旋耕机常见故障及排除方法

故障现象	故障原因	排除方法
拖拉机负荷过大	①耕深过大 ②土壤干硬 ③前进速度太快	①减小耕深 ②减慢前进速度和刀辊转速 ③换低速挡
旋耕机跳动	①土壤坚硬 ②刀片安装不正确或有断刀 ③万向节轴装错 ④传动箱齿轮损坏	①降低机组前进速度和刀辊转速 ②正确安装刀片或换断刀 ③正确安装万向节 ④修复或更换齿轮
工作时万向节偏移很大	①旋耕机左右不平衡，耕深不一致 ②拖拉机左右限位链单边限位过短	①调节旋耕机左、右拉杆长度，使之保持水平 ②调节拖拉机限位链，使左右长短一致
万向节十字节头烧坏	①缺黄油 ②倾角过大，卡死	①注入黄油 ②限制倾角，不致造成卡死
齿轮箱有异常杂音	①安装不慎，有异物落入 ②锥齿轮齿侧间隙过大 ③轴承损坏 ④齿轮齿折断	①取出异物 ②调整间隙至规定范围 ③更换新轴承 ④更换或修复

续表 2-1

故障现象	故障原因	排除方法
刀座、刀轴、齿轮轴脱焊	①旋耕机降落过快，刀片受到较大冲击力 ②刀片遇石头 ③刀片装反，非刃口入土 ④焊接质量不高	①缓慢降落旋耕机 ②清除田间石块 ③调整刀片安装方向 ④采用中碳钢焊条焊牢
刀片弯曲或折断	①与坚石相碰 ②转弯时仍进行耕作 ③猛降在硬地上 ④热处理过脆或有裂纹	①清除田间石头 ②转弯时禁止耕作，提升旋耕机 ③缓慢降落 ④按要求进行热处理
齿轮箱体漏油	①油封损坏 ②纸垫、软木垫损坏 ③齿轮箱有裂纹	①更换油封 ②更换新纸垫或软木垫 ③修复或更换新箱体
罩壳拖板损坏	①撞击在障碍物上 ②堆放重物 ③早期锈损	①遵守使用操作要求 ②遵守使用操作要求 ③经常清除污泥，停放干燥处
拖板链条拉断	运输时，拖板未升高，链条未拉紧	固定在最高位置，拉紧链条
万向节飞出	①插销脱落 ②方轴折断	①装上插销 ②更换新方轴
动力输出轴折断	①方轴脱套，夹叉继续转动，产生离心力，碰击 ②万向节伸缩卡死 ③倾角过大，咬死 ④猛降入土 ⑤刀片遇大石头，扭力过大	查明原因更换新轴

续表 2-1

故障现象	故障原因	排除方法
刀轴转不动	①刀轴缠草、堵泥严重 ②齿轮损坏、咬死 ③轴承损坏、咬死 ④锥齿轮无齿侧间隙 ⑤右侧板变形，刀轴两端轴承孔不同心 ⑥刀轴弯曲变形	①清除缠草积泥 ②更换新齿轮 ③更换新轴承 ④调整间隙至规定范围 ⑤校正右侧板、调整力轴同心度 ⑥校直
旋耕机工作时有金属敲击声	①旋耕刀固定螺钉松脱 ②刀轴外端的旋耕刀变形与罩壳侧板相碰 ③万向节倾角过大 ④刀轴传动链条过松	①拧紧固定螺钉 ②校正或更换旋耕刀 ③限制提升高度 ④调紧链条的张紧度
旋耕时间断出现大土块	旋耕刀弯曲、折断或丢失	校正或更换旋耕刀
旋耕后地面不平	①旋耕机左右不水平 ②旋耕刀安装不对 ③拖板调节不当	①调节横向水平 ②正确安装旋耕刀 ③调节拖板位置

附表 2　推荐使用的旋耕机机型及其技术参数

生产企业	产品型号	主要配置及参数		
第一拖拉机股份有限公司 电话 0379－64960764 13525914823	1GQN-125	配套动力≥14.7 千瓦、齿轮传动配 540 转,6/6 键,圆梁		
	1GQN-150	配套动力≥22.06 千瓦、齿轮传动配 540 转,6/6 键,圆梁		
	1GQN-200KH	配套动力 51.5～58.8 千瓦、齿轮传动、配 720 转,8/8 键,方梁		
		选装配置	选配一	加粗加强型刀轴
			选配二	08 款 L 形拖板
			选配三	弧形拖板
	1GQN-230KH	配套动力 58.8～66.2 千瓦、齿轮传动、配 720 转,8/8 键,方梁		
		选装配置	选配一	加粗加强型刀轴
			选配二	08 款 L 形拖板
			选配三	弧形拖板
			选配四	加长下悬挂
	东方红 1GQN-180KD	配 720 转,8/8 键,方梁		
		选装配置	选配一	08 款 L 形拖板
			选配二	拖板更换弧形拖板
			选配三	球铁高箱体
	东方红 1GQN-200KD	配 720 转,8/8 键,方梁		
		选装配置	选配一	08 款 L 形拖板
			选配二	拖板更换弧形拖板

续附表 2

<table>
<tr><th>生产企业</th><th>产品型号</th><th colspan="3">主要配置及参数</th></tr>
<tr><td rowspan="6">第一拖拉机股份有限公司
电话 0379－64960764
13525914823</td><td rowspan="2">东方红 1GQN-200KB</td><td colspan="3">配 720 转,8/8 键,方梁、球铁高箱体</td></tr>
<tr><td>选装配置</td><td>选配一</td><td>08 款 L 形拖板</td></tr>
<tr><td rowspan="3">东方红 1GQN-230KD</td><td colspan="3">配 720 转,8/8 键,方梁</td></tr>
<tr><td rowspan="2">选装配置</td><td>选配一</td><td>08 款 L 形拖板</td></tr>
<tr><td>选配二</td><td>拖板更换弧形拖板</td></tr>
<tr><td>东方红 1GM-210</td><td colspan="3">配 720 转,8/8 键</td></tr>
<tr><td>山东常林机械集团股份有限公司
电话 0539－6203669</td><td>1GS-90D-1</td><td colspan="3">幅宽 900 毫米,刀轴转速:280 转/分,耕深:8～18 厘米</td></tr>
<tr><td rowspan="3">河北农哈哈机械有限公司
电话 0311－83525449</td><td rowspan="3">1G-180</td><td colspan="3">配套动力:36.8～44.4 千瓦;动力输出轴转速:540～860 转/分;工作幅宽:1800 毫米;挂接方式:三点悬挂;传动方式:后输出轴传动;传动类型:中间齿轮传动;刀辊转速:230～280 转/分;旋耕刀数量:50;旋耕刀型式:IT245;旋耕刀排列方式:螺旋线</td></tr>
<tr><td rowspan="2">选装配置</td><td>选配一</td><td>镇压辊</td></tr>
<tr><td>选配二</td><td>施肥种箱</td></tr>
</table>

续附表 2

<table>
<tr><th>生产企业</th><th>产品型号</th><th colspan="3">主要配置及参数</th></tr>
<tr><td rowspan="3">河北农哈哈机械有限公司
电话 0311－83525449</td><td rowspan="3">1G-200</td><td colspan="3">配套动力：44.1～51.5 千瓦；动力输出轴转速：540～860 转/分；工作幅宽：2000 毫米；挂接方式：三点悬挂；传动方式：后输出轴传动；传动类型：中间齿轮传动；刀辊转速：230～280 转/分；旋耕刀数量：60；旋耕刀型式：IT245；旋耕刀排列方式：螺旋线</td></tr>
<tr><td rowspan="2">选装配置</td><td>选配一</td><td>镇压辊</td></tr>
<tr><td>选配二</td><td>施肥种箱</td></tr>
<tr><td rowspan="4">河北农哈哈机械有限公司</td><td rowspan="2">1G-230</td><td colspan="3">配套动力：51.5～58.8 千瓦；动力输出轴转速：：540～860 转/分；工作幅宽：2300 毫米；挂接方式：三点悬挂；传动方式：后输出轴传动；传动类型：中间齿轮传动；刀辊转速：230～280 转/分；旋耕刀数量：64；旋耕刀型式：IT245；旋耕刀排列方式：螺旋线</td></tr>
<tr><td>选装配置</td><td>选配一</td><td>镇压辊</td></tr>
<tr><td rowspan="2">1GQN-230B</td><td colspan="3">配套动力：51.5～58.8 千瓦；动力输出轴转速：540～860 转/分；工作幅宽：2300 毫米；挂接方式：三点悬挂；传动方式：后输出轴传动；传动类型：中间齿轮传动；刀辊转速：230～280 转/分；旋耕刀数量：64；旋耕刀型式：IT245；旋耕刀排列方式：螺旋线</td></tr>
<tr><td>选装配置</td><td>选配一</td><td>镇压辊</td></tr>
</table>

续附表 2

生产企业	产品型号	主要配置及参数		
北京银华春翔农机有限公司电话 010—64820798 13907911170	春翔 1G-100	传动轴总成、悬挂架总成、变速箱总成、侧边齿轮箱总成、罩壳拖板。①配套动力(马力)：15～18；②结构重量(千克)：170；③耕幅(毫米)：1000；④传动方式：侧边齿轮传动；⑤旋耕刀型式：IT 系列；⑥旋耕刀数量(把)：22；⑦挂接方式：三点悬挂；⑧刀辊回转半径(毫米)：245；⑨旋耕刀排列方式：双螺旋；⑩机具前进速度(千米/小时)：2～5；⑪动力输出轴转速(转/分)：540～720；⑫刀辊转速(转/分)：190；⑬耕深(毫米)：旱地 120～140，水耕 140～160		
	春翔 1G-125	传动轴总成、悬挂架总成、变速箱总成、侧边齿轮箱总成、罩壳拖板。①配套动力(马力)：18～20；②结构重量(千克)：183；③耕幅(毫米)：1250；④传动方式：侧边齿轮传动；⑤旋耕刀型式：IT 系列；⑥旋耕刀数量(把)：30；⑦挂接方式：三点悬挂；⑧刀辊回转半径(毫米)：245；⑨旋耕刀排列方式：双螺旋；⑩机具前进速度(千米/小时)：2～5；⑪动力输出轴转速(转/分)：540～720；⑫刀辊转速(转/分)：190；⑬耕深(毫米)：旱地：120～140，水耕 140～160		
	春翔 1GN-140	传动轴总成、悬挂架、中间齿轮箱总成、左右主梁、左右侧板、犁刀轴总成、罩壳、拖板。①配套动力(马力)：25～30；②结构重量(千克)：206；③耕幅(毫米)：1400；④传动方式：中间齿轮传动；⑤旋耕刀型式：IT 系列；⑥旋耕刀数量(把)：30；⑦挂接方式：三点悬挂；⑧刀辊回转半径(毫米)：245；⑨旋耕刀排列方式：人字形；⑩机具前进速度(千米/小时)：2～5；⑪动力输出轴转速(转/分)：540～720；⑫刀辊转速(转/分)：227～251；⑬耕深(毫米)：旱地：120～140，水耕 140～160		
		选装配置	选配一	强压装置(Q)(副梁、强压拖板、强压杆、强压簧)、加大加宽侧板
			选配二	强压装置(Q)、框架主梁(J)

续附表 2

生产企业	产品型号	主要配置及参数		
北京银华春翔农机有限公司 电话 010－64820798 13907911170	春翔 1GN-150	传动轴总成、悬挂架、中间齿轮箱总成、左右主梁、左右侧板、犁刀轴总成、罩壳、拖板。① 配套拖拉机动力(马力)：25～30；②结构重量(千克)：214；③耕幅(毫米)：1500；④传动方式：中间齿轮传动；⑤旋耕刀型式：IT 系列；⑥旋耕刀数量(把)：34；⑦挂接方式：三点悬挂；⑧刀辊回转半径(毫米)：245；⑨旋耕刀排列方式：人字形；⑩机具前进速度(千米/小时)：2～5；⑪动力输出轴转速(转/分)：540～720；⑫刀辊转速(转/分)：227～251；⑬耕深(毫米)：旱地 120～140，水耕 140～160		
		选装配置	选配一	强压装置(Q)(副梁、强压拖板、强压杆、强压簧)、加大加宽侧板
			选配二	强压装置(Q)、框架主梁(J)
	云山 1GN-140	传动轴总成、悬挂架、中间齿轮箱总成、左右主梁、左右侧板、犁刀轴总成、罩壳、拖板。①配套动力(马力)：25～30；②结构重量(千克)：245；③耕幅(毫米)：1400；④传动方式：中间齿轮传动；⑤旋耕刀型式：IT 系列；⑥旋耕刀数量(把)：30；⑦挂接方式：三点悬挂；⑧刀辊回转半径(毫米)：245；⑨旋耕刀排列方式：螺旋线；⑩机具前进速度(千米/小时)：2～5；⑪动力输出轴转速(转/分)：540；⑫刀辊转速(转/分)：224；⑬耕深(毫米)：旱地 120～140，水耕 140～160		
		选装配置	选配一	强压装置(Q)(副梁、强压拖板、强压杆、强压簧)、加大加宽侧板
			选配二	框架主梁(J)

续附表 2

生产企业	产品型号	主要配置及参数		
北京银华春翔农机有限公司 电话 010－64820798 13907911170	云山 1GN-150	传动轴总成、悬挂架、中间齿轮箱总成、左右主梁、左右侧板、犁刀轴总成、罩壳、拖板。①配套拖拉机动力(马力)：25～30；②结构重量(千克)：260；③耕幅(毫米)：1500；④传动方式：中间齿轮传动；⑤旋耕刀型式：IT 系列；⑥旋耕刀数量(把)：34；⑦挂接方式：三点悬挂；⑧刀辊回转半径(毫米)：245；⑨旋耕刀排列方式：螺旋线；⑩机具前进速度(千米/小时)：2～5；⑪动力输出轴转速(转/分)：540；⑫刀辊转速(转/分)：224；⑬耕深(毫米)：旱地 120～140，水耕 140～160		
		选装配置	选配一	强压装置(Q)(副梁、强压拖板、强压杆、强压簧)、加大加宽侧板
			选配二	框架主梁(J)
	云山 1GQN-250	传动轴总成、悬挂架、中间齿轮箱总成、左右圆管主梁、副梁、左右侧板、犁刀轴总成、罩壳、拖板。①配套拖拉机动力(马力)：70～100；②结构重量(千克)：450；③耕幅(毫米)：2500；④传动方式：中间齿轮传动；⑤旋耕刀型式：IT 系列；⑥旋耕刀数量(把)：66；⑦挂接方式：三点悬挂；⑧刀辊回转半径(毫米)：245；⑨旋耕刀排列方式：螺旋线；⑩机具前进速度(千米/小时)：2～5；⑪动力输出轴转速(转/分)：540～720；⑫刀辊转速(转/分)：226～236；⑬耕深(毫米)：旱地 120～140，水耕 140～160		
		选装配置	选配一	框架主梁(J)
			选配二	高箱箱体(QQ)、框架主梁(J)

续附表 2

生产企业	产品型号	主要配置及参数
北京银华春翔农机有限公司 电话 010－64820798 13907911170	云山 SGTN-140	传动轴总成、悬挂架、灭茬传动轴、侧边齿轮箱总成、灭茬刀轴总成、中间齿轮箱总成、旋耕机框架、左右侧板、犁刀轴总成、罩壳和拖板。①配套拖拉机动力(马力):35～40;②结构重量(千克):400;③耕幅(毫米):1400;④传动方式:侧边齿轮传动;⑤旋耕刀型式:IT 系列;⑥ 旋耕刀数量(把):30 40;⑦ 挂接方式:三点悬挂;⑧ 刀辊回转半径(毫米):225;⑨ 旋耕刀排列方式:双螺旋;⑩机具前进速度(千米/小时):2～5;⑪动力输出轴转速(转/分):540～720;⑫刀辊转速(转/分):221～389;⑬耕深(毫米):旱地 120～140,水耕 140～160
	云山 SGTN-180	传动轴总成、悬挂架、灭茬传动轴、侧边齿轮箱总成、灭茬刀轴总成、中间齿轮箱总成、旋耕机框架、左右侧板、犁刀轴总成、罩壳和拖板。①配套拖拉机动力(马力):65～80;②结构重量(千克):705;③耕幅(毫米):1800;④传动方式:侧边齿轮传动;⑤旋耕刀型式:IT 系列;⑥旋耕刀数量(把):50～56;⑦挂接方式:三点悬挂;⑧刀辊回转半径(毫米):225;⑨旋耕刀排列方式:双螺旋;⑩机具前进速度(千米/小时):2～5;⑪动力输出轴转速(转/分):540～720;⑫刀辊转速(转/分):224～476;⑬耕深(毫米):旱地 120～140,水耕 140～160
		选装配置 选配一 高箱框架(QQN-J)

续附表 2

<table>
<tr><th>生产企业</th><th>产品型号</th><th colspan="3">主要配置及参数</th></tr>
<tr><td rowspan="2">北京银华春翔农机有限公司
电话 010—64820798
13907911170</td><td rowspan="2">云山 SGTN-200</td><td colspan="3">传动轴总成、悬挂架、灭茬传动轴、侧边齿轮箱总成、灭茬刀轴总成、中间齿轮箱总成、旋耕机框架、左右侧板、犁刀轴总成、罩壳和拖板。①配套拖拉机动力(马力):80～100;②结构重量(千克):720;③耕幅(毫米):2000;④传动方式:侧边齿轮传动;⑤旋耕刀型式:IT 系列;⑥旋耕刀数量(把):58～64;⑦挂接方式:三点悬挂;⑧刀辊回转半径(毫米):225;⑨旋耕刀排列方式:双螺旋;⑩机具前进速度(千米/小时):2～5;⑪动力输出轴转速(转/分):540～720;⑫刀辊转速(转/分):224～476;⑬耕深(毫米):旱地 120～140,水耕 140～160</td></tr>
<tr><td>选装配置</td><td>选配一</td><td>高箱框架（QQN-J）</td></tr>
<tr><td rowspan="6">天津市振兴机械制造有限公司
电话 022 — 29158545/29142785</td><td>1GN-120</td><td colspan="3">耕幅:1200 毫米</td></tr>
<tr><td>1GN-150</td><td colspan="3">耕幅:1500 毫米</td></tr>
<tr><td>1GN-160</td><td colspan="3">耕幅:1600 毫米</td></tr>
<tr><td>1GMN-160</td><td colspan="3">耕幅:1600 毫米;旋耕和灭茬刀轴</td></tr>
<tr><td>1GMN-180</td><td colspan="3">耕幅:1800 毫米;旋耕和灭茬刀轴</td></tr>
<tr><td>SGTN-180H4</td><td colspan="3">耕幅:1800 毫米;深松铲数量:4 件</td></tr>
<tr><td rowspan="3">常州常旋机械有限公司
(电话 13358165555
13376251168)</td><td rowspan="3">常旋牌 IGQN-125 型旋耕机</td><td colspan="3">结构重量:225 千克;耕宽:125 厘米;弯刀型号:IT225;旋耕刀数量:26 把;旋耕刀排列方式为螺旋线形;连接方式:标准三点悬挂</td></tr>
<tr><td rowspan="2">选装配置</td><td>选配一</td><td>灭茬刀轴(左右各 1 根)</td></tr>
<tr><td>选配二</td><td>镇压辊</td></tr>
</table>

续附表 2

生产企业	产品型号	主要配置及参数		
常州常旋机械有限公司 电话 13358165555 13376251168	常旋牌 IGQN-140 型旋耕机	结构重量:245 千克;耕宽:140 厘米;弯刀型号:IT225;旋耕刀数量:28 把;旋耕刀排列方式为螺旋线形;连接方式:标准三点悬挂		
		选装配置	选配一	灭茬刀轴(左右各 1 根)
			选配二	镇压辊
	常旋牌 IGQN-160 型旋耕机	结构质量:270 千克;耕宽:160 厘米;弯刀型号:IT225;旋耕刀数量:42 把;旋耕刀排列方式为螺旋线形;连接方式:标准三点悬挂		
		选装配置	选配一	灭茬刀轴(左右各 1 根)
			选配二	镇压辊
盐城市正大机械制造有限公司 电话 13921808839 0515—8156988	1GQN-140	耕幅 1400 毫米,配套轮拖:25～35 马力		
		选装配置	选配一	刀轴总成(盖籽刀轴)
			选配二	主梁焊接件(方梁)
	1GQN-180	耕幅 1800 毫米,配套轮拖:50～60 马力		
		选装配置	选配一	齿轮箱体(加强型)
			选配二	主梁焊接件(方梁)
			选配三	刀轴总成(盖籽刀轴)
	1GQN-230	耕幅 2300 毫米,配套轮拖:65～80 马力		
		选装配置	选配一	齿轮箱体(加强型)
			选配二	主梁焊接件(方梁)
			选配三	刀轴总成(盖籽刀轴)

续附表 2

生产企业	产品型号	主要配置及参数		
西安市旋播机厂 电话 029－84812747	1GQN-150	配套 28～35 马力，刀辊转速 241，旋耕刀数量 38 把		
	1GQN-160	配套 35～40 马力，刀辊转速 231，旋耕刀数量 44 把		
		选装配置	选配一	方管框架主梁
	1GQN-180	配套 45～55 马力，刀辊转速 231，旋耕刀数量 52 把		
		选装配置	选配一	方管框架主梁
	1GQN-200	配套 55～60 马力，刀辊转速 231，旋耕刀数量 60 把		
		选装配置	选配一	方管框架主梁
	1GQNB-150	配套 28～35 马力，刀辊转速 242、217、旋耕刀数量 38 把		
		选装配置	选配一	仿形限深轮
			选配二	灭茬刀轴
			选配三	深松起垄犁
			选配四	车梁框架结构
河南豪丰机械制造有限公司 电话 13837489217	1GQN-125 型旋耕机	标准配置：覆土板及万向节传动轴；外形尺寸（毫米）：1000×1390×1020；配套动力：12.5～18.4 千瓦；工作幅宽：1250 毫米；工作效率：0.17～0.40 公顷/小时		
		选装配置	选配一	镇压辊
	1GQN-140 型旋耕机	基本配置：覆土板及万向节传动轴；外形尺寸（毫米）：1000×1600×1100；配套动力：18.4～22.1 千瓦；工作幅宽：1400 毫米；工作效率：0.20～0.45 公顷/小时		
		选装配置	选配一	镇压辊

续附表 2

生产企业	产品型号	主要配置及参数		
河南豪丰机械制造有限公司 电话 13837489217	1GQN-150 型旋耕机	基本配置:覆土板及万向节传动轴;外形尺寸(毫米):1000×1700×1100;配套动力:22.1～29.4 千瓦;工作幅宽:1500 毫米;;工作效率:0.27～0.52 公顷/小时		
		选装配置	选配一	镇压辊
	1GQN-230H 型高箱体旋耕机	基本配置:覆土板及万向节传动轴;外形尺寸(毫米):950×2530×1320;配套动力:55.1～66.2 千瓦;工作幅宽:2300 毫米;工作效率:0.47～0.86 公顷/小时		
		选装配置	选配一	镇压辊
	1GQN-250H 型变速旋耕机	标准配置:覆土板及万向节传动轴;外形尺寸(毫米):950×2730×1320;配套动力:58.8～73.5 千瓦;工作幅宽:2500 毫米;工作效率:0.52～0.95 公顷/小时		
		选装配置	选配一	镇压辊
	1GQN-250H 型高箱体旋耕机	基本配置:覆土板及万向节传动轴;外形尺寸(毫米):950×2730×1320;配套动力:58.8～73.5 千瓦;工作幅宽:2500 毫米;工作效率:0.52～0.95 公顷/小时		
		选装配置	选配一	镇压辊

续附表 2

生产企业	产品型号	主要配置及参数		
淮安市清淮机械有限公司 电话 0517—4898488 13705236632	1GQN-150	配套拖拉机动力 30～35(马力)、幅宽 1500(毫米)、标准三点悬挂、动力输出轴转速 540(转/分)、中间齿轮传动、结构重量 270(千克)、刀辊转速 213(转/分)、刀辊回转半径 225(毫米)、旋耕刀采用 IT 系列、38 把刀、双螺旋排列		
		选装配置	选配一	方梁框架结构
	1GQN-180S	配套拖拉机动力 48～65(马力)、幅宽 1800(毫米)、标准三点悬挂、动力输出轴转速 720(转/分)、中间齿轮传动、结构质量 388(千克)、刀辊转速 214(转/分)、刀辊回转半径 245(毫米)、旋耕刀采用 IT 系列、50 把刀、双螺旋排列		
		选装配置	选配一	增压辊
			选配二	方梁框架结构
			选配三	加重型方梁框架结构
			选配四	加重型圆梁结构
	1GQN-200S	配套拖拉机动力 55～75(马力)、幅宽 2000(毫米)、标准三点悬挂、动力输出轴转速 720(转/分)、中间齿轮传动、结构重量 420(千克)、刀辊转速 214(转/分)、刀辊回转半径 245(毫米)、旋耕刀采用 IT 系列、54 把刀、双螺旋排列		
		选装配置	选配一	增压辊
			选配二	58 把刀的刀轴
			选配三	方梁框架结构
			选配四	加重型方梁框架结构
			选配五	加重型方梁框架结构，球墨铸铁高箱体总成
			选配六	加重型圆梁结构

续附表 2

生产企业	产品型号	主要配置及参数		
兖州大华机械有限公司 电话 0537－3484818 13608911865	IGQN-180	方梁、框架结构，耕深 8～18 厘米，耕幅 1800 毫米		
		选装配置	选配一	球铁高箱体
			选配二	镇压辊镇幅 1800 毫米
			选配三	变加强型刀轴花键轴 Φ60 毫米；刀轴钢管 Φ80 毫米×8
	IGQN-200	方梁、框架结构，耕深 8～18 厘米，耕幅 2000 毫米		
		选装配置	选配一	球铁高箱体
			选配二	镇压辊镇幅 2000 毫米
			选配三	变加强型刀轴花键轴 Φ60 毫米；刀轴钢管 Φ80 毫米×8
	IGQN-230	方梁、框架结构，耕深 8～18 厘米，耕幅 2300 毫米		
		选装配置	选配一	球铁高箱体
			选配二	镇压辊镇幅 2300 毫米
			选配三	变加强型刀轴花键轴 Φ60 毫米；刀轴钢管 Φ80 毫米×8
定州开元机械制造有限公司 电话 0312－2565494	1GQN-180	刮土板、外形尺寸(毫米)880×2080×1160		
		选装配置	选配一	螺旋镇压辊
			选配二	球铁箱体
	1GQN-200	刮土板、外形尺寸(毫米)880×2320×1160		
		选装配置	选配一	螺旋镇压辊
			选配二	球铁箱体

续附表 2

<table>
<tr><th>生产企业</th><th>产品型号</th><th colspan="3">主要配置及参数</th></tr>
<tr><td rowspan="6">定州开元机械制造有限公司
电话 0312—2565494</td><td rowspan="3">1GQN-220</td><td colspan="3">刮土板、外观尺寸(毫米)880×680×1260</td></tr>
<tr><td rowspan="2">选装配置</td><td>选配一</td><td>螺旋镇压辊</td></tr>
<tr><td>选配二</td><td>球铁箱体</td></tr>
<tr><td rowspan="3">1GQN-250</td><td colspan="3">刮土板、外形尺寸(毫米)880×2470×1260</td></tr>
<tr><td rowspan="2">选装配置</td><td>选配一</td><td>螺旋镇压辊</td></tr>
<tr><td>选配二</td><td>球铁箱体</td></tr>
<tr><td rowspan="6">盐城市盐海拖拉机制造有限公司
电话 13962083102
0515—8332732</td><td rowspan="3">1GQN-180 型</td><td colspan="3">①配置轮拖 36.8～44.1 千瓦(50～60 马力);②标准三点悬挂;③耕深(厘米):旱耕 8～16,水耕 10～18;④幅宽(毫米):1800</td></tr>
<tr><td rowspan="2">选装配置</td><td>选配一</td><td>齿轮箱总成(加强型)</td></tr>
<tr><td>选配二</td><td>主梁焊合件(方梁)</td></tr>
<tr><td rowspan="3">1GQN-200 型</td><td colspan="3">①配置轮拖 40.4～51.4 千瓦(55～70 马力);②标准三点悬挂;③耕深(厘米):旱耕:8～16,水耕:10～18;④幅宽(毫米):2000</td></tr>
<tr><td rowspan="2">选装配置</td><td>选配一</td><td>齿轮箱总成(加强型)</td></tr>
<tr><td>选配二</td><td>主梁焊合件(方梁)</td></tr>
<tr><td rowspan="4">汝南县广源车辆有限公司
电话 0396—8022260</td><td rowspan="4">永牌 1GQN-180</td><td colspan="3">耕幅 1800 毫米,整机产地:汝南</td></tr>
<tr><td rowspan="3">选装配置</td><td>选配一</td><td>球铁箱</td></tr>
<tr><td>选配二</td><td>镇压辊</td></tr>
<tr><td>选配三</td><td>方梁框架结构</td></tr>
</table>

续附表 2

<table>
<tr><th>生产企业</th><th>产品型号</th><th colspan="3">主要配置及参数</th></tr>
<tr><td rowspan="6">黑龙江省勃农机械有限责任公司
电话 13351144666</td><td rowspan="3">SGT-210H3D3V4</td><td colspan="3">旋耕、灭茬、高箱配套动力(千瓦)58～75;工作幅宽 210 厘米</td></tr>
<tr><td rowspan="2">选装配置</td><td>选配一</td><td>带副梁、4 套起垄部件</td></tr>
<tr><td>选配二</td><td>3 套镇压部件</td></tr>
<tr><td rowspan="3">SGT-250H4D4V5</td><td colspan="3">旋耕、灭茬、高箱、配套动力(千瓦)73.5～88;工作幅宽:250 厘米</td></tr>
<tr><td rowspan="2">选装配置</td><td>选配一</td><td>带副梁、5 套起垄部件</td></tr>
<tr><td>选配二</td><td>4 套镇压部件</td></tr>
<tr><td rowspan="7">赤峰市宁城长明机械有限公司
电话 0476—4223743</td><td rowspan="3">1MC-150</td><td colspan="3">配套动力 30～35 马力;工作幅宽 1500 毫米/1700 毫米;旋耕刀 40 把;刀轴转速 210 转/分、365 转/分</td></tr>
<tr><td rowspan="2">选装配置</td><td>选配一</td><td>灭茬刀轴、各通轴 1 根,工作幅宽 1500 毫米,灭茬刀 48 把</td></tr>
<tr><td>选配二</td><td>起垄犁 4 件,犁高 480 毫米</td></tr>
<tr><td rowspan="4">1MC-220</td><td colspan="3">配套动力 65～80 马力;工作幅宽 2200 毫米;旋耕刀 52 把;刀轴转速 164～368 转/分(11 挡)</td></tr>
<tr><td rowspan="3">选装配置</td><td>选配一</td><td>灭茬刀轴左右各 1 根;灭茬刀 64 把</td></tr>
<tr><td>选配二</td><td>深松犁 4 件;犁高 680 毫米</td></tr>
<tr><td>选配三</td><td>笼式碎土辊;各工作幅宽 2200 毫米;直径 400 毫米</td></tr>
</table>

续附表 2

<table>
<tr><th>生产企业</th><th>产品型号</th><th colspan="3">主要配置及参数</th></tr>
<tr><td rowspan="3">吉林省敦化民主机修厂
电话 0433—6320720</td><td>1GN160 型</td><td colspan="3">8～12 马力配挂；幅度：900 毫米；挂接方式：三点悬挂；传动副类型：齿轮
选配方梁框架</td></tr>
<tr><td>1GQN180 型</td><td colspan="3">8～12 马力配挂；幅度：900 毫米；挂接方式：三点悬挂；传动副类型：齿轮
选配方梁框架</td></tr>
<tr><td>1GQN200 型</td><td colspan="3">8～12 马力配挂；幅度：900 毫米；挂接方式：三点悬挂；传动副类型：齿轮
选配方梁框架</td></tr>
<tr><td rowspan="3">湖南中天龙舟
农机有限公司
(13789054658)</td><td rowspan="3">1GQNZ-180</td><td colspan="3">490 动力、46 节橡胶履带小变速箱、自产专用底架</td></tr>
<tr><td rowspan="2">选装配置</td><td>选配一</td><td>495 动力</td></tr>
<tr><td>选配二</td><td>大变速箱</td></tr>
<tr><td rowspan="9">南昌华旋机械厂
电 话 0791 — 5728661/
5720086</td><td>1GQQN-130</td><td colspan="3">配套动力：18～20 马力；耕幅 1300 毫米</td></tr>
<tr><td>1GQQN-150</td><td colspan="3">配套动力：25～30 马力；耕幅 1500 毫米</td></tr>
<tr><td rowspan="2">1GQQN-180</td><td colspan="3">配套动力：50～55 马力；耕幅 1800 毫米</td></tr>
<tr><td>选装配置</td><td>选配一</td><td>高箱体</td></tr>
<tr><td rowspan="2">1GQQN-200</td><td colspan="3">配套动力：55～80 马力；耕幅 2000 毫米</td></tr>
<tr><td>选装配置</td><td>选配一</td><td>高箱体</td></tr>
<tr><td rowspan="2">1GQQN-250</td><td colspan="3">配套动力：65～90 马力；耕幅 2500 毫米</td></tr>
<tr><td>选装配置</td><td>选配一</td><td>高箱体</td></tr>
<tr><td>1GQQN-300
(高箱体)</td><td colspan="3">配套动力：85～120 马力、耕幅 3000 毫米</td></tr>
</table>

第三章　联合整地机具

第一节　联合整地机具概述

联合整地机具主要由缺口耙组、圆盘耙组、平地齿板、碎土辊、镇压辊、平土框、液压机构、行走机构等部分组成（图 3-1）。联合整地机 1 次作业可完成松土、碎土、土肥混合 、平整和镇压等多道工序，形成地表平整上实下虚的良好种床。

图 3-1　联合整地机

联合整地机只能在犁耕后的土地上进行作业，工作时将联合整地机与配套动力相连，接通液压管路和液压油缸。机具工作时，前部的缺口耙和圆盘耙组对土壤进行松碎作业，随后平地齿板对土壤进行平整、破碎及压实，后续的碎土辊进一步对土壤进行破碎，镇压辊进行镇压，同时使抛起的细小土粒落在地表层，阻隔地下水的蒸发，形成上实下虚的种床。

第二节　联合整地机具的选购与调整

一、联合整地机具的选购

根据《2006～2008 年国家支持推广的农业机械产品目录》和 2008 年部分地区农机具补贴目录，推荐使用的联合整地机具见附表 3。

二、联合整地机具的调整

(一)整机在纵垂面内的调整

机具作业时机架应平行于地面，前后列耙组耙深应一致，否则应进行调整，调整方法：将联合整地机升起成运输状态，若机架与地面不平时，缩短调节丝杆的有效长度，则机架前部降低，后部抬高，调长丝杆的有效长度，则反之。调好后应使耙片及碎土辊与地面的高度相同，作业时机架与地面平行。

(二)圆盘耙组的调整

圆盘耙角度越大耙片入土越深，反之越浅。角度为 4°～15°。

调整方法：①松开耙组紧固螺栓。②移动耙组横梁至合适的角度。③将耙组紧固螺栓拧紧。④松开刮泥刀紧固螺栓。⑤调整刮泥刀刃口与耙片凹面间隙至 2～3 毫米。⑥拧紧刮泥刀紧固螺栓。

(三)平地齿板的调整

调整调节拉杆的长度,使平地齿板角钢平面离地面 2～3 厘米;调整耙齿长度,使其深入土中的深度为 9～10 厘米。

(四)碎土辊的调整

碎土辊悬臂上的压力弹簧使碎土辊对地面有一定的仿形作用,调节螺栓上的螺母位置可改变压力弹簧的长度,从而改变碎土辊的接地压力。

调整方法,将液压机构升起使机器成运输状态,缩短调节丝杆的有效长度,则碎土辊对地面的压力增加;调长丝杆的有效长度,则反之。

第三节　联合整地机具的使用、保养与故障排除

一、联合整地机具使用要求

应注意:①要经常检查机具上紧固部件的紧固情况和各工作部件转动灵活度。②在工作中,工作速度为 6 千米/小时左右。③在地头转弯时,转弯半径不宜过小,转弯半径过小易损坏碎土器、镇压轮等工作部件。④应及时清理碎土器、镇压轮上的泥土及缠绕的秸秆、杂草等。⑤由于机具过宽,在运输中,应注意道路情况,尽量升高机具防止损坏。⑥机具应按时保养,及时维护修理。

二、联合整地机具的保养

其保养主要做好以下几项工作:①工作几小时后，检查螺栓和螺母是否紧固。②每班工作完后,检查各部位紧固件

的情况，如有松动应及时拧紧。每班检查各工作部件有无变形或损坏，发现问题及时予以校正或更换。③行走轮转轴处的轴承每2班加注1次润滑油脂，耙组轴承每班加1次润滑油脂。④行走轮应保持足够的气压，不足时及时充气。⑤液压系统若有漏油或渗油现象，找出原因及时修好。⑥工作1个作业季节后，应清洗润滑各转动部位的轴承及螺栓，放松各部位的弹簧，使其成自由状态；检查机器的磨损、变形、损坏、缺件情况，及早采购配件，使翌年的工作有保证。

三、联合整地机具常见故障与排除方法

（一）作业后地表过于粗糙

主要原因有，前进速度太快，作物残留物过长，没有横挡杆。排除方法，降低前进速度，移走作物残留物，安装横挡杆，尤其是后挡杆。

（二）作业后地表过细

主要原因有，前进速度太慢。排除方法，提高前进速度。

（三）耙片粘土严重

主要原因有，土壤湿度太大，刮土刀距耙片凹面的间隙太大。排除方法，晾晒土地，调整刮土刀与耙片的间隙。

（四）机具前后耙深不一致

主要原因是，机架前低后高。排除方法，调整机具前端的调节丝杆，使机架平行于地面。

（五）耙组轴承转动不灵活

主要原因有，轴承支臂安装不正确，方轴螺母松动。排除方法，松开轴承支臂固定螺栓，调整其安装位置，拧紧方轴螺母。

附表 3　推荐使用的联合整地机具及其技术参数

生产企业	产品型号	主要配置及参数
阿克苏市北方机械厂 电话:13909970982 传真:0997－2156311	1ZL-2.0	配套动力(千瓦):40.4;外形尺寸(毫米):4575×2010×980;机具重量(千克):1200;耙片直径(毫米):460;工作幅宽(毫米):2000;作业速度(千米/小时):≤9;整地深度(毫米):≥80;碎土率(%):≥70;整后地表标准差(毫米):≤35;工作部件配置:缺口耙组、圆盘耙组、平地齿板、碎土辊、镇压辊
	1ZL-2.4	配套动力(千瓦):40.4～58.8;外形尺寸(毫米):5500×2500×1100;机具重量(千克):1350;耙片直径(毫米):460;工作幅宽(毫米):2400;作业速度(千米/小时):≤9;整地深度(毫米):≥80;碎土率(%):≥70;整后地表标准差(毫米):≤35;工作部件配置:缺口耙组、圆盘耙组、平地齿板、碎土辊、镇压辊
	1ZL-2.8	配套动力(千瓦):58.8～73.5;外形尺寸(毫米):5500×2800×1100;机具重量(千克):1550;耙片直径(毫米):460;工作幅宽(毫米):2800;作业速度(千米/小时):≤9;整地深度(毫米):≥80;碎土率(%):≥70;整后地表标准差(毫米):≤35;工作部件配置:缺口耙组、圆盘耙组、平地齿板、碎土辊、镇压辊
	1ZL-3.2	配套动力(千瓦):55.1～66.2;外形尺寸(毫米):5500×3200×1100;机具重量(千克):1700;耙片直径(毫米):460;工作幅宽(毫米):3200;作业速度(千米/小时):≤9;整地深度(毫米):≥80;碎土率(%):≥70;整后地表标准差(毫米):≤35;工作部件配置:缺口耙组、圆盘耙组、平地齿板、碎土辊、镇压辊

续附表 3

生产企业	产品型号	主要配置及参数
中国收获机械总公司 电话:0991—7868222 传真:0991—6629323	1LZ-3.6 联合整地机	配套动力 55～75 千瓦;作业幅度>3600 毫米;作业速度 6～10 千米/小时;作业深度 6～14 厘米;耙片直径 500 毫米;生产率 2.9 公顷/小时
阿克苏市慧通植保机械厂 电话:0997—2158130	1ZL-2.0	配套动力(千瓦):29.4～40;外形尺寸(毫米):4600×2000×1000;机具重量(千克):1330;耙片直径(毫米):460;工作幅宽(毫米):2000;作业速度(千米/小时):≤9;整地深度(毫米):≥80;碎土率(%):≥70;整后地表标准差(毫米):≤35;工作部件配置:缺口耙组、圆盘耙组、平地齿板、碎土辊、镇压辊
	1ZL-2.4	配套动力(千瓦):40.4～44.1;外形尺寸(毫米):4600×2400×1000;机具重量(千克):1400;耙片直径(毫米):460;工作幅宽(毫米):2400;作业速度(千米/小时):≤9;整地深度(毫米):≥80;碎土率(%):≥70;整后地表标准差(毫米):≤35;工作部件配置:缺口耙组、圆盘耙组、平地齿板、碎土辊、镇压辊
	1ZL-2.8	配套动力(千瓦):44.1～55.1;外形尺寸(毫米):4600×2800×1000;机具重量(千克):1600;耙片直径(毫米):460;工作幅宽(毫米):2800;作业速度(千米/小时):≤9;整地深度(毫米):≥80;碎土率(%):≥70;整后地表标准差(毫米):≤35;工作部件配置:缺口耙组、圆盘耙组、平地齿板、碎土辊、镇压辊

续附表 3

生产企业	产品型号	主要配置及参数
阿克苏市利农机械制造有限责任公司 电话:0997—2157987 传真:0997—2157987	1ZL-1.8	配套动力(千瓦):29.4～36.8;外形尺寸(毫米):4600×1800×1000;机具重量(千克):1200;耙片直径(毫米):460;工作幅宽(毫米):1800;作业速度(千米/小时):6.65;整地深度(毫米):≥80;碎土率(%):≥70;整后地表标准差(毫米):≤35;工作部件配置:缺口耙组、圆盘耙组、平地齿板、碎土辊、镇压辊
	1ZL-2.2	配套动力(千瓦):36.8～40.4;外形尺寸(毫米):4600×2200×1000;机具重量(千克):1300;耙片直径(毫米):460;工作幅宽(毫米):2200;作业速度(千米/小时):8～10;整地深度(毫米):≥80;碎土率(%):≥70 ;整后地表标准差(毫米):≤35;工作部件配置:缺口耙组、圆盘耙组、平地齿板、碎土辊、镇压辊
	1ZL-2.4	配套动力(千瓦):40.4～44;外形尺寸(毫米):4600×2400×1000;机具重量(千克):1400;耙片直径(毫米):460;工作幅宽(毫米):2400;作业速度(千米/小时):8～10;整地深度(毫米):≥80;碎土率(%):≥70;整后地表标准差(毫米):≤35;工作部件配置:缺口耙组、圆盘耙组、平地齿板、碎土辊、镇压辊
	1ZL-2.8	配套动力(千瓦):55～60;外形尺寸(毫米):4600×3200×1000;机具重量(千克):1900;耙片直径(毫米):460;工作幅宽(毫米):3200;作业速度(千米/小时):8～10;整地深度(毫米):≥80;碎土率(%):≥70;整后地表标准差(毫米):≤35;工作部件配置:缺口耙组、圆盘耙组、平地齿板、碎土辊、镇压辊

续附表 3

生产企业	产品型号	主要配置及参数
阿克苏市天合机械制造有限公司 电话:0997－2155355	1ZL-2.8	配套动力(千瓦):47.8～52.9;外形尺寸(毫米):5700×2750×880;机具重量(千克):1300;耙片直径(毫米):460;工作幅宽(毫米):2800;作业速度(千米/小时):≤9;整地深度(毫米):≥80;碎土率(%):≥70;整后地表标准差(毫米):≤35;工作部件配置:缺口耙组、圆盘耙组、平地齿板、碎土辊、镇压辊
	1ZL-3.2	配套动力(千瓦):51.4～52.9;外形尺寸(毫米):5830×3580×930;机具重量(千克):1420;耙片直径(毫米):460;工作幅宽(毫米):3200;作业速度(千米/小时):≤9;整地深度(毫米):≥80;碎土率(%):≥70;整后地表标准差(毫米):≤35;工作部件配置:缺口耙组、圆盘耙组、平地齿板、碎土辊、镇压辊
	1ZL-3.6	配套动力(千瓦):＞50;外形尺寸(毫米):6838×3650×976;机具重量(千克):1300;耙片直径(毫米):460;工作幅宽(毫米):3600;作业速度(千米/小时):≤9;整地深度(毫米):≥80;碎土率(%):≥70;整后地表标准差(毫米):≤35;工作部件配置:缺口耙组、圆盘耙组、平地齿板、碎土辊、镇压辊
阿克苏市新世机械厂 电话:13899257121	1ZL-1.8	配套动力(千瓦):40.4～47.8;外形尺寸(毫米):4700×2000×900;机具重量(千克):1200;耙片直径(毫米):460;工作幅宽(毫米):1800;作业速度(千米/小时):≤9;整地深度(毫米):≥80;碎土率(%):≥70;整后地表标准差(毫米):≤30;工作部件配置:缺口耙组、圆盘耙组、平地齿板、碎土辊、镇压辊

续附表 3

生产企业	产品型号	主要配置及参数
阿克苏市新世机械厂 电话:13899257121	1ZL-2.4	配套动力(千瓦):40.4～47.8;外形尺寸(毫米):4700×2600×900;机具重量(千克):1430;耙片直径(毫米):460;工作幅宽(毫米):2400;作业速度(千米/小时):≤9;整地深度(毫米):≥80;碎土率(%):≥70;整后地表标准差(毫米):≤30;工作部件配置:缺口耙组、圆盘耙组、平地齿板、碎土辊、镇压辊
	1ZL-2.8	配套动力(千瓦):47.8～58.8;外形尺寸(毫米):4700×3000×900;机具重量(千克):1600;耙片直径(毫米):460;工作幅宽(毫米):2800;作业速度(千米/小时):≤9;整地深度(毫米):≥80;碎土率(%):≥70;整后地表标准差(毫米):≤30;工作部件配置:缺口耙组、圆盘耙组、平地齿板、碎土辊、镇压辊
	1ZL-3.2	配套动力(千瓦):58.8～73.5;外形尺寸(毫米):4700×3400×900;机具重量(千克):2000;耙片直径(毫米):460;工作幅宽(毫米):3200;作业速度(千米/小时):≤9;整地深度(毫米):≥80;碎土率(%):≥70;整后地表标准差(毫米):≤30;工作部件配置:缺口耙组、圆盘耙组、平地齿板、碎土辊、镇压辊
阿克苏新农通用机械有限责任公司 电话:0997－6397006 传真:0997－6397000	1ZL-4.2	配套动力(千瓦):58.8;外形尺寸(毫米):5800×4200×1000;耙片直径(毫米):460;工作幅宽(毫米):4200;作业速度(千米/小时):≤9;生产率(公顷/小时):44.1;整地深度(毫米):≥80;碎土率(%):≥70;整后地表标准差(毫米):≤35;工作部件配置:缺口耙组、圆盘耙组、钉齿平土板组、碎土辊组、镇压辊组

续附表 3

生产企业	产品型号	主要配置及参数
阿克苏新农通用机械有限责任公司 电话:0997－6397006 传真:0997－6397000	1ZL-4.5	配套动力(千瓦):58.8;外形尺寸(毫米):5800×4500×1000;耙片直径(毫米):460;工作幅宽(毫米):4500;作业速度(千米/小时):≤9;生产率(公顷/小时):45;整地深度(毫米):≥80;碎土率(%):≥70;整后地表标准差(毫米):≤35;工作部件配置:缺口耙组、圆盘耙组、钉齿平土板组、碎土辊组、镇压辊组
	1ZL-5.4	配套动力(千瓦):73.5;外形尺寸(毫米):6114×5552×1068;耙片直径(毫米):460;工作幅宽(毫米):5400;作业速度(千米/小时):≤9;生产率(公顷/小时):50;整地深度(毫米):≥80;碎土率(%):≥70;整后地表标准差(毫米):≤35;工作部件配置:缺口耙组、圆盘耙组、钉齿平土板组、碎土辊组、镇压辊组
阿拉尔天诚农机制造有限公司 电话:0997－4991057	1ZL-3.7	配套动力(千瓦):59～74;外形尺寸(毫米):5500×3800×1100;机具重量(千克):2300;耙片直径(毫米):460;工作幅宽(毫米):3700;作业速度(千米/小时):≤9;整地深度(毫米):≥80;碎土率(%):≥70;整后地表标准差(毫米):≤35;工作部件配置:缺口耙组、圆盘耙组、平地齿板、碎土辊、镇压辊
	1ZL-4.1	配套动力(千瓦):74～88;外形尺寸(毫米):5500×4200×1100;机具重量(千克):3000;耙片直径(毫米):460;工作幅宽(毫米):4100;作业速度(千米/小时):≤9;整地深度(毫米):≥80;碎土率(%):≥70;整后地表标准差(毫米):≤35;工作部件配置:缺口耙组、圆盘耙组、平地齿板、碎土辊、镇压辊

续附表 3

生产企业	产品型号	主要配置及参数
阿拉尔天诚农机制造有限公司 电话:0997－4991057	1ZL-4.5	配套动力(千瓦):88～103;外形尺寸(毫米):5500×4600×1100;机具重量(千克):3200;耙片直径(毫米):460;工作幅宽(毫米):4500;作业速度(千米/小时):≤9;整地深度(毫米):≥80;碎土率(%):≥70;整后地表标准差(毫米):≤35;工作部件配置:缺口耙组、圆盘耙组、平地齿板、碎土辊、镇压辊
阿瓦提县新春晓农具厂 电话:13899219796, 0997－2878860	1ZL-3.6	配套动力(千瓦):59～74;外形尺寸(毫米):5500×3600×1100;机具重量(千克):2200;耙片直径(毫米):460;工作幅宽(毫米):3600;作业速度(千米/小时):2～7;整地深度(毫米):≥80;碎土率(%):≥70;整后地表标准差(毫米):≤35;工作部件配置:缺口耙组、圆盘耙组、平地齿板、碎土辊、镇压辊
	1ZL-4.2	配套动力(千瓦):66～88;外形尺寸(毫米):5800×4200×1100;机具重量(千克):2500;耙片直径(毫米):460;工作幅宽(毫米):4200;作业速度(千米/小时):2～7;整地深度(毫米):≥80;碎土率(%):≥70;整后地表标准差(毫米):≤35;工作部件配置:缺口耙组、圆盘耙组、平地齿板、碎土辊、镇压辊
	1ZL-4.4	配套动力(千瓦):74～103;外形尺寸(毫米):5800×4400×1100;机具重量(千克):3000;耙片直径(毫米):460;工作幅宽(毫米):4400;作业速度(千米/小时):2～7;整地深度(毫米):≥80;碎土率(%):≥70;整后地表标准差(毫米):≤35;工作部件配置:缺口耙组、圆盘耙组、平地齿板、碎土辊、镇压辊

续附表 3

生产企业	产品型号	主要配置及参数
阿瓦提县新春晓农具厂 电话:13899219796, 0997－2878860	1ZL-5.4	配套动力(千瓦):88～118;外形尺寸(毫米):6000×5400×1100;机具重量(千克):3500;耙片直径(毫米):460;工作幅宽(毫米):5400;作业速度(千米/小时):2～7;整地深度(毫米):≥80;碎土率(%):≥70;整后地表标准差(毫米):≤35;工作部件配置:缺口耙组、圆盘耙组、平地齿板、碎土辊、镇压辊
巴州爱地信农机销售有限公司农机制造厂 电话:0996－2081166	1ZL-3.8	配套动力(千瓦):51～59;外形尺寸(毫米):4600×4000×1100;机具重量(千克):2300;耙片直径(毫米):460;工作幅宽(毫米):3800;作业速度(千米/小时):≤9;整地深度(毫米):≥80;碎土率(%):≥70;整后地表标准差(毫米):≤35;工作部件配置:缺口耙组、圆盘耙组、平地齿板、碎土辊、镇压辊
	1ZL-4.2	配套动力(千瓦):66～88;外形尺寸(毫米):4600×4500×1100;机具重量(千克):2600;耙片直径(毫米):460;工作幅宽(毫米):4200;作业速度(千米/小时):≤9;整地深度(毫米):≥80;碎土率(%):≥70;整后地表标准差(毫米):≤35;工作部件配置:缺口耙组、圆盘耙组、平地齿板、碎土辊、镇压辊
	1ZL-4.6	配套动力(千瓦):74～104;外形尺寸(毫米):4600×4900×1100;机具重量(千克):2900;耙片直径(毫米):460;工作幅宽(毫米):4600;作业速度(千米/小时):≤9;整地深度(毫米):≥80;碎土率(%):≥70;整后地表标准差(毫米):≤35;工作部件配置:缺口耙组、圆盘耙组、平地齿板、碎土辊、镇压辊

续附表 3

生产企业	产品型号	主要配置及参数
昌吉州新晨农业机械制造有限公司 电话：0994－2724588	1ZL-3.6	配套动力（千瓦）：73.5～88.2；外形尺寸（毫米）：6838×3650×976；机具重量（千克）：2500；耙片直径（毫米）：460；工作幅宽（毫米）：3600；作业速度（千米/小时）：≤9；整地深度（毫米）：≥80；碎土率（%）：≥80；整后地表标准差（毫米）：≤25；工作部件配置：缺口耙组、圆盘耙组、平地齿板、碎土辊、镇压辊
	1ZL-4.0	配套动力（千瓦）：73.5～88.2；外形尺寸（毫米）：5510×5530×980；机具重量（千克）：2840；耙片直径（毫米）：460；工作幅宽（毫米）：4000；作业速度（千米/小时）：≤9；整地深度（毫米）：≥80；碎土率（%）：≥80；整后地表标准差（毫米）：≤25；工作部件配置：缺口耙组、圆盘耙组、平地齿板、碎土辊、镇压辊
	1ZL-4.3	配套动力（千瓦）：88.2～110；外形尺寸（毫米）：6460×4310×1080；机具重量（千克）：2900；耙片直径（毫米）：460；工作幅宽（毫米）：4300；作业速度（千米/小时）：≤9；整地深度（毫米）：≥80；碎土率（%）：≥80；整后地表标准差（毫米）：≤25；工作部件配置：缺口耙组、圆盘耙组、平地齿板、碎土辊、镇压辊
克拉玛依五五机械制造有限责任公司 （原奎屯五五农机厂） 电话：13899559309	1ZL-2.8	配套动力（千瓦）：≥44；外形尺寸（毫米）：6200×2800×1080；耙片直径（毫米）：460；工作幅宽（毫米）：2800；作业速度（千米/小时）：8～10；整地深度（毫米）：≥80；碎土率（%）：≥70；整后地表标准差（毫米）：≤35；工作部件配置：缺口耙组、圆盘耙组、平地齿板、碎土辊

续附表 3

生产企业	产品型号	主要配置及参数
克拉玛依五五机械制造有限责任公司(原奎屯五五农机厂) 电话:13899559309	1ZL-3.6	配套动力(千瓦):≥58.5;外形尺寸(毫米):6200×3600×1080;耙片直径(毫米):460;工作幅宽(毫米):3600;作业速度(千米/小时):8～10;整地深度(毫米):≥80;碎土率(%):≥70;整后地表标准差(毫米):≤35;工作部件配置:缺口耙组、圆盘耙组、平地齿板、碎土辊
奎屯吾吾农机制造厂 电话:0992－3236455 传真:0992－7372771	1LZ-4.2	配套动力(千瓦):>65.0;外形尺寸(毫米):6600×4500×800;机具重量(千克):3000;耙片直径(毫米):460;工作幅宽(毫米):4200;作业速度(千米/小时):≤9;整地深度(毫米):≥80;碎土率(%):≥70;整后地表标准差(毫米):≤25;工作部件配置:缺口耙组、圆盘耙组、平地齿板、碎土辊、镇压辊
	1LZ-5.4	配套动力(千瓦):>73.0;外形尺寸(毫米):6600×5600×800;机具重量(千克):3300;耙片直径(毫米):460;工作幅宽(毫米):5400;作业速度(千米/小时):≤9;整地深度(毫米):≥80;碎土率(%):≥70;整后地表标准差(毫米):≤25;工作部件配置:缺口耙组、圆盘耙组、平地齿板、碎土辊、镇压辊
沙雅县农机修造厂 电话:13309977220	1ZL-2.0	配套动力(千瓦):29.4～40;外形尺寸(毫米):4100×2300×1100;机具重量(千克):1000;耙片直径(毫米):460;工作幅宽(毫米):2000;作业速度(千米/小时):8～10;整地深度(毫米):≥80;碎土率(%):≥70;整后地表标准差(毫米):≤35;工作部件配置:缺口耙组、圆盘耙组、平地齿板、碎土辊、镇压辊

续附表 3

生产企业	产品型号	主要配置及参数
沙雅县农机修造厂 电话:13309977220	1ZL-2.4	配套动力(千瓦):36.8~47.8;外形尺寸(毫米):4100×2700×1100;机具重量(千克):1200;耙片直径(毫米):460;工作幅宽(毫米):2400;作业速度(千米/小时):8~10;整地深度(毫米):≥80;碎土率(%):≥70;整后地表标准差(毫米):≤35;工作部件配置:缺口耙组、圆盘耙组、平地齿板、碎土辊、镇压辊
	1ZL-2.8	配套动力(千瓦):40.4~55.1;外形尺寸(毫米):4600×3100×1100;机具重量(千克):1400;耙片直径(毫米):460;工作幅宽(毫米):2800;作业速度(千米/小时):8~10;整地深度(毫米):≥80;碎土率(%):≥70;整后地表标准差(毫米):≤35;工作部件配置:缺口耙组、圆盘耙组、平地齿板、碎土辊、镇压辊
石河子光大农机有限公司 电话:0993-2300528 传真:0993-2012839	1ZL-2.8	配套动力(千瓦):48~58.8;外形尺寸(毫米):5000×2889×1075;机具重量(千克):2300;耙片直径(毫米):460;工作幅宽(毫米):2800;作业速度(千米/小时):8~10;整地深度(毫米):≥80;碎土率(%):≥70;整后地表标准差(毫米):≤35;工作部件配置:缺口耙组、圆盘耙组、平地齿板、碎土辊、镇压辊
	1ZL-3.2	配套动力(千瓦):48~58.8;外形尺寸(毫米):5000×2889×1075;机具重量(千克):2300;耙片直径(毫米):460;工作幅宽(毫米):3200;作业速度(千米/小时):8~10;整地深度(毫米):≥80;碎土率(%):≥70;整后地表标准差(毫米):≤35;工作部件配置:缺口耙组、圆盘耙组、平地齿板、碎土辊、镇压辊

续附表 3

生产企业	产品型号	主要配置及参数
石河子光大农机有限公司 电话:0993－2300528 传真:0993－2012839	1ZL-3.6	配套动力(千瓦):60～76;外形尺寸(毫米):4500×3600×1075;机具重量(千克):2500;耙片直径(毫米):460;工作幅宽(毫米):3600;作业速度(千米/小时):8～10;整地深度(毫米):≥80;碎土率(%):≥70;整后地表标准差(毫米):≤35;工作部件配置:缺口耙组、圆盘耙组、平地齿板、碎土辊、镇压辊
石河子市天山机械厂	1ZL-3.6	配套动力(千瓦):60.0～75.0;外形尺寸(毫米):5800×3720×1080;机具重量(千克):3000;耙片直径(毫米):460;工作幅宽(毫米):3600;作业速度(千米/小时):≤9;整地深度(毫米):≥80;碎土率(%):≥70;整后地表标准差(毫米):≤35;工作部件配置:缺口耙组、圆盘耙组、平地齿板、碎土辊、镇压辊
	1ZL-4.3	配套动力(千瓦):66.0～75.0;外形尺寸(毫米):5990×4520×1025;机具重量(千克):3000;耙片直径(毫米):460;工作幅宽(毫米):4300;作业速度(千米/小时):≤9;整地深度(毫米):≥80;碎土率(%):≥70;整后地表标准差(毫米):≤35;工作部件配置:缺口耙组、圆盘耙组、平地齿板、碎土辊、镇压辊
石河子天重实业有限责任公司 电话:0993－2012814 2023776	1YLZ-3.6	配套动力(千瓦):≥55;外形尺寸(毫米):5800×3600×1080;机具重量(千克):2570;耙片直径(毫米):460;工作幅宽(毫米):3600;作业速度(千米/小时):≤9; 整地深度(毫米):≥80; 碎土率(%):≥60;整后地表标准差(毫米):≤35;工作部件配置:缺口圆盘耙组、钉齿耙组、刮土板、碎土镇压器

续附表 3

生产企业	产品型号	主要配置及参数
石河子天重实业有限责任公司 电话:0993－2012814/2023776	1YLZ-4.3	配套动力(千瓦):≥55;外形尺寸(毫米):5800×4300×1080;机具重量(千克):2850;耙片直径(毫米):460;工作幅宽(毫米):4300;作业速度(千米/小时):≤9;整地深度(毫米):≥80;碎土率(%):≥60;整后地表标准差(毫米):≤35;工作部件配置:缺口圆盘耙组、钉齿耙组、刮土板、碎土镇压器
	1YLZ-4.8	配套动力(千瓦):≥55;外形尺寸(毫米):5960×4950×1055;机具重量(千克):3100;耙片直径(毫米):460;工作幅宽(毫米):4800;作业速度(千米/小时):≤9;整地深度(毫米):≥80;碎土率(%):≥60;整后地表标准差(毫米):≤35;工作部件配置:缺口圆盘耙组、钉齿耙组、刮土板、碎土镇压器
新疆科神农业装备科技开发有限公司 电话:0993－2629711	1ZL-4.5	配套动力(千瓦):55;外形尺寸(毫米):5000×5689×1075;机具重量(千克):3000;耙片直径(毫米):460;工作幅宽(毫米):5600;作业速度(千米/小时):≤9;整地深度(毫米):≥80;碎土率(%):≥80;整后地表标准差(毫米):≤25;工作部件配置:缺口耙组、圆盘耙组、平地齿板、碎土辊、镇压辊
新疆库尔勒二十九团孔雀农业机械厂 电话:13179879557	1ZLQ-3.6	配套动力(千瓦):66～88 ;外形尺寸(毫米):6600×4500×1100;机具重量(千克):2400 ;耙片直径(毫米):460;工作幅宽(毫米):6000;作业速度(千米/小时):≤9;整地深度(毫米):120;碎土率(%):≥80;整后地表标准差(毫米):≤25;工作部件配置:缺口耙组、圆盘耙组、平地齿板、碎土辊、镇压辊

续附表 3

生产企业	产品型号	主要配置及参数
新疆库尔勒二十九团孔雀农业机械厂 电话:13179879557	1ZLQ-4.2	配套动力(千瓦):74～103;外形尺寸(毫米):6542×4310×1035;机具重量(千克):2700;耙片直径(毫米):460;工作幅宽(毫米):4200;作业速度(千米/小时)≤9.0;整地深度(毫米):120;碎土率(%):≥80;整后地表标准差(毫米):≤25;工作部件配置:缺口耙组、圆盘耙组、平地齿板、碎土辊、镇压辊
	1ZLQ-4.8	配套动力(千瓦):74～103;外形尺寸(毫米):6542×4310×1035;机具重量(千克):2700 ;耙片直径(毫米):460;工作幅宽(毫米):4800;作业速度(千米/小时):≤9.0;整地深度(毫米):120;碎土率(%):≥80;整后地表标准差(毫米):≤25;工作部件配置:缺口耙组、圆盘耙组、平地齿板、碎土辊、镇压辊
新疆生产建设兵团农一师七团农机修造厂 电话:13999672369	1ZL-2.8	配套动力(千瓦):47.05～58.82;外形尺寸(毫米):4600×2800×1000;机具重量(千克):1600;耙片直径(毫米):460;工作幅宽(毫米):2800;作业速度(千米/小时):8～10;整地深度(毫米):≥80;碎土率(%):≥70;整后地表标准差(毫米):≤35;工作部件配置:缺口耙组、圆盘耙组、平地齿板、碎土辊、镇压辊
	1ZL-3.6	配套动力(千瓦):58.85～73.52;外形尺寸(毫米):5500×3600×1100;机具重量(千克):2200;耙片直径(毫米):460;工作幅宽(毫米):3600;作业速度(千米/小时):8～10;整地深度(毫米):≥80;碎土率(%):≥70;整后地表标准差(毫米):≤35;工作部件配置:缺口耙组、圆盘耙组、平地齿板、碎土辊、镇压辊

续附表 3

生产企业	产品型号	主要配置及参数
新疆生产建设兵团农一师七团农机修造厂 电话:13999672369	1ZL-4.2	配套动力(千瓦):73.52～88.23;外形尺寸(毫米):5800×4200×1100;机具重量(千克):2500;耙片直径(毫米):460;工作幅宽(毫米):4200;作业速度(千米/小时):8～10;整地深度(毫米):≥80;碎土率(%):≥70;整后地表标准差(毫米):≤35;工作部件配置:缺口耙组、圆盘耙组、平地齿板、碎土辊、镇压辊
	1ZL-5.2	配套动力(千瓦):100～117.64;外形尺寸(毫米):6000×5200×1100;机具重量(千克):3200;耙片直径(毫米):460;工作幅宽(毫米):5200;作业速度(千米/小时):8～10;整地深度(毫米):≥80;碎土率(%):≥70;整后地表标准差(毫米):≤35;工作部件配置:缺口耙组、圆盘耙组、平地齿板、碎土辊、镇压辊
新疆天诚农机具制造有限公司 电话:0996－2992002 传真:0996－2991779	1ZL-3.7	配套动力(千瓦):59～74;外形尺寸(毫米):5500×3800×1100;机具重量(千克):2300;耙片直径(毫米):460;工作幅宽(毫米):5200;作业速度(千米/小时):≤9;整地深度(毫米):120;碎土率(%):≥80;整后地表标准差(毫米):≤25;工作部件配置:缺口耙组、圆盘耙组、平地齿板、碎土辊、镇压辊
	1ZL-4.1	配套动力(千瓦):74～88;外形尺寸(毫米):5500×4200×1100;机具重量(千克):3000;耙片直径(毫米):460;工作幅宽(毫米):5200;作业速度(千米/小时):≤9;整地深度(毫米):120;碎土率(%):≥80;整后地表标准差(毫米):≤25;工作部件配置:缺口耙组、圆盘耙组、平地齿板、碎土辊、镇压辊

续附表 3

生产企业	产品型号	主要配置及参数
新疆天诚农机具制造有限公司 电话:0996－2992002 传真:0996－2991779	1ZL-4.5	配套动力(千瓦):88～103;外形尺寸(毫米):5500×4600×1100;机具重量(千克):3200;耙片直径(毫米):460;工作幅宽(毫米):5200;作业速度(千米/小时):≤9;整地深度(毫米):120;碎土率(%):≥80;整后地表标准差(毫米):≤25;工作部件配置:缺口耙组、圆盘耙组、平地齿板、碎土辊、镇压辊
	1ZL-5.1	配套动力(千瓦):103～125;外形尺寸(毫米):5500×5200×1100;机具重量(千克):3500;耙片直径(毫米):460;工作幅宽(毫米):5200;作业速度(千米/小时):≤9;整地深度(毫米):120;碎土率(%):≥80;整后地表标准差(毫米):≤25;工作部件配置:缺口耙组、圆盘耙组、平地齿板、碎土辊、镇压辊

第四章　耕整机具

第一节　耕整机具概述

耕整机是近10年来迅速发展起来的一种新型、小型耕整地机械，是动力和农机具相结合的整体机，既适用于水田耕作，又适用于旱耕。具有结构简单、重量轻、操作容易、维修方便、成本低、效益高等优点，被农民誉为“一头牛的价格，半头牛的作业成本，三头牛的工效”。常用的耕整机分为单轮(图4-1)，双轮(图4-2，图4-3)耕整机。

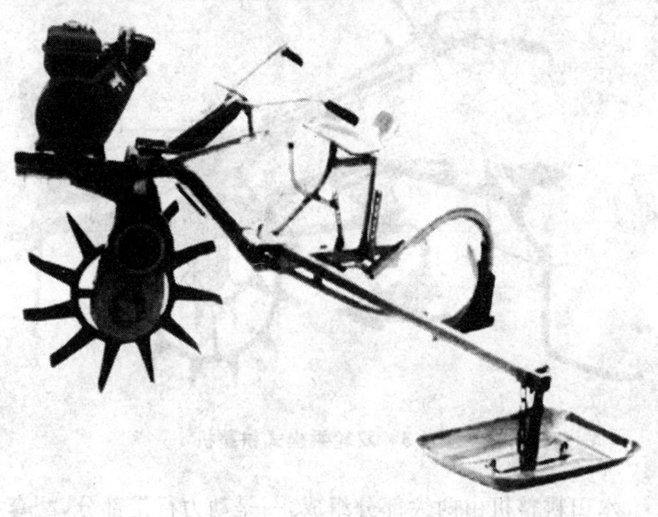

图4-1　单轮耕整机

图 4-2　双轮步耕式耕整机

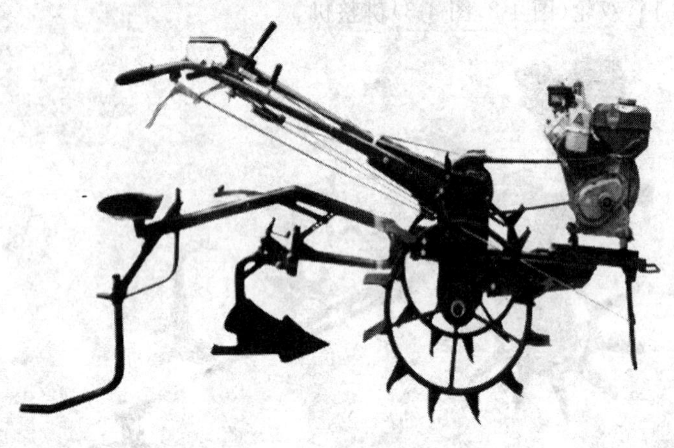

图 4-3　双轮乘坐式耕整机

水田耕整机由两大部分组成，一是动力行走部分，配套小功率柴油机；二是农具部分，由犁、耙、耖等组成。在牵引力的作用下，对水田土壤起耕翻、耙碎、耥平的作用。

一、操作方式及配套动力

在我国南方山丘区，既有山间盆地，也有大量的山冲田、梯田以及很不规则的弯曲形田块。在引进推广耕整机时，要注意考虑使用对象，特别是要因地制宜地选择耕整机的操作方式。

(一)独轮乘座手扶式

工效高，操作人员轻松。适用于泥脚深浅较一致，丘块较大、形状较规则的水田作业。动力要选择 2.2～4 千瓦(3～5.5 马力)的柴油机。

(二) 独轮步耕式

小巧灵便，整机质量 65～75 千克，安装简单，拆卸后可 1 人 1 肩挑，操作使用简单易行，适用于无机耕道、山丘梯田、单丘田，泥脚深浅不一、丘块无规则的零散水田作业。动力选择 1. 5～2. 2 千瓦(2～3 马力)柴油机。

(三)双轮步耕式

操作简单，一机多用，结构较复杂。适用于有机耕道、连片、烟稻连作旱田作业，还能进行田间运输。动力选择 3～4 千瓦(4～5. 5 马力)柴油机。

二、动力离合机构

耕整机的动力启动和行进中的停止都要有一操作灵活、安全有效的离合机构来保证。

(一)摩擦式离合机构

传递效率高，操作轻便灵活，但机构较复杂，造价高，水田作业时离合器容易进水而打滑。

(二)张紧轮式离合机构

动力固定,振动小,结构简单,操作轻便,但在作业期间,由于张紧轮紧靠传动皮带,使皮带摩擦发热,传递效率低,容易打滑。

(三)滑动式离合机构

扳动操纵手柄,通过一组杠杆使发动机沿滑槽前后移动,改变动力皮带轮与减速箱皮带轮的中心距离,使传动皮带松弛或张紧以实现动力离合。动力固定在滑板上,滑槽可用两圆钢铣槽,焊接在齿轮箱上端靠前位置,保证滑槽与滑板配合适度灵活。此离合方式结构简单,造价低,振动小,传递效率高,操作轻便灵活,皮带使用寿命长,安装调整方便,很适合于小动力水田作业。现有耕整机多数采用此离合机构。

三、减 速 箱

减速箱在耕整机上既发挥减速增扭作用,又起着动力与驱动轮、操纵机构之间的连接与支撑作用。

(一)传动比的计算

采用步耕式,则耕整机的行走速度应与田间操作人员行走速度一致,按每小时 3～4 千米取值。综合考虑耕整机适应水田泥脚深与行走稳定性,驱动轮直径在 660～720 毫米较适宜。总传动比可选择 110～125,座耕式可选择 90～115。

(二) 齿　轮

减速箱均采用标准直齿圆柱齿轮。考虑农业机械的特性,总工作时间应按使用 5 000 小时核算;第一、第二、第三轴齿轮模数按 2～2.5 取值,驱动轮轴齿轮模数按 3～3.5 取值,材料选择 20 号铬锰钛钢更好。

(三) 齿 轮 轴

驱动轮轴的抗扭性能要求较高，应采用花键形式与齿轮连接。与驱动轮连接端，加工成方形，便于动力有效传递和安装。

(四) 箱　体

箱体一般用 3～4 毫米钢板冲压成形后焊接，应保证没有虚焊和漏油，焊接好后，还需作应力消除热处理。可在箱体内壁增焊一块厚度适宜的钢板，以确保轴承有安装的位置，也增加了箱体强度。轴承盖应密封不漏油。

四、驱动轮与行走平衡机构

(一)驱 动 轮

耕整机的驱动轮有独轮型和双轮型两种。驱动轮采用独轮，更适宜于水田和泥脚较深的烂泥田作业。可采用叶片轮毂形，与驱动轮连接。

采用方形套孔。驱动轮外径可取 660～720 毫米，座耕式取偏大值。驱动轮叶片数 10～12 片，叶片厚度 3～4 毫米，叶片上增焊加强筋，也可冲压成 U 形，均匀焊接在轮毂圆钢上，叶片按行走方向后倾 5°～10°，便于脱泥。

(二)行走平衡机构

水田耕整机采用独轮驱动，设计有一种简便可靠的平衡机构，以便行走平稳，操作省力。

1. 拖板(限深杆)　拖板用于支撑工作架，与驱动轮、托盘呈三角形分布与地面接触。工作时也起着稳定和限深作用，拖板前端要设计相应的插孔和插销，便于固定和调整，以适应不同泥脚深的田块。

2. 托盘　在耕整机行走时起到支撑和平衡作用。托盘中部有一深浅调节杆，前后两端有一连接链条，并分别以插销方式与平衡方管连接。方管两端有相应插孔便于左右调节。犁田翻耕时，托盘内应添加一些泥块，以便于平衡。

五、工作部件

(一)犁

耕整机动力较小，采用单体水田铧式犁。

1. 犁铧与犁弓 犁体幅宽 200～240 毫米，耕深 100～180 毫米，犁体接点（犁弓最低处）与犁体犁铧尖处水平基面高度应取值 500～550 毫米，犁体曲面应便于土垡翻坯，犁弓部分采用两点与支架相接，第一点采用套孔挂接，承受拉力，第二点采用扇形板插销连接，便于调整适应不同泥脚深的田块。犁铧尖部分用一平口螺钉固定，便于更换。

2. 入土角调整机构 犁铧入土角是指犁铧尖与水平面的角度。改变入土角可改变土垡的厚度，可微调耕深。要设计一矩形螺纹杆，一端用铰链方式与犁铧尖部分连接，上部与焊接在牵引犁弓机架上的矩形螺母连接，螺杆顶端焊接一圆环手柄，旋转手柄即可调整入土角。如果采用普通螺纹杆，则抗弯、抗扭性、使用可靠性都要差一些。

(二)耙

采用轻型钉齿耙，耙齿数 11～13 齿，钉齿间距 90～100 毫米，为便于破土、烂泥，钉齿锻造成棱形，钉齿长 200～260 毫米，耙架采用插销与机架相接，耙架上焊接一扇形齿板，耙横杆上焊接一手柄，手柄前端与扇形板接合，通过改变相对位置，即可改变耙齿倾斜角度，达到便于碎土、烂泥、平整田块的农田作业要求。

(三)蒲　滚

蒲滚用于扎草、碎土、烂泥。蒲滚筒一般采用 6 叶片均布,钢板厚 1.5～2 毫米,滚筒两端采用圆杆滑套连接,蒲滚机架宽 1 000～1 200 毫米,机架上方设置一托盘,用于在泥土较硬的水田作业时,放置一些泥块,以增加重量,利于扎草,碎土、烂泥。蒲滚牵引架用插销方式与机架相连。

第二节　耕整机具的推荐机型与选购

一、耕整机具的推荐机型

选用耕整机时,当既要求水田旱耕又需要旱地旱耕时,宜选用双轮耕整机,用于旱耕时耕作质量较好,但不可乘坐;当主要用于水田耕作时,宜选用单轮耕整机,用于水耕时,不但其耕作质量较好,而且可供乘坐,且单轮机比双轮机更能有效地降低劳动强度。

二、耕整机具的选购

根据《2006～2008 年国家支持推广的农业机械产品目录》和 2008 年部分地区农机具补贴目录,推荐使用的耕整机见附表 4。

(一)选择鉴定合格、允许推广的产品

耕整机出厂时都附有产品使用说明书、产品质量合格证、备件、附件和随机工具清单等文件。要特别注意产品上是否贴有菱形的推广许可证章标记,该标记说明该机型是经过公证、专业质检机构鉴定的产品,其产品质量是值得信赖的。

(二)匹配适宜的动力

对于柴油机,应根据需要耕作田块的坚硬程度选择相应大小的动力,同时兼顾它的多用性(耕整机一般匹配动力为2.94～4.41千瓦的柴油机)。

(三)注意齿轮的材质

耕整机传动箱内齿轮在使用过程中极易损坏,选购时,应特别注意齿轮的材质。如小齿轮用20号铬锰钛钢,其余齿轮用45号钢制造而配置的耕整机经久耐用。

(四)注意产品的外观质量

产品表面要求焊缝均匀,平整牢固,不得有烧穿、咬肉、气孔、未焊透等缺陷,要求油漆有底漆,无流挂和漏漆等缺陷。

(五)选购前认真试机

通过试机,检查机体各部分配合是否紧密、合适。离合机构应能分离彻底,接合平顺;油门操作机构既能保证柴油机在全程调速范围内稳定运转,也能使柴油机停止运转。柴油机运转时应无异常声响。

第三节　耕整机具的使用与调整

一、耕整机作业前的准备工作

耕整机在出厂时,是分件包装好的,在使用前要进行组装(可请有经验的机手指导组装)。组装后,必须对整机进行全面检查。

(一)检查松紧程度

对螺栓或用插销连接的各部件的连接处,应检查松紧程度。如发现发动机机座及皮带轮、驱动轮转向架、后支承板、牵引架与齿轮箱、升降杆套与升降轴等连接处的螺栓有松动时，则应拧紧。用销轴连接的地方，应连接可靠，要求上插销的，不能遗漏，以防松脱。各活动部位，每班作业前均应滴适量机油，使其活动自如。

(二)检查燃油

启动前，应检查发动机机油、燃油与齿轮箱机油。

(三)磨　合

凡购买的新机或大修后机器都要进行磨合(即试运转)。因耕整机的运动部件(如齿轮箱的齿轮)，其工作表面虽然经过精密加工，但是仍留有加工余痕，存在微观的凹凸不平，若一开始就全负荷工作，会使运动零件很快磨损或损坏，大大降低其使用寿命。因此，在使用前，必须经过磨合试运转。其目的是通过缓慢提高速度、逐渐增加负荷，使运动零件表面的微观凸起部分逐渐研磨平滑、改善润滑条件，延长机器寿命。磨合的方法可与柴油机的磨合同时进行。磨合结束后，一定要放出齿轮箱内的旧机油(可用容器盛好进行处理)，换上新的或经处理好的机油，方可进行作业。

(四)离合器操作

在启动柴油机之前，离合器操作手柄应放在分离位置。推动式离合器要注意使皮带处于最大松弛状态；锥形常压摩擦式离合器，应将离合器手柄向操作者方向拉动，并且卡入定位槽内，离合器才完全脱开。这样才能做到启动柴油机而耕整机的驱动轮不会转动。

启动柴油机后，机手要上耕整机坐稳后，才能将离合器手柄缓慢地放入结合位置，驱动轮转动，耕整机才起步行走。

起步前，应使耕整机前方不能站人，否则容易引起误伤。

(五)耕整机工作中的调车要注意的问题

①耕整机的驱动轮、平衡滑板和后支承板都是刚性零件，因此不能在马路和较硬的便道上行驶。如需调车，必须人抬或车辆运送。②在近距离的泥路上调车时，机手应下机，一手扶转向架，一手扶机架，让耕整机缓慢行驶，以防翻倒。③在田间调车时，不能以大油门冲越田埂。越过高大的田埂时，应先将田埂挖低，把农具抬高，低速通过；或者使发动机熄火，用人力摇动柴油机启动手柄使耕整机通过田埂。遇到沟渠时，务必使平衡滑板前部翘起，防止拖板与横梁受阻发生变形。④在有坡度的泥路上调车时要特别小心。遇到上坡时，先升高支架与后支承滑板的相对高度，使重心前移；遇下坡时则应相反，应先降低支架与后支承滑板的高度，使重心后移。其目的是防止重心失调，造成翻机。

(六)耕整机作业时对灌水深度的要求

耕整机耕作前，对被耕田要求有一定的水面，一般应灌5～7厘米深的水，过浅过深都不好。过浅，驱动轮容易沾泥，滑板的滑动阻力增大，影响工效，过深，影响操作者的视线，以至影响翻耕质量。

(七)耕整机作业时开墒方法

开墒俗称开行。水田耕整机作业时首先要解决开墒的问题。操作者应目测好田块两边相等距离的位置下犁，尽量做到减少空行，留好地头转弯位置，避免田头过窄和过宽。

(八)耕整机的耕作速度的控制

水田耕整机的耕作速度要考虑耕作土层泥底硬度、土壤黏度等因素来进行调整和控制。如砂性田，可适当提高耕作速度；反之像黏性重的田，应降低耕速。必要时，操作者应下机跟行，操纵方向架，减轻机器重量和后支承滑板的压力，减少行驶阻力。

(九)耕整机在田间作业时转弯要求

因耕整机无倒退挡,作业时就根据田块大小,尽可能转大弯。转弯时应采用小油门,降速行驶。必要时,要将犁体升起,高度集中注意力,防止耕整机失控,撞上障碍物而酿成事故。

(十)耕整机耙耕时要求

耕整机耙耕时水深要适当,一般水面以淹没犁坯的 2/3 为宜,过深不能碎土,过浅阻力大,效率低。耙耕时要注意留好套耙间距,尽量直线行驶,减少重耙与漏耙现象。可参照旋耕机翻耕方法(第二章第四节)进行。

二、耕整机的安全操作应注意的事项

为了农机户使用好耕整机,确保安全生产,特提出安全操作注意事项如下。

第一,按各地区农机主管部门要求,耕整机机手必须通过技术培训取得结业证后,才能驾机作业,不许无证开机。

第二,在使用耕整机前,必须检查柴油机、曲轴箱及耕整机齿轮箱的机油情况;各活动部位应经常加注润滑油。

第三,拆装三角皮带及传动系统的零部件时,必须先使发动机熄火。

第四,起步前,要注意耕整机前方不能站人;陷车时,在发动机未熄火的情况下,人切不可站在机器前面去抬或拖机头,以免发生意外伤人现象。

第五,发现机器的响声不正常或运转不灵活等情况,应立即停机检查。机具有故障未经修复,不得带病作业。

第六,耕整机越过田埂或沟渠时,必须特别注意安全(可参考前面调车中的规定进行)。

第七,不能让耕整机在公路上或硬田埂上远距离行走(参考调车中的要求)。

第八,发动机出现飞车时,应立即关闭油门,采取紧急措施(如减压、堵进气管、切断油路等),使发动机迅速熄火。未查清原因和排除故障前,不得继续使用,以防事故。

第九,在使用中,如发现发动机和齿轮箱有漏油现象,应停机修复或更换密封圈。要防止泥水进入齿轮箱,以免加速零件磨损。

第十,停机后,如发动机未熄火时,机手不得离开工作现场。

第十一,在作业过程中以下几种情况的处理办法。若驱动轮打滑、可将农具提升或扳动转向架左右摆动,做短时间曲线行驶,避免陷车;或者驱动轮一开始打滑,就立即停机,将犁体升起,机手站在一旁,扳动离合器,使之一离一合,慢慢离开陷坑。如果已经陷车,应停机清除驱动轮上的泥草杂物;若清除驱动轮上泥草杂物后仍然打滑,此时可将机器尾部抬高,把机器后部挂的泥草等物清除,然后轻轻放下,再扳动离合器,则耕整机可自行离开陷坑。如上述方法仍无效果时,可以使发动机熄火,将耕整机拉出陷坑、然后再重新起步。严禁一边操作,一边清除杂草及其他障碍物。

第十二,在作业过程中,按要求进行班次保养和季节保养等工作,以保证机器具有良好的技术状态。

第十三,对于推动式离合器,一定要安装限位螺栓,当机体向前倾斜时,可防止柴油机滑出机架;对于锥形常压摩擦式离合器,结合时应注意缓慢平稳,分离时要求迅速彻底。

第十四,驱动轮后上方护罩如果脱落,不可将就凑合,应及时加装防护罩板,防止作业时脚不小心滑向驱动轮叶片处,造成伤人事故。

第十五,在工作时,若发生翻车,应立即拉开离合器手柄、迅速分开离合器,同时将发动机熄火,并赶快找人将机器抬起,防止发动机机体遇冷水开裂,以及泥水进入机体。然后仔细检查,确认机具技术状态正常后,才能继续工作。

第十六,耕整机无照明设备,不许夜间进行作业。

三、耕整机的维护与保养

为了使水田耕整机经常处于良好的技术状态工作,延长使用寿命,必须对它进行维护保养。所谓维护保养,就是定期对耕整机各部件进行系统的检查、清洗、润滑、紧固、调整以及更换某些已磨损的零件。同时,要记住“养重于修”的原则。水田耕整机的保养一般分为:班次保养、季节保养及技术检修3种。

(一)耕整机的班次保养包括的内容

主要有:①清除机器外部的灰尘、油污、泥土和杂物,检查外部各零件、螺栓等连接处的紧固情况,查看有无漏气、漏油现象。②检查曲轴箱、齿轮箱的润滑油油面的高低,按表4-1要求检查各润滑部位的润滑情况,根据实际需要添加润滑油。③检查驱动轮叶片有无变形、磨损及各焊接部位是否有裂纹和脱焊。三角传动皮带的松紧是否适当,发现故障应及时排除,以防事故隐患。

(二)耕整机的季节保养包括的内容

耕整机在完成一季作业之后,即柴油机运转100小时左右,需进行季节保养。除包括班次保养各项外,还要增加以下内容:①发动机部分按柴油机的有关资料介绍内容进行。②

仔细观察、倾听耕整机各部件运动有无不正常的响声，冒烟与发热等现象。③趁刚停机机体还是热的时候，从齿轮箱放出旧机油（可用容器盛好待处理后下次使用），并将齿轮箱清洗干净，换上新机油。④发现损坏的零件应及时更换，如有故障应及时排除。⑤做好防锈防腐工作。机架各部件与农具均应清洗干净后，放在干燥通风处晾干。如螺栓、接头和转动部件等，除晾干外，还要涂上黄油或机油，以防锈蚀。⑥对于拆卸的零部件及农具不得放在潮湿的地方，以防生锈，不要在它们的上部堆放重物，以免变形；不要与有腐蚀性的物质接触，以防腐蚀；要用纸或薄膜布加盖上方，防止灰尘污染。

第四节　耕整机的检修与故障排除

一、耕整机的检修

当水田耕整机工作 1 000 小时左右，必须进行全面的技术检修。技术检修就是将耕整机分部拆开，进行全面的清洗、检查、修理或更换，再按技术要求重新组装，并进行调整。内容包括发动机、底盘与农具检修。发动机的检修另有资料详细介绍；由于底盘的机架与农具均结构简单、检修简便，此处不多介绍。而齿轮箱的结构复杂、内部零件多，技术要求较高，因此做详细介绍。

（一）拆卸耕整机的齿轮箱零件

首先，拧下放油螺塞，将齿轮箱内机油放尽。其次，拧下齿轮箱盖紧固螺钉，揭开盖板。然后，拧下皮带轮紧固螺钉，取下皮带轮。各轴及有关零件的拆卸顺序是：从一轴、二轴到三轴依次拆卸，拆卸时要按顺序摆好，不要弄乱，以免错装造成事故。

1. 一轴及有关零件的拆卸 拧下一轴两端轴承盖的紧固螺钉,用 4 个螺钉分别拧入两轴承盖座的拆卸孔内,将轴承座从箱体上顶起,使其松脱,并取下两轴承盖。接着取下齿轮定位挡圈,然后将轴及轴上齿轮一同取出箱体(因轴与齿轮是连在一起的)。

2. 二轴及有关零件的拆卸 拧下二轴两端的轴承盖螺钉,取下两端的齿轮挡圈。然后将箱体侧置,用圆形套顶住二轴小齿轮一侧的轴承座孔外缘,将轴轻轻敲出。切记不能重压重击,以免损坏轴颈、齿轮或箱体。因大齿轮是安装在轴上的,应从箱盖窗口中取出。

3. 三轴及有关零件的拆卸 与二轴的拆卸方法基本相同。但三轴要从安装驱动轮的轴颈一端取出,否则取不出来。

(二)清洗和检查已拆卸的齿轮箱及零件

应该把箱体内腔及各轴、齿轮、轴承座清洗干净,仔细检查各零件表面是否有磨损,轴承与轴承盖是否松动,轴颈与对应的轴承内圈配合是否适宜,齿轮表面有无磨损或齿面剥落,键是否损坏,等等。如有零件损坏,必须换用相同的新件。特别注意齿轮如需更换时,要选用齿数与模数及大小完全相同的齿轮。更换油封时,除应换同型号的外,还要注意油封的安装方向。

(三)齿轮箱的安装

首先,要将油封、轴承组装好(轴承装入轴承座内)。然后按与拆卸相反的顺序安装各轴和轴有关的零件,拧紧螺钉。此外,还要注意以下几点:①各轴、齿轮、轴承和挡圈均应安装在原来的位置,绝对不能调换位置,更不能错装。②装好之后要转动皮带轮轴,以无异常声响且转动灵活为宜。③记住不要漏装了油封，装配时若有损坏，应及时更换新的。④轴承盖紧固螺孔的弹簧垫圈不能漏装，各螺栓要均匀拧紧。⑤箱内各零件安装好后，应加进适量的合格机油。作业前要考虑是否需要磨合。

（四）耕整机各部件组装后，对润滑的要求

水田耕整机各部件的润滑部位、加油方法及要求，均详细列于表 4-1。

表 4-1　水田耕整机的润滑

序　号	润滑部位	润 滑 剂	润滑方法	润滑周期
1	发动机曲轴箱	冬用 T11 号机油，夏用 T14 号机油	从加油口加入曲轴箱至规定油尺高度为止	每班检查，不足添加
2	传动齿轮箱	冬春用 20 号，夏秋用 30 号，或通用齿轮油	从加油孔加入至检查孔溢（流）油为止	同　上
3	转向轴套及其他所有相对运动的部件	机油	用机油壶注入	每班 1 次
4	锥形离合器，皮带轮、轴承	机油 GB 491-65	拆下防尘盖，用黄油枪把黄油注入轴承内	每 50 小时 1 次
5	锥形离合器的加油孔	机　油	滴　注	每班 1 次

二、耕整机的常见故障与排除方法

耕整机经过一段时期的运行，某些零部件在运行中磨损、变形，工作状况恶化，将会发生故障。故障大致分为两类：一类是慢性的自然磨损。这是正常现象，只有正确使用，定期保养，才能减缓自然磨损的过程。另一类是使用不当、保养不周而引起的故障。发现故障后，不能乱拆、乱换、乱装，应及时找出原因和产生部位，并“对症下药”，加以排除。现将水田耕整机的常见故障、产生原因及排除方法列于表4-2。

表4-2　水田耕整机的故障与排除

故　障	故障产生的原因	排除方法
驱动轮打滑	①田里水过浅 ②驱动轮夹泥或缠草 ③泥脚过深，犁深超过规定 ④稻草太多	①田里灌进深度适宜的水 ②使驱动轮走上一犁的犁沟里 ③犁田不超过规定耕深 ④切断稻草或事先拨开稻草
转向操作过重	①后支承滑板升降高度不合适 ②牵引轴承内无润滑油 ③转向机构缠有杂物	①调整后支承滑板高度；使活动横梁在田间接近水平 ②在转向机构的加油孔内加注润滑油 ③清除缠挂的杂物
齿轮箱噪声过大	①齿轮过度磨损，造成齿侧间隙过大 ②轮齿表面有剥落现象 ③轴承严重磨损 ④润滑油不够或质量不符要求	①更换齿轮 ②更换齿轮 ③更换轴承 ④添加符合要求的润滑油
铧式犁不入土	①耕深调节不当，入土角太小 ②犁铧挂草过多 ③调节销调整不当 ④土质过硬，犁铧刃口过度磨损	①把调节销向上逐孔移动 ②清除杂物 ③调到所需耕深对应的孔位 ④修理或更换犁铧
沟底不平，耕深不一致	①牵引销轴、牵引架、牵引杆、犁架变形；驱动轮变形 ②后支承滑板紧固螺栓松动；	①修理或更换变形部件 ②拧紧紧固

续表 4-2

故　障	故障产生的原因	排除方法
犁底不平，重耕、漏耕	①牵引架、犁装配处连接松动 ②驱动轮变形 ③限位板或后支承板调整螺栓松动 ④犁铧安装不正确	①紧固螺栓 ②校正或更换驱动轮 ③紧固螺栓 ④正确安装犁铧
牵引力不足	①皮带松动 ②发动机功率不足	①张紧传动皮带 ②排除发动机故障
发动机冒黑烟熄火	①犁田过深 ②阻力过大或缠草过多 ③传动齿轮打坏或卡死 ④发动机功率不足 ⑤驱动轮装反	①犁田不超过规定耕深 ②清除杂草 ③检查齿轮箱，更换齿轮或有关零件 ④检修发动机 ⑤装正驱动轮
驱动轮行走不正	①牵引架变形 ②驱动轮紧固螺栓松动 ③驱动轮变形	①校正牵引架 ②拧紧驱动轮螺栓 ③校正驱动轮
齿轮箱漏油或进泥水	①油封安装方向不对或损坏 ②轴承座盖螺栓松动	①重新安装或更换油封及纸垫 ②拧紧螺栓
传动皮带打滑	①皮带过松 ②犁入土过深 ③水浅，驱动轮夹泥缠草，阻力过大	①调整皮带至适宜 ②犁深应适当 ③灌适宜的水，驱动轮走犁沟；割断杂草

续表 4-2

故　障	故障产生的原因	排除方法
锥形常压摩擦离合器打滑	①操纵拉杆和调整垫片调整不当 ②摩擦表面黏附油污或泥水 ③摩擦片磨损过大 ④离合器弹簧弹力减弱	①重新调整 ②用汽油清洗干净 ③更换摩擦片 ④更换弹簧
偏牵引	①后支承滑板导向销磨损 ②牵引销磨损	①更换损坏的销子 ②更换损坏零件
操作困难	①箱体上部的牵引框变形 ②驱动轮叶片变形	①校正变形件或进行更换 ②校正变形件或进行更换
畜力犁犁不入土或犁尖下钻	①犁头安装不正确 ②耕深调整不当	①把底尖至底平面的高度调到 1～1.5 厘米 ②重新调整耕深限制板
平田器载土、卸土不如意	载土、卸土角不符要求	调节平田器； 调节卸土角
各种滚耙、蒲滚沉重、拉动吃力	①滚筒中心有孔洞，管内灌满了水 ②两端轴承已损坏	①用焊接方法补好漏洞，或用农胶黏补漏洞； ②更换橡胶轴承

附表 4　推荐使用的耕整机具及其技术参数

生产企业	产品型号	主要配置及参数		
衡阳市力源动力制造有限公司 电话:0734－5375545	1ZS-20	配套动力:HL175F1 柴油机,功率:4.41 千瓦;标准变速箱,行走轮(单轮),机架,平衡盘;配铧式犁,幅宽:20 厘米;整机重量:107 千克 整机产地:衡东县		
		选装配置	选配一	耙
			选配二	蒲滚
	1Z-20	配套动力:HL165F 柴油机,功率:2.21 千瓦;标准变速箱,行走轮(双轮),机架,平衡盘;配铧式犁,幅宽:20 厘米;整机重量:150 千克 整机产地:衡东县		
		选装配置	选配一	耙
			选配二	蒲滚
耒阳轻型耕田机厂 电话:13973441780;13707478464	耒耕 1ZS-20	配套动力:ZB165FA 型柴油机,功率:2.21 千瓦;整机质量:80 千克;犁宽:20 厘米 整机产地:耒阳市		
		选装配置	选配一	ZB175FA 柴油机
			选配二	耙总成,耙宽 100 厘米
			选配三	蒲滚,滚宽 100 厘米
			选配四	调换双轮(不带挡)

续附表 4

生产企业	产品型号	主要配置及参数		
湖南省农友机械有限公司： 电话：0738—6882218/6882968	1Z-20A	配套动力：滨湖 175F-1 柴油机，功率：2.21 千瓦，铧式犁工效 0.08～0.15 公顷/小时；整机质量(千克)：95 整机产地：双峰县		
		选装配置	选配一	犁
			选配二	耙
			选配三	蒲滚
			选配四	车厢
郴州市农夫机电有限公司 电话：0735—2659088；13975533016	1ZS-20	配套动力：ZB175F 柴油机，变速箱、行走轮、机架、平衡盘、犁、耙 整机产地：郴州市		
		选装配置	选配一	鸿力 175F
			选配二	蒲滚
	1Z-20	配套动力：常柴 R175 柴油机，变速箱、行走轮、机架、犁、耙；整机产地：郴州市		
		选装配置	选配一	峨眉 175 柴油机
			选配二	旋耕机
			选配三	蒲滚
			选配四	碎铧轮

续附表 4

<table>
<tr><th>生产企业</th><th>产品型号</th><th colspan="3">主要配置及参数</th></tr>
<tr><td rowspan="10">宜宾市华神机电科技开发有限公司
电话:0831－8274298
传真:0831－8274618</td><td>1GS-45</td><td colspan="3">耕宽 40～45 厘米,效率 667～929 米^2/小时。基本配置:重庆宗申 ZS168FB 单缸强制风冷 4 冲程汽油机(额定功率 4.41 千瓦)、底盘、耕作螺旋(两个)各 1 台套,除发动机为重庆宗申通用动力机械有限公司生产外其余配件均由宜宾华神机电科技开发公司生产</td></tr>
<tr><td rowspan="5">1LGK-120</td><td colspan="3">耕宽 120 厘米,效率 929～1667 米^2/小时。基本配置:无锡凯马动力 KM178F 单缸风冷柴油机(额定功率 4.4 千瓦)、底盘、水田耕刀(S120)、旱地耕刀(H120)、行走轮(400－8,山东青岛)各 1 台套。除发动机(无锡凯马动力有限公司生产)和行走轮外其余配件均由宜宾华神机电科技开发公司生产</td></tr>
<tr><td rowspan="4">选装配置</td><td>选配一</td><td>复合刀 1 副</td></tr>
<tr><td>选配二</td><td>湿地刀 1 副</td></tr>
<tr><td>选配三</td><td>六方滚筒刀 1 副</td></tr>
<tr><td>选配四</td><td>动力调换拓普 183 冷凝式水冷柴油机(额定功率 5.15 千瓦)</td></tr>
<tr><td rowspan="3">1ZS-70</td><td colspan="3">耕宽 70 厘米,效率 800～1200 米^2/小时。基本配置:重庆宗申 ZS168FB 单缸强制风冷汽油机(额定功率 4.41 千瓦)、底盘、水田耕刀、旱地耕刀(H70)、行走轮(350－6,山东青岛)各 1 台套。除发动机(重庆宗申通用动力机械有限公司生产)和行走轮外其余配件均由宜宾华神机电科技开发公司生产</td></tr>
<tr><td rowspan="2">选装配置</td><td>选配一</td><td>复合刀 1 副</td></tr>
<tr><td>选配二</td><td>湿地刀 1 副</td></tr>
</table>

续附表 4

生产企业	产品型号	主要配置及参数		
宜宾市华神机电科技开发有限公司 电话:0831－8274298 传真:0831－8274618	1LGK-100 (汽油机)	耕宽 100 厘米,效率 800～1647 米^2/小时。基本配置:重庆宗申 ZS168FB 单缸强制风冷汽油机(额定功率 4.4 千瓦)、底盘、旱地耕刀(H100)、水田耕刀(S100)、行走轮(350－6,山东青岛)各 1 台套。除发动机(重庆宗申通用动力机械有限公司生产)和行走轮外其余配件均由宜宾华神机电科技开发公司生产		
		选装配置	选配一	复合刀 1 副
			选配二	湿地刀 1 副
			选配三	六方滚筒刀 1 副
	1LGK-100 (柴油机)	耕宽 100 厘米,效率 800～1334 米^2/小时。基本配置:重庆拓普 TP175 单缸水冷柴油机(额定功率 4.26 千瓦)、底盘、旱地耕刀(H100)、水田耕刀(S100)、行走轮(400－8,山东青岛)各 1 台套。除发动机(重庆拓普生产)和行走轮外其余配件均由宜宾华神机电科技开发公司生产		
		选装配置	选配一	复合刀 1 副
			选配二	湿地刀 1 副
			选配三	六方滚筒刀 1 副
四川川龙拖拉机制造有限公司 电话:028－83079029	1WG5	耕宽 70～120 厘米、效率 800～933 米^2/小时、油耗 1.77 升/小时。基本配置:无锡华源凯马 178F 单缸风冷柴油机(额定功率 4.41 千瓦)、底盘、水田耕刀(R170)、旱地耕刀(ⅢS175)各 1 台套,行走轮 2 只,除发动机为凯马油机外其余配件均为四川川龙拖拉机制造有限公司生产		
		选装配置	选配一	无锡华源凯马 168FB 汽油发动机
			选配二	常柴 R176 水冷柴油发动机
			选配三	动力换装无锡华源凯马 186FS 风冷柴油发动机

第五章　田园管理机具

第一节　田园管理机具概述

田园管理机又称多功能田园管理机和微耕机(图 5-1)。

图 5-1　田园管理机

适用山坡、丘陵、果园、苗圃、温室大棚内等小面积作业，可旋耕、中耕除草、开沟、起垄、播种、喷药、抽水、营造苗床等。它具有结构紧凑、操作灵活、重量轻、维修保养方便、使用可靠、通用性好等特点。

田园管理机有多种型号，结构大体相同，主要包括 3 大部分：一是发动机。可配备国内外多种柴油或汽油发动机。二是底盘。由操作系统、行走系统、转向系统、离合器、中间链盒、变速箱等构成。三是工作装置。由旋耕机、播种机、打药机、高山泵、培土器、中耕除草器、开沟铲、双向犁、除草机、小拖车等组成。

根据《2006～2008 年国家支持推广的农业机械产品目录》和 2008 年部分地区农机具补贴目录，推荐使用的田园管理机具见附表 5。

第二节　田园管理机具的使用与保养

一、新车磨合

新购的田园管理机的发动机在投入作业前要经过磨合，在磨合初期 20 小时内使用中，不要使发动机高速运行，避免超负荷，否则会缩短柴油机的寿命。发动机的磨合，初次启动后进行 5 分钟的预热运转，在发动机未热之前保持低速小负载运转，切勿高速满负荷运转或低速无负载运转。可以按照每分钟 1 500 转左右负载进行磨合。发动机运转 20 小时后，热机更换机油。

二、作业前的检查

主要有：①排除前1天使用中曾出现的异常情况。②燃油是否充足。③发动机的机油量和脏污程度。④齿轮箱和其他传动机构的润滑油的情况。⑤空气滤清器滤芯的润滑和油污情况。⑥行走轮胎的气压和磨损情况。⑦检查各滑动部位的润滑和油污情况。⑧各部位的脏污程度。⑨各部位的损伤和螺栓、螺母的松紧情况。

三、燃油和润滑油的加注

(一)燃油注入

应按照发动机使用说明书，向油箱添加规定牌号的汽、柴油。发动机为汽油机，则加入90号汽油；发动机为柴油机，则加入0号柴油。

(二)加润滑油

第一，在确认发动机熄火的情况下，水平放置发动机，检查机油标尺的刻度线，如不够则加入机油。柴油机：夏季用30号机油，冬季用20号机油。汽油机：添加汽油机机油。加机油到规定刻度线止。

第二，输出轴应经常涂上机油或润滑油。

第三，在操纵拉线的两头活动处，经常滴些机油。

(三)检查和清理空气滤清器和燃油过滤器

第一，检查和清理空气滤清器，拆下空气滤清器罩壳，检查滤芯是否清洁，若有杂物则需清洗滤芯。然后重新安装。

第二，检查和清理燃油过滤器。打开油箱盖，取出滤清器，用毛刷轻轻刷洗。

四、田园管理机具使用方法

(一)发动机的启动与关机

1. 柴油机启动 打开燃油开关→将调整操纵手柄扳动启动位置→握住反冲启动手柄:①预备:拉动启动手柄,直至感到压力,再把手慢慢放回原位。②用手将减压手柄扳到无压缩位置(柴油机启动后减压手柄会自动复位)。③启动:用两手握住反冲启动手柄,轻轻拉至已钩住启动轮时,再迅速用力拉绳启动。

注:冬天天气寒冷,如果柴油机不易启动,可在启动前拆下气缸盖罩上的加油螺塞,向内加入 2 毫升的机油。冬季天冷时,柴油机启动后须进行 5 分钟的预热运转。

2. 柴油机的关机 ①将调速操纵手柄扳到低速位置。使柴油机无负载运行 5 分钟。② 将调速手柄扳到"停机"位置,切勿使用减压手柄关机。③ 将燃油开关回位到"关"位置。

注:停机后慢慢拉动反冲启动手柄,直到感到压力为止(这时压缩正好开始,进排气门都关闭,可以防止气缸生锈)。

3. 汽油机的启动 ①打开电门开关。②打开油门开关,关闭阻风门,把节气门调到合适位置,先轻轻拉启动手柄,直至感到有阻力时再用力拉使发动机启动。③发动机启动后,先在怠速状态下运行 1～3 分钟,检查运转是否平稳,有无异响,然后再把阻风门开到最大,调整气门开度,以达到所需的转速。

4. 汽油机的关机 把节气门调整到合适位置,使发动机处于最低稳定转速,关闭电开关即可。

(二)田园管理机的前进、转弯、停止

1. 前进 ①将离合器手柄放于离的位置。②用变速操

纵杆选择(高)或(低)挡位置。③扳动油门开关手柄,稍提高发动机的转速。④将离合器的手柄缓缓放到(合)的位置后,使田园管理机前进。

2. 转弯 靠推动扶手把的方法,使管理机转弯。

3. 变速 ①将离合器手柄放在(离)的位置。②将变速操纵杆换到需要的挡位。③将离合器手柄缓缓放到“合”位置,使管理机变速后前进。

4. 停机 ①把离合器手柄放在(离)的位置,管理机停止运转。②把油门开关手柄放在“小”位置。③关闭发动机。

(三)旋耕作业

1. 安装旋耕组件 依次将管理机左右轮胎销孔上的开口销和销子拆下,卸下一个轮胎将旋耕刀组件安装到动力输出轴上,插好销子和开口销,然后再安装另一边的旋耕刀组件,安装时注意左右方向不要搞错,旋耕刀刃的旋转方向须朝田园管理机的前进方向。

2. 安装好阻力杆 调节好阻力杆的高度,将紧固螺栓拧紧。使用旋耕作业时,一般以慢速挡速度进行旋耕作业,旋耕作业耕深与阻力杆压入土壤深度有关。如遇土质较松的沙性田块,为提高作业效率,可使用快挡进行旋耕作业。

3. 旋耕作业的操作 根据土壤的情况,选择合适的耕作挡位和阻力杆的高度,一般情况下,土壤松软的选择快挡,阻力杆调高以利于后几遍的耕作。土壤较硬的选择慢挡,阻力杆调低,同时在耕作时,在扶手上加大向下的压力,以利于达到一定的耕深;以每畦为单位进行作业;作业到地头调头时,提起扶手把及阻力杆,人在后退的同时,用力推动扶手把,实现调头。

(四)犁地作业

将输出轴上的轮子换为专用大铁轮;拔出阻力杆安装架上的大销子,卸下阻力杆安装架;将犁刀安装架安装到管理机后面的连接架上,放入大销子,调节好定位螺栓。进行犁地作业时,可以移动犁偏耕调节手柄,以调节犁体的左右角度,可以转动调节手轮,使犁体上下移动,改变犁入土角,以改变犁耕的深度。

五、田间管理机具部件调整方法

(一)离合器拉线的调整

当离合器推入出现皮带滑动或者推入时由于过紧感到费力时,可以通过离合器拉线的调节机构来调节拉线的松紧度。调节时将固定螺母松开,拧动调整螺母到合适程度,再将固定螺母拧紧。当离合器推入出现皮带滑动现象时,将调节机构缩短,离合器操纵杆推入感到过紧费力时,将调节机构延长。

(二)皮带张紧度调整

调节离合器拉线的调节机构时,要注意皮带张紧程度,其检查方法如下:当离合器合上时,用手指压皮带中部,可按下15 厘米左右为宜。当此距离过大或过小时,可移动发动机前后位置来调整。通过离合器拉线调整和皮带张紧度调整后,应达到如下要求:①离合器操纵手柄推到(合)处时,加负荷后,皮带不出现打滑现象。②操纵手柄推后(分)处时,皮带应该不随皮带轮转动。③油门拉线调整。当操纵中出现油门开关不灵时,可以调整调速操纵拉线的松紧程度,方法与离合器拉线调整一样,调整的原则是:油门开关手柄调到“小”位置时,应该使发动机熄火或怠速;油门开关手柄调到“大”位置时,发动机的油门开启最大。④操纵把手的上下和左右调整。

在田园管理机作业时,可根据操作的高度来调整操作把手高度,而且可根据作业需要调整把手左右位置。调整方法:松开把手前部的锁紧螺母,移动操作把手到合适操作位置,再将锁紧螺母旋紧。

六、田园管理机具的使用经验与安全规则

主要有:①因疲劳、生病、饮酒等原因禁止操作。②操作者应穿戴适当的帽子、工作服,夏季不能穿拖鞋。③启动发动机时,应让离合器处于分离状态,变速杆放在空挡位置。④补充燃油时,先停止发动机,并严禁烟火,不得边抽烟边加油。⑤倒退移动时,应先停止作业机具的转动。⑥进出坡地作业地点,横穿田埂,驶过松软田地或旋转耕作时,应掌握好平衡,以免倾倒。⑦旋耕除草时,要掌握土软速度快,土硬速度慢的尺度,并使机具前后左右平衡,力度要合适;阻力器调整时,伸得越长,耕深越大,反之相反。⑧旋耕刀有左右之分,不能装反,卡销要装好。⑨检修调整及排除缠草时,应先关闭发动机,再进行处理。⑩正确使用离合器,不熄火停车时变速杆在空挡位置,离合器手柄在"接合"位置,关小油门,以减少皮带磨损。

七、田园管理机具的保养

包括:①完成作业后应清理机件存放于车库,冬季要将冷却水放净。②作业前检查燃油、润滑油、冷却水内,不足时添加。③长期不使用时,应清理污垢妥善保养存放于车库,主要应将润滑油、燃油、冷却水放净并清洗。④易生锈和漆剥落的地方,要进行防锈处理。⑤检查各部件螺栓螺母是否松动或缺少,及时紧固维修。⑥注油部位需要加润滑脂的要适量加注。

附表5 推荐使用的田园管理机具及其技术参数

生产企业	产品型号	主要配置及参数		
北京多力多机械设备制造有限公司 电话 010－61923835	DWG2.5-3型 多功能微耕机	常州金田发动机公司 JR175B 水冷柴油机；整机外形尺寸（毫米）：1400×600×800；整机结构重量（千克）：80；上下调节高度（毫米）：5 挡 360；左右调节角度（°）：350		
		选装配置	选配 1	除草轮 1 对
			选配 2	培土器
			选配 3	施肥播种机
			选配 4	喷雾泵
北京华兴达经济发展公司 电话 86－010－86102588；13126980938	FC-Ⅱ（柴油机） 小型轻便耕作机	重庆柴油机厂拓普 sR175B；整机外形尺寸（毫米）：1600×600×700；整机结构重量（千克）：101；上下调节高度（毫米）：30；左右调节角度（°）：360		
		选装配置	选配 1	除草轮
			选配 2	开沟器
			选配 3	单铧犁
	FC-Ⅱ（汽油机） 小型轻便耕作机	重庆柴油机厂拓普 sR175B，整机外形尺寸（毫米）：1600×600×700；整机结构重量（千克）：101；上下调节高度（毫米）：30；左右调节角度（度）：360		
		选装配置	选配 1	除草轮
			选配 2	开沟器
			选配 3	单铧犁

续附表 5

生产企业	产品型号	主要配置及参数		
北京元凯机械制造有限公司 电话 010－89478800	600S 中耕机	重庆力帆重柴动力有限公司汽油机 LF168F-2L；微耕机总长（毫米）：1450；整机结构重量（千克）：70；上下调节高度（毫米）：200；左右调节角度（°）：340		
		选装配置	选配 1	单边培土刀
			选配 2	高压喷雾机
			选配 3	45 厘米培土刀
			选配 4	25 厘米培土刀
北京多力多机械设备制造有限公司	DWG2.5-2 型多功能微耕机	重庆渝柴发动机公司 JR175 水冷柴油机；整机外形尺寸（毫米）：1540×960×880，整机结构重量（千克）：126.5；上下调节高度（毫米）：5 挡 360；左右调节角度（°）：350		
		选装配置	选配 1	播种机
			选配 2	铺膜机
			选配 3	翻转犁
			选配 4	施肥播种机
			选配 5	叶片旋耕机
			选配 6	培土器
			选配 7	货　车
			选配 8	喷雾装置
			选配 9	中耕机
			选配 10	单铧犁
			选配 11	开沟铲
			选配 12	金属轮 1 对
			选配 13	除草轮 1 对
			选配 14	割草机

续附表 5

生产企业	产品型号	主要配置及参数		
北京多力多机械设备制造有限公司 电话 010—61923835	DWG-2.5 型 多功能微耕机	重庆力帆发动机公司汽油机 LF168F-2L;整机外形尺寸(毫米):1365×610×950;整机结构重量(千克):62(基本配置 81.5);上下调节高度(毫米):360(5挡);左右调节角度(°):350		
		选装配置	选配 1	叶片旋耕刀 1 对
			选配 2	培土器
			选配 3	中耕器
			选配 4	喷雾泵
			选配 5	播种机
			选配 6	货　车
现代农装科技股份有限公司 电话 010—64877801、64838154—808	TG4-A/B 多功能 农田管理机	常州罗宾 EY28B、无锡凯马 KM178F/FS 凯马;微耕机总长(毫米):1700;整机结构重量(千克):120;上下调节高度(毫米):820～1140;左右调节角度(°):360		
		选装配置	选配 1	开沟器
			选配 2	单面犁

续附表 5

生产企业	产品型号	主要配置及参数		
北京多力多机械设备制造有限公司 电话 010－61923835	DWG2.5-4 型 多功能微耕机	无锡凯马发动机公司 KM178FS 水冷柴油机；整机外形尺寸（毫米）：1585×675×940；整机结构重量（千克）：104；上下调节高度（毫米）：460；左右调节角度（°）：350°		
		选装配置	选配 1	专用旋耕机
			选配 2	播种机
			选配 3	铺膜机
			选配 4	翻转犁
			选配 5	施肥播种机
			选配 6	叶片旋耕刀
			选配 7	培土器
			选配 8	货　车
			选配 9	喷雾装置
			选配 10	中耕机
			选配 11	单铧犁
			选配 12	开沟铲
			选配 13	金属轮 1 对
			选配 14	除草轮 1 对
			选配 15	割草机

续附表 5

生产企业	产品型号	主要配置及参数		
潍坊海林机械有限公司 电话 13863699038 0536—8950608	佳力 JL-1WG-4 中耕机	外形尺寸(毫米):1600×1000×1180;配套动力:EY28 汽油机;结构重量:98 千克;耕宽:800～1200 毫米;耕深:≥100 毫米;传动形式:皮带;启动方式:反冲程式;前进 2 挡,后退 1 挡;作业效率:1000～1334 米^2/小时		
		选装配置	选配 1	管理机旋耕部
			选配 2	除草轮
			选配 3	双面犁
	佳力 JL-1WG4-H 微耕机	外形尺寸(毫米):1500×1000×920;配套动力:JC175 柴油机;结构重量:125 千克;耕宽:800～1000 毫米;耕深:≥80 毫米;传动形式:皮带;离合形式:离合片摩擦式;启动方式:手摇启动;作业效率:1000～1334 米^2/小时		
		选装配置	选配 1	开沟器
			选配 2	除草轮
			选配 3	双面犁
潍坊鲁科机械有限公司 电话 13705363281 0536—7261267	鲁潍 3WG6 田园管理机	外形尺寸(毫米):1590×860×940;配套动力:4.85 千瓦水冷柴油机;结构重量:132 千克;作业幅宽:≤850 毫米;耕深(毫米):≥100;旋耕刀数量:8 列共 24 把;纯生产效率:旋耕 334～1334 米^2/小时		
		选装配置	选配 1	播种机
			选配 2	铧　犁
			选配 3	耘　锄

续附表 5

生产企业	产品型号	主要配置及参数		
潍坊市昱祥机械有限公司 电话 13805360841 0536—8670278	1WG4.0 田园管理机	外形尺寸(毫米):1630×620×840;配套动力:4.85 千瓦水冷柴油机;结构重量:135 千克;作业幅宽(毫米):≤850;耕深(毫米):≥100;旋耕刀数量:24 把;纯生产效率:1334 米²/小时		
		选装配置	选配 1	单铧犁
			选配 2	除草器
			选配 3	开沟器
			选配 4	播种施肥器
			选配 5	耘　锄
山东华野机械科技有限公司 电话 0536—2671868 13506478485	华野田管王 SDJ-6A 多功能田园管理机	外形尺寸(毫米):1800×860×560;配套动力:4.41 千瓦 175 柴油机;结构重量:106 千克;旋耕幅宽(毫米):600～1100;耕深(毫米):≥100;纯生产效率:334～2668 米²/小时		
		选装配置	选配 1	开沟培土器
			选配 2	单铧犁
			选配 3	双面翻转犁
			选配 4	中耕耘锄
			选配 5	后置旋耕开沟培土器
			选配 6	水　泵
			选配 7	动力喷雾器

续附表 5

生产企业	产品型号	主要配置及参数		
山东华兴机械股份有限公司 电话 13793856608 0543—2127116	华兴 TG4-小神牛微耕机	外形尺寸(毫米):1500×1050×925;配套动力:4.26 千瓦;结构重量:125 千克;耕深≥80 毫米;耕宽:1000 毫米;纯生产效率:667～1334 米²/小时		
		选装配置	选配 1	除草轮
			选配 2	单铧犁
	华兴 TG4 多功能农田管理机	外形尺寸(毫米):1700×820×1140;配套动力:4.4 千瓦;结构重量:116 千克;作业幅宽:1000 毫米;耕深:≥80 毫米;纯生产效率:667～1334 米²/小时		
		选装配置	选配 1	多功能旋耕机
			选配 2	多功能旋耕开沟器
潍坊潍城区福海机械厂 电话 13696363629 0536—8909319	乐农 1WG-5 田园管理机	外形尺寸(毫米):1450×1100×1000;配套动力:4.4～5.5 千瓦;结构重量:95 千克;作业幅宽:400～1000 毫米;最大耕深:≥100 毫米;碎土率:≥50%;行走速度:5～10 千米/小时;工作效率:667～1667 米²/小时		
		选装配置	选配 1	开沟培土器
			选配 2	玉米施肥播种机
			选配 3	耘锄(3 行)

续附表 5

生产企业	产品型号	主要配置及参数		
高密市益丰机械有限公司 电话 0536－2346751 13853687056	泰戈 YF-3WG-5 多功能田园管理机	外形尺寸(毫米):1700×700×1000;配套动力:4.26 千瓦;结构重量:138 千克;旋耕幅宽:800 毫米(可调);耕深≥80 毫米;碎土率≥50%;纯生产效率:1800 米²/小时		
		选装配置	选配 1	耘锄
			选配 2	双锥轮
			选配 3	翻转犁
			选配 4	双行播种施肥器
			选配 5	培土器
山东红旗机电有限公司 电话 0536－2968055 1350896428	红机 1WG-4 微耕机	外形尺寸(毫米):1600×570×900;配套动力:4.04 千瓦,R175 型柴油机;结构重量:145 千克;旋耕幅宽:400～900 毫米;最大耕深:≥100 毫米;碎土率:≥50%;配套轮胎,人字胎;旋耕刀数:24 把;纯生产效率:867 米²/小时		
		选装配置	选配 1	开沟培土机
			选配 2	柴油机
			选配 3	割晒机

第六章 播种机具

第一节 播种机具概述

播种机是一种重要的农业生产资料，在我国农业生产中发挥着重要的作用。通过机械化播种作业，可提高播种质量、减轻农民劳动强度、提高农业生产效率、节约种子，特别在干旱少雨时，播种机进行播种作业后，以其保墒强、出苗好等特点，进一步显示了机械化播种技术的优越性。对农业实现增产丰收、增加农民收入有着直接的影响。通俗地讲，播种机工作原理主要是按照当地的农艺要求，将作物种子以一定的种量、按一定的行距，通过开沟、排种、覆土、镇压等一系列作业，均匀地播入到一定深度的土壤里。按播种方法，可分为以下几种。

一、撒播机

使撒出的种子在播种地块上均匀分布的播种机。常用的机型为离心式撒播机，附装在农用运输车后部。由种子箱和撒播轮构成，种子由种子箱落到撒播轮上，在离心力作用下沿切线方向播出，播幅达 8 ～12 米。也可撒播粉状或粒状肥料、石灰及其他物料。撒播装置也可安装在农用飞机上使用。

二、条播机

主要用于谷物、蔬菜、牧草等小粒种子的播种作业。常用的有谷物条播机，作业时，由行走轮带动排种轮旋转，种子按要求由种子箱排入输种管并经开沟器落入沟槽内，然后由覆土镇压装置将种子覆盖压实。其结构一般由机架、牵引或悬挂装置、种子箱、排种器、传动装置、输种管、开沟器、划行器、行走轮和覆土镇压装置等组成。单机播幅为 6～7 米，播速一般为 10～12 千米/小时。

三、穴播机

按一定行距和穴距，将种子成穴播种的种植机械。每穴可播 1 粒或数粒种子，分别称单粒精播或多粒穴播，主要用于玉米、棉花、甜菜、向日葵、豆类等中耕作物，又称中耕作物播种机。每个播种机单体可完成开沟 、排种、覆土、镇压等整个作业过程。

四、联合作业机

如在谷物条播机上加设肥料箱、排肥装置，即可在播种的同时施肥。与土壤耕作、喷洒杀虫剂 、除莠剂和铺塑料薄膜等项作业组成联合作业机，能一次完成上述各项作业。

五、精密播种机

精密播种机按精确的播种量、精确的株行距和精确的播深将种子播入土中的机械。使用精密播种机一般可节省种子 30%～40%，增产 10%～30%，节省或免除间苗作业，为机械化田间管理和机械化收获提供前提条件。精密播种通常是指单粒精密点播，但也有把精确的方形穴播和间断点播称为精密播种。间断点播法在欧洲用于田间出苗率低的甜菜等作物，较穴播高产，易间苗。采用精密播种机，播种除一般要求整地良好和种子需进行加工处理(精选分级或包衣丸粒化)外,还要求:①提供均匀的种子流而不损伤种子,达到定量排种。②开出深浅适宜(一般要求窄形尖底)的种沟,投种准确,种子着地产生位移小,达到定位下种。③播种同时施肥,必要时播撒除莠剂和杀虫剂实现护种。④整机工作可靠,下种自动监视达到保种。⑤有较高的劳动生产率。

精密播种机种类很多,主要按结构原理分为机械式和气吸式两大类。机械式精密播种机结构和使用调整比较简单,价格便宜,适于小型机具。但多数对种子要求较高,需按尺寸精选分级,适应的机速一般较低,播玉米 6~8 千米/小时,播小粒作物 4~6 千米/小时。气力式精密播种机增加了气流系统,造价较高,但对种子形状和尺寸适应能力强,伤种少,播种精度高,适于高速作业,多用于播幅较宽的机型。

六、免耕播种机

免耕播种机是在未耕整的茬地上直接播种的机具,在前茬作物收获后直接开出种沟播种,以防止水土流失、节省能源,降低作物成本。

免耕播种机的多数部件与传统播种机相同。不同的是由于未耕翻地土壤坚硬,地表还有残茬。因此,必须配置能切断残茬和破土开种沟的破茬部件。常用的破茬部件有波纹圆盘刀、凿形齿或窄锄铲式开沟器和驱动式窄形旋耕刀。波纹圆盘刀具有 5 厘米波深的波纹,能开出 5 厘米宽的小沟然后由双圆盘式开沟器加深。其特点是适应性广,在湿度较大的土壤中作业时,也能保证良好的工作质量,能适应较高的作业速度。凿形齿或窄锄铲式开沟器结构简单,入土性能好,但容易堵塞,当土壤太干而板结时,容易翻出大土块,破坏种沟,作业后地表平整度差。驱动式窄形旋耕刀有较好的松土、碎土性能,需由动力输出轴带动,结构复杂。

第二节 播种机具推荐机型与选购

一、播种机推荐机型

根据《2006～2008 年国家支持推广的农业机械产品目录》和 2008 年部分地区农机具补贴目录,推荐使用的播种机型为机械式免耕播种机、气吸式免耕播种机、旋耕播种施肥机等,见图 6-1 至图 6-8,其技术参数见附表 6。从附表可以看出:辽宁黑山县机械制造有限公司生产的气吸式精量播种机,瓦房店市精量播种机制造有限公司“精量”牌、河北农哈哈机械有限公司“农哈哈”牌、北京银华春翔农机有限公司“春翔”牌等品牌的播种机已形成大规模系列化生产,为主要推荐使用的机型。

二、播种机选购

目前播种机的种类杂,型号多,播种机从大的方面可分为谷物播种机和精密播种机两大类,品种有:普通播种机、免耕播种机、旋耕播种机、条带播种机、多功能施肥播种机等。用户在选购播种机时,应根据不同的作业需求来选择,同时还要考虑播种机的作业性能、可靠性、安全性和适应性。现在我国许多地区生产播种机的企业且有一定规模的近 200 余家。企业大小不一,产品质量有高有低,选购播种机时应考虑以下几方面。①应考虑自己选购播种机配套拖拉机的功率(马力)。如果是 55 马力,选购的小麦类播种机应是 11～16 行;玉米类

图 6-1　2BJ-2K 型精密播种机

图 6-2　2BQ-6 型气吸播种中耕通用机

播种机应是 4～6 行；杂粮类播种机应是 4～11 行；如果是 12～18 马力，选购的小麦类播种机应是 6～9 行；玉米类播种机应是 2～3 行；杂粮类播种机应是 4～7 行。②选购正规企业生产的产品，最好是名牌产品，从而可获得产品制造质量的保证。名牌产品通常是指这类机器的作业性能好、使用可靠、在市场上具有良好的信誉、在用户心中质量是信得过的产品。

图 6-3 2BQM8D 气吸式免耕覆盖精量播种机

图 6-4 2BMFS-6/12A(8/16A)小麦免耕播种机

另外，还应在有一定销售历史和规模的厂家，以得到企业信誉和服务能力的保证。③要与销售部门一起当面验货：要检查所购的产品外观质量，如涂漆质量是否美观大方，平整光滑，

图 6-5 2BYF-3 玉米免耕施肥播种机

有无流挂和磕碰划伤，涂漆附着力是否牢固；要检查播种机的各个部位是否转动灵活，应进行试运转，查看机架有无变形等；要检查播种机是否有产品合格证、使用说明书、“三包凭证”及有关技术文件。尤其要注意整机“三包”有效期、主要部件“三包”有效期等；要检查排种、排肥器的结构形式，看一看机具是否适合当地用户的种植模式和所用的种子和肥料情况；要详细检查播种机开沟器形式，是否适合当地的土质，决定是选用圆盘开沟器还是锄铲式开沟器，另外开沟器的材质也应注意，开沟器应是较硬且有一定刚度的材料制成(应是等同于 65Mn 材料)。④选购播种机时还应特别注意播种机的安全性，购机后检查播种机在传动部位是否配带有安全防护罩，在危险部位是否有安全警告标志。检查播种机是否有潜

图 6-6　1GN 系列旋耕播种施肥机

图 6-7　免耕播种机

在的危险，紧固螺栓是否松动，机架焊接是否牢固。⑤了解企业的售后服务是否到位，企业的信誉度如何，整机的使用、维

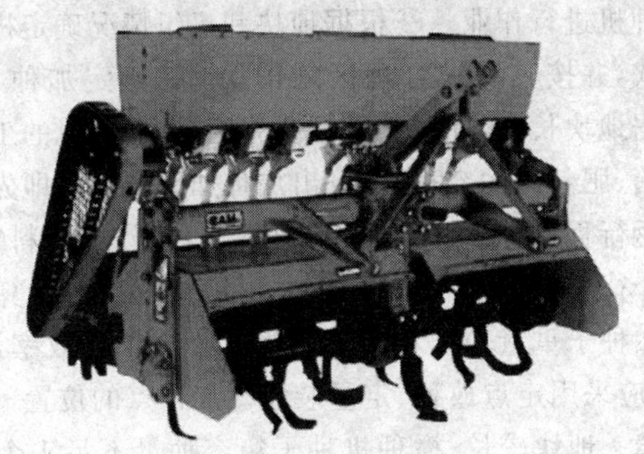

图 6-8 1GN. BF 系列旋耕播种施肥机

护保养是否方便，产品的零部件通用程度如何，都应当加以考虑。⑥购机后要向销售者索要正式购机发票。因该发票是以后"三包"服务的重要凭证之一。

第三节 精少量播种机械的使用、调整与故障排除

一、精少量播种机械的使用与调整

(一)播种前的准备工作

为了顺利地进行播种作业和确保播种质量，在播种前必须做好准备工作，包括播种地块的准备、种子的准备、播种机工作前的检查和准备以及播种机组的连接。

1. 田间准备 ①按照地块情况确定机组编组情况，牵引式播种机，当地块小而分散、道路条件较差时，采用单台连接方式，而当地块大而集中、道路规划较好时，可以连接两台或

多台播种机进行作业。②根据地块和机组情况确定机组田间运行方式,并按其要求合理区划田块。③确定加种、加肥地点。根据地块长度,计划播种量和施肥量,播种机的工作幅宽和种子箱、肥料箱的容积,计算出加种加肥地点。即先计算出每一往返行程播种量和施肥量,再根据种子箱、肥料箱容积,确定几个往返行程加一次种肥,并根据往返次数计算每台播种机应加种子重量和肥料重量。为了提高工作效率,保证播量准确,应采用定点放种、定量装袋。加种点的位置一般设在地头一端。地块较长、播种机种子箱容种量不足1个往返行程时,也可采用地两头加种。如果播种机种子箱容纳种子质量为P千克,工作幅宽为B米,要求播量为Q千克/公顷,种子箱中应留下不播的种子量为10%,耕区的最大长度为S,则有:

$$S=10\,000\times\frac{0.9P}{BQ} \tag{6-1}$$

加种应在机组驶出地头线转弯时停车进行,但应力求迅速准确,若能利用加种机加种更好。④ 标记地头线(起落线),地头留地宽度根据机组类型(牵引式或悬挂式)、运行方法和机组工作幅宽而定,但应为机组工作幅宽的整数倍。通常采用梭形播法时,对于牵引机组,地头宽度为工作幅宽的3～4倍,对于悬挂机组为2～3倍,而采用离心或向心播法时,牵引机组为2倍,悬挂机组为1～2倍。为了在准确地点,及时起落开沟器,以使地头整齐,防止重播或漏播,应在地头宽度处用专用工具或犁划两条相距1.5米的浅沟,也可利用拖拉机驱动轮压出两条印痕,作为起落基准。⑤ 在第一行程线上设立标杆,保证机组行驶的直线性。⑥ 清理田间障碍物,暂时不能清理的,应做标记,以保证播种质量,防止发生意外。

2. 种子准备 应根据条件选择良种，根据播种任务大小准备足够数量的种子，并对所用种子进行精选、药剂处理和发芽率试验，确保苗全、苗齐、苗匀、苗壮，根据粒型大小和排种器要求进行精选、分级和丸粒化处理。

3. 播种机的连接 一台播种机与拖拉机连接时，应使二者中心线正对，且使播种机前后、左右保持水平状态。多台播种机与拖拉机连接作业时，应使播种机左右对称，前后、左右保持水平。

4. 播种机工作前的检查和准备 为了确保播种机正常工作，工作前应对整机和各工作部件进行详细检查，对各紧固件应加以紧固，变形件应予以校正，损坏件应修复或更换，各润滑点注满润滑油。此外，还应按使用说明书中的要求和方法调整各工作部件及结构，使其达到良好的技术状态，满足农艺所要求的播量、行距、株(穴)距和播种深度。具体的检查方法如下：①检查播种机所有回转部件是否转动灵活。在新机器上这些部分还没有磨合，所以工作初期需特别细心地注意它们的润滑。②检查各紧固件是否拧紧，未拧紧的要拧紧。③检查播种机与拖拉机的挂接是否正确。播种机的中心应对准拖拉机中心，并按正确的连接方式和位置进行挂接，保证播种机的仿形能力。挂接后播种机处于作业状态时，应左右、前后保持水平，牵引式播种机可通过播种机牵引装置来调节；悬挂式播种机可通过上下悬挂杆进行调节。播种机作业时，应将拖拉机液压操纵杆放在“浮动”位置。④检查传动机构的齿轮啮合间隙是否正确。⑤检查播量调节杆，使调节杆能灵活移动，不得有滑动和空移现象。⑥检查开沟器的运输间隙。该间隙应大于100毫米。开沟器起落时，传动装置应能迅速地接合或分离。⑦检查开沟器排列、间距和排种器安装是否正确。⑧检查全部排种器是否都能自由地回转，而且调整轻便。⑨开沟器上应套有防尘盖，以防尘土落入。⑩播种机到达地头后种子才装入种子箱，以防止影响播种机的运输通过性。⑪种子装入种子箱前，应检查一下种子箱内是否遗留有工具或其他东西。这些东西会在播种中破坏排种器。⑫将地块整平耙细，达到播种的农业技术要求。⑬根据播种机排种器对种子形状、尺寸的要求，对所播种子进行精选、分级、药剂处理和发芽试验。

(二)播种机工作时应注意事项

主要有：①作业过程中应随时检查播量、播深、行距（尤其是邻接行）、株(穴)距是否符合农艺要求。播完一块地后，应根据已播面积和已用种子，核对播量是否符合要求。②注意经常观察精少量播种机各部分的工作是否正常。如开沟器的入土深度是否合适，导种管是否插在开沟器里，圆盘是否正常转动及是否向前壅土等，尤其是看排种器是否排种，输种管是否堵塞，种子和肥料在容箱内是否充足。如发现问题，应及时解决。③播种机作业过程中不能倒退，否则会引起开沟器拉杆、吊杆、机架甚至种子箱损坏。④地头转弯时应降低速度，必须在转弯之前提升开沟器，不允许带着落下的开沟器转弯，而应在直线行进当中就提升开沟器，即在划好的地头线处及时起落。禁止拐小弯，以防损坏地轮轴和连接架。⑤作业中应尽量避免停车，以防止起步时造成漏播。如果必须停车，再次起步时要先将开沟器升起，后退 0.5～1 米，方可重新播种。⑥播种过程中，应注意不要使种子箱内种子全部用光，种子箱内的种子应该常保留足以盖住排种器的种子，因而应及时在地头加种。⑦播完一块地，必须认真清理种、肥箱中的种子和肥料，以免混杂。在转移地块时，必须升起开沟器、覆土器，种子箱和肥料箱不再盛装种子和肥料。⑧在精少量播种机行进中，禁止调整精少量播种机上的工作机构、紧固螺栓、润滑机件，排除故障，以免发生危险。如果要清除排种器或开沟器上的杂物、泥土、杂草，应用木杆或专用工具进行，严禁用手直接清理；如果工作过程中机具出现故障，应停机后再进行排除。⑨播种机组长时间停留时，要放下开沟器，使机架减轻负荷，防止机架长期受力而变形。⑩播种机必须按上一行程所划印迹行驶。⑪按地头线起落开沟器和划行器。⑫播种机组在长途转移时，机上严禁站人、放置重物。如果通过村庄、十字路口等人较多的地方，随行人员要在后面护行，以确保安全；如果播种机组幅宽较大，应根据当地交通管理部门的规定运输。

（三）播种机工作质量的检查

播种机作业后，应对其工作质量进行检查，以评价播种符合农艺的效果。主要有以下几个方面。

1. 条播时播种量的检查 检查方法有以下几种，可根据具体情况配合使用：①利用排种槽轮工作长度样板检查，以外槽轮为排种器的播种机各槽轮工作长度是否一致，工作中有无变化，来检查播种过程中播量变化与否。②根据已播地面积和已经消耗的种子量计算实播的播种量，与按农艺要求确定的计划播种量进行比较，看是否一致。③确定每米内落粒数是多少。然后计算农艺要求播种量的每平方米落粒数（计算方法见精少量播种机械的一般调整）。将两者对比，看其是否一致。

2. 播种深度的检查 播种深度是播种质量的重要方面，播后应对其检查，看其是否符合农艺要求。检查时，按地块四角的对角线方向选点测量，测点数应大于10个。将测量结果取平均值,并将其与农艺要求的播种深度比较,当偏差不超过下述范围时,播深即符合要求。①规定播深为3～4厘米时,偏差不应超过±0.5厘米。②规定播深为4～6厘米时,偏差不应超过±0.7厘米。③规定播深为6～8厘米时,偏差不应超过±1厘米。

如果播种深度的偏差超过规定值时,即为不符合要求,应重新调整开沟器的入土深度、镇压量和覆土量。

3. 行距的检查 扒开已播的相邻两行种子上的覆土,到种子外露为止,再用直尺测量两行苗幅(种子分布宽度)中心距,与要求值核对。要求同一机组内相邻两台播种机邻接两行行距的误差不应超过±1.5厘米,相邻两行程之间邻接两行行距的误差不应超过±2.5厘米。

4. 穴播播量的检查 检查时,小心地扒开播行覆土使种子外露,逐穴检查种子粒数并测穴距及穴长。选择测点时,每行选3～5个点,每个测点长度不应小于要求穴距的3倍。计算穴粒数合格率、穴距合格率、穴长合格率、空穴率和重播率。

5. 伤种情况检查 从输种管下接取一定量的种子或者扒出已播入土中的一定量的种子,测定播种的伤种率。计算方法为:①从种子中挑出带伤种子,称重。计算带伤种子占样本总量的百分率,再减去种子的原始破碎率,即为伤种率。②查数样本种子中带伤种子粒数,计算带伤种子粒数占样本种子总粒数的百分率,再减去种子的原始破碎率,即为伤种率。一般大粒种子的伤种率不能超过1%;小粒种子的伤种率不能超过0.5%。

(四)播种机技术状态的检查

主要检查:①机架横梁平直,不得弯曲变形。②地轮轮缘的径向和轴向摆动不得超过规定要求。辐条不应断裂和松动。③齿轮传动应全齿啮合，齿顶和齿根有正常间隙。链条传动时，链轮应在同一平面内。链条紧度应适当。钩形链的钩应朝外，各链节的钩头应朝着运动方向。④开沟器间距离应相等，偏差不应大于 5 毫米。同列开沟器尖应在同一直线上。⑤输种管完好无损。⑥播种机各部紧固得当，润滑周到，内外干净。

(五)播种作业安全规则

主要有：①严禁在播种作业中进行调整、修理和润滑等工作。②带有座位或踏板的悬挂播种机，在作业时可以坐人或站人，但在升起转弯或运输时禁止坐人或站人。③开沟器入土后不准倒退或急转弯，以免损坏机器。④不准在机组前来回走动，以免发生人身事故。⑤播拌药种子时，要注意防止人、畜中毒。⑥夜间播种必须有良好的照明设备，以保证播种质量。

(六)播量的调整

为了使播种机所播出的种子在数量和分布密度上符合农艺要求，必须在正式播种前进行播量的调整和试验。

1. 条播的播量调整

(1)各行播量一致性的检查和调整　试验前，在各排种器或导管下安装盛接装置，在种子箱内加入种子，使排种器同时开始工作并同时停止工作，然后分别称重。试验应重复 5 次，根据称重结果可计算出播种机各行播量一致性变异系数。计算公式如下。

$$\bar{x}=\frac{\sum x}{n} \tag{6-2}$$

$$s=\sqrt{\frac{\sum(x-\bar{x})^2}{n-1}} \tag{6-3}$$

$$V=\frac{S}{\bar{x}}\times 100\% \qquad (6\text{-}4)$$

式中：x—每行排量（5次平均值）；

n—行数；

$\bar{x}$—平均每行排量；

S—标准差；

V—变异系数。

若变异系数大于规定值（国家制定的标准或播种机出厂的规定值），则应对各排种器进行单独调节，重新进行试验，直到合格为止。

(2)总播量的调整　总播量的调整分为播前调整和播后的田间校核。

应先对播种机进行播前调整。通常在机库或场院内进行，先按所选定的待播种子粒型选定排种间隙及槽轮工作长度，再将机器水平架起，使地轮悬空。在种子箱内加入种子，转动地轮使种子杯内充满种子，然后在输种管下安放盛接种子的容器，以20～30转/分的转速，均匀转动地轮n圈（30圈左右）。这时根据各排种器排出种子的总量应该和由要求播量计算得出的排种量G一致。若误差超过规定值，应重新调整，直到符合要求为止。排种量G按下式计算：

$$G=QB\pi D(1+\delta)n/10000 \qquad (6\text{-}5)$$

式中：G—应排种子量（千克）；

Q—要求播量（千克/公顷）；

B—播种机工作幅宽（米）；

D—地轮直径（米）；

δ—地轮滑移率；

n—试验时地轮转动圈数。

播种机的播量经播前调整合格后，进行田间校核，来消除实际播种过程中滑移率变化、机器振动、地形变化等造成的实际播量与室内试验的不同。校核方法如下。

其一，选择地块，机组在该地块以正常的工作速度行进50～100米，种子播后不覆土，观察各行下种量是否一致，行内种子有无断条、成撮现象。然后检查每米内落粒数与计算值比较，其计算公式为：

$$M=\frac{QL}{10g} \tag{6-6}$$

式中：M—要求米落粒数（粒）；

Q—要求播量（千克/公顷）；

L—行距（米）；

g—种子千粒重（千克/千粒）。

其二，机组正常播种时，可用容器盛接排种器所排种子，行走一定距离称其重，然后计算播量是否符合要求。计算公式为：

$$R=10000G/BL \tag{6-7}$$

式中：R—计算的播量（千克/公顷）；

G—接取种子重量（千克）；

B—播种机工作幅宽（米）；

L—行走长度（米）。

若实际播量与要求播量不一致，可调整播量再做试验。

2. 穴播的播量调整　穴播作物的播量是由播种的穴距和穴粒数来保障的。穴粒数由排种器型孔的尺寸或成穴机构控制；穴距由传动机构的传动比决定。具体的调整方法见“穴距的调整”。

(七)行距的调整

不同的作物播种的行距不同,行距的调整就是按农艺所规定的行距正确地安装开沟器,以正确的开沟距离来保证行距。一般根据农艺所规定的行距 b 和播种机上可安装开沟器横梁的有效长度 L,计算可安装的开沟器数 n:

$$n=\frac{L}{b}+1 \tag{6-8}$$

谷物条播机 n 取整数,中耕作物播种机 n 取偶数。开沟器应对称于机组中心线配置。谷物播种机前后列开沟器应互相错开。开沟器为偶数时,中间两个开沟器可以都装前列开沟器;开沟器为奇数时,则前列在机组中心线上安装第一个开沟器,然后对称布置;当播种行数为原机的 1/2 以下时,可全部安装后列开沟器。调整行距就是调整开沟器安装的相对位置。开沟器固定后,必须检查实际行距,并进行校正。这对开沟器拉杆已经变形的旧播种机更为重要。调整行距时,地轮在横梁上的横向位置也要调整。

(八)穴距的调整

精少量播种穴播作物时的穴距是由改变传动比来调整的。传动比 i 可按下式计算:

$$\mathrm{i}=\frac{\pi D(1+\delta)}{tZ} \tag{6-9}$$

式中:D—播种机地轮(或传动轮)直径(米);

δ—地轮滑移率;

t—要求的穴距(米);

Z—排种盘上的型孔数。

根据计算出的传动比,选好排种部件及传动部件以后,还应进行田间检查。即在开始试播时,将种子播在敞开的种沟内(不让土壤覆盖种子)或者播后扒开覆盖在种子上的土壤，检查实际粒距、穴距、穴粒数是否符合要求。

(九)播种深度的调整

播种深度是农业技术上严格要求的指标之一。过深、过浅或深浅不一，都将使出苗率降低，幼苗生长不均齐、不旺盛。播种深度一致，是指种子上面覆盖的土层厚度一致。显然，在地面起伏不平时，播深一致的种子在土中也是高低不一的。因此，要保持播深一致就必须控制各播行的开沟器均能随地面起伏而浮动，使它们的入土深度一致，在现有的播种机上控制开沟器入土深度的方法有以下几种(图 6-9)：①在双圆盘开沟器上加装限深环。②在滑刀式开沟器上加装限深板。③锄铲式开沟器改变其牵引铰点位置或增加配重。④利用弹簧增压机构改变开沟器上的压力。⑤利用限深轮控制。

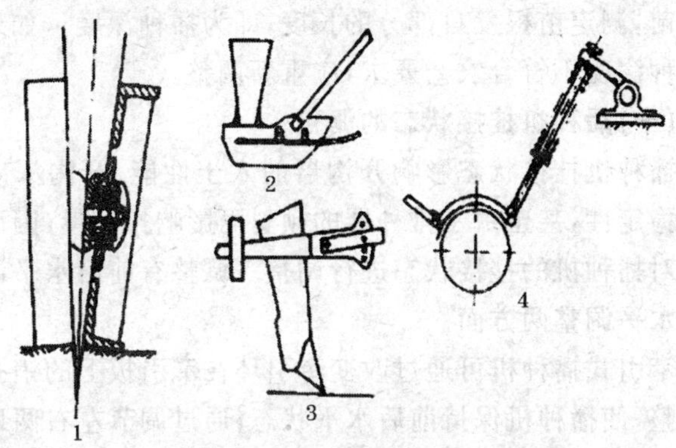

图 6-9　开沟器限深装置

1. 限深环　2. 限深板　3. 配重控制　4. 弹簧限深机构

播种深度主要取决于开沟器的开沟深度。因而播种深度的调整主要是指开沟深度的调整。由于开沟器开沟深度调节机构不同，开沟深度的调整方法也不同。一般用改变限深板或限深环的上下位置，或调节限深轮、仿形轮或镇压轮相对于开沟器的上下位置来调节开沟深度。此外，可根据土壤的松软或坚硬情况，调节平行四杆上弹簧压力，或者改变机组的挂接点、增减配重以改变开沟器的入土力的大小来调节开沟深度。例如，在松软的土壤中工作时，由于地轮下陷，开沟器入土太深时，可尽量减小弹簧压力，甚至当弹簧不起作用时，开沟器依靠自重也能入土。如果要求播种深度小于 4 厘米时，则应在每一开沟器上附装限深器，如滑板等。其次，覆土量的大小也影响播种深度，可以调节覆土机构(覆土器的长短或覆土板的倾角)调节覆土量的大小从而调整播种深度。

播种深度的测量方法有两种：一是扒开种沟，寻找种子，测量其至地表的距离，即为播种深度；二是在苗期测定。拔出幼苗，测定苗根发白部分的长度，即为播种深度。如果测量的播种深度不符合农艺要求，应重新调整。

(十)播种机挂接状态的调整

播种机挂接状态影响开沟器的入土性能、开沟深度一致性和稳定性，甚至由于排种器的倾斜而影响排种量，因而播种前应对播种机的挂接状态进行调整。调整有前后水平调整和左右水平调整两方面。

牵引式播种机可通过改变牵引环在牵引板上的销孔位进行调整，使播种机保持前后水平状态；通过调节左右两地轮的高度可以使播种机保持左右水平状态。

对于悬挂机组，可以调节拖拉机悬挂装置的上拉杆的长度调节机组的前后水平，如果机组前低后高，可增加上拉杆长；如果机组前高后低，则缩短上拉杆。机组的左右水平调整可利用调节拖拉机悬挂装置上的右吊杆的长度来调节，伸长右转杆,机组右边下降;缩短右吊杆,机组右边上升。为使机具左右方向能够保持仿形性能,拖拉机悬挂装置的吊杆接头应放在长孔内,工作时,应把液压操纵杆放在浮动位置。

(十一)轮距的调整

如果播种机的幅宽远大于拖拉机的轮距,轮距可不必调整;但如果播种机的幅宽小于或近于拖拉机的轮距,为了保证播种质量,防止拖拉机后轮压行,播前应按行距要求,对拖拉机后轮的中心距进行调整,使之恰好在未播地或在已播好的垄背上行走。一般通过改变后轮轮毂的安装方向、位置及轮辐的正反来调整。随着后轮轮距的调整,必须相应地调节前轮轮距,且务必使各轮与拖拉机纵向中心线的距离对称。同时,注意轮胎的花纹不得装反。

二、播种机的维护与保养

(一)班 保 养

每班(6 小时)工作后,应进行以下维护:①彻底清除传动机构、排种器、开沟器、机架等部位的泥土、杂草。以便检查各部位的技术状态。②检查排种器固定螺栓、排种轮卡箍、开沟器拉杆固定螺栓等紧固部位紧固情况,必要时拧紧。③检查和润滑所有传动机构和转动部件,必要时进行调整或修理。④检查各调整部位有无松动、滑移现象,测量划印器的尺寸,必要时进行调整。

(二)季 保 养

每个作业季节完成后,应做以下维护:①清除机具上的泥土、油污及种肥箱内的种子与肥料等杂物。②将开沟器、齿轮、链轮及链条用柴油清洗并涂防锈剂,对圆盘式开沟器应拆开清洗,涂油重新按要求装配。③清洗全部轴承和转动部件。

对含油轴承（套），可用机油擦洗，不得用轻质油清洗，以免影响其自身润滑性能。④放松开沟器挺杆弹簧和其他压缩弹簧。⑤修复或更换破损或断裂的木制件、铁皮件等。⑥对踏板、种箱、肥箱、机架、拉杆等部位掉漆处要涂漆。

(三)机具的入库

①机具完成季保养后方可入库。②最好将机具放置于室内。室外保管时要垫木块并加遮盖。③圆盘开沟器、链条、输种管、锄铲等卸下来在室内妥善保管，防止变形、挤压和丢失。④播种机上不许承受额外压力，木制零件和铁皮件上不能放置重物。⑤要有专人负责保管，定期检查，保持场地干燥、整洁。

三、播种机常见故障与排除方法

播种机常见故障与排除方法见表6-1。

表6-1 播种机常见故障与排除方法

故障	产生原因	排除方法
圆盘开沟器堵塞	①圆盘转动不灵 ②圆盘左右晃动而张口 ③开沟器内导种板与圆盘间隙过小 ④地面不平，作物残茬太多	①增加内外锥体间的垫片 ②减少内外锥体间的垫片 ③调整合适间隙 ④提高整地质量，清除地面残茬
漏播	①输种管堵塞或脱落 ②输种管损坏，向外漏种子 ③土壤黏湿，开沟器堵塞 ④种子不干净，堵塞排种口	①②经常注意及时排除 ③在适合的土壤湿度下播种 ④将种子清选干净

续表 6-1

故障	产生原因	排除方法
播深不一致	①播种机架前后左右不水平 ②各开沟器压缩弹簧弹力不一致 ③播种机架变形，起落方轴扭曲 ④圆盘式开沟器圆盘磨损不一致 ⑤锄铲式开沟器尖部磨损太严重，或没有入土角	①正确连接，调整拉杆，使机架前后左右水平 ②调整一致 ③修复校正 ④更换磨损过甚的圆盘 ⑤更换磨损过度的锄铲并正确安装开沟器使之有 3°的入土角
行距不一致	①开沟器配置不正确 ②开沟器的前后拉杆变形 ③开沟器拉杆固定螺丝松动	①正确配置开沟器 ②校正前后拉杆 ③紧固
邻接行距不正确	①划印器长度不对 ②机组行走不直	①校正划印器长度 ②严格走直
播种量不均匀	①地面不平土块太多 ②排种轮工作长度不一致 ③排种舌开度不一致 ④播量调节手柄固定螺丝松动	①提高整地质量 ②③播前进行播量试验，正确校正排种轮的工作长度和排种舌的开度 ④重新紧固在适当位置

第四节　免耕播种机的使用、调整与故障排除

由于保护性耕作地表环境恶劣，播种作业难度大，其机具的结构和性能一般比传统机具复杂且要求高，机手在作业过程中经常遇到一些麻烦，这里就其性能特点及使用保养方法作详细说明。

一、性能与结构

（一）性能和特点

免耕覆盖施肥播种机（以下简称免耕播种机）与 36.8～47.8 千瓦四轮拖拉机配套，一次完成碎秆、灭茬、施肥、播种、镇压等作业，可直接在直立的玉米秸秆或秸秆还田地里播种小麦，也可在小麦联合收获后直接播种玉米，减少拖拉机进地次数，降低作业成本，减轻劳动强度。根据用户要求，可提供变速型和不变速型，变速型又分为 2 个转速和 3 个转速，可以换挡。

（二）主要结构

免耕播种机主要结构有：①悬挂装置。主要由上悬挂板、斜拉板和下悬挂板组成。②万向节。主要由花键节叉、方轴节叉、方轴套管节叉、十字轴组成。③齿轮箱总成。主要由箱体、齿轮轴、锥齿轮、直齿轮、花键轴、轴承和箱盖等组成。箱盖设有加油孔，箱体设有油位观察孔、箱底设有放油孔。④旋耕刀轴总成。主要由旋耕刀具和左、右刀轴组成。⑤排种（肥）链传动。镇压轮作驱动轮，经两侧单、双链轮和链条分别传递到排种轴和排肥轴，带动排种、排肥轴旋转。⑥种、肥箱总成。主要由种子箱、肥料箱、排种器、排种轴、排肥器、排肥

轴和播量调节手轮组成。⑦种、肥开沟器。播种开沟器采用圆管尖角型，施肥开沟器采用滑刀型，开沟器前后排列，每组形成1行化肥和2行种子。开沟器间有防堵塞板，开沟器置于旋转刀具之间，以防缠绕和堵塞。⑧镇压器。采用两组镇压轮，镇压轮上有刮泥板，轮轴上有驱动链轮，两侧扇形板装有限位螺钉。

二、免耕播种机的安装

（一）旋耕刀具的安装

该机的刀轴旋转方向与拖拉机轮胎转动方向一致，安装刀具时要保证刀刃先入土，切忌反装。

（二）种、肥开沟器的安装

要求施肥开沟器在前，播种开沟器在后，用2个螺栓和1个卡子固定。根据农艺要求调整其上下位置，保证播种和施肥深度。

（三）万向节的安装

万向节两头有两个大小不同的内花键，其中小孔与拖拉机动力输出轴相接，大孔与播种机的动力输入轴相接，安装后两头花键节叉应在同一个平面内。

三、使用与调整

（一）作业前准备

①紧固与注油。机具使用前应检查各紧固部位是否牢固，各传动部位是否转动灵活。在万向节十字架、刀轴轴承座、镇压轮轴承座处加注黄油，在齿轮箱内加注齿轮油，在传动链和其他转动部位加注润滑油。②作业前，首先要选择与机具相匹配的拖拉机和万向节，机具与动力配套后，要使机架

左右、前后(此时万向节与机具水平面的夹角应在±10°范围内)保持水平状态,如不符,可通过调整拖拉机悬挂机构的左右拉杆及中央斜拉杆长度来解决。③排种(肥)器使用。采用小麦半精量外槽轮排种器,播种时抽出抽拉板,播种结束后,将种子(化肥)清理干净,推入抽拉板。④镇压轮的限位。在运输状态下,镇压轮两侧摇臂被扇形板上下两个限位销固定,作业时必须松开上限位销,放在扇形板上适当的孔位。⑤排种器的调整。粗调:松开调整手轮锁紧螺母,转动排种量调节手轮,直到播量指示达到预定位置,调整完毕后,务必锁紧螺母;精调:把镇压轮悬空,转动镇压轮,排种器全部有种子排出后,按正常行驶速度和方向,匀速转动镇压轮 n/10 圈,将各个排种器排出的种子接到一块,称其重量,重复 3 次,求平均数,然后乘以 10,即为 667 平方米(亩)播量。其中,n 代表每 667 平方米轮转动的圈数,计算公式为:

$$n=667\text{ 平方米}\div(\text{地轮周长}\times\text{播幅})\times\text{滑移率}$$

施肥量的调整方法与播种量调整相同。⑥排肥器的调整。该机应使用颗粒状化肥。排肥量的调整与排种量调整同时进行,方法相同。⑦机具左右水平的调整。升起机具,使旋转刀和开沟器离开地面,查看旋耕刀的刀尖和开沟器的底部是否水平一致,不一致时,调整拖拉机后悬挂右斜拉杆。⑧旋转间隙的检查。为保证作业中的旋耕刀与开沟器不发生碰撞,作业前应认真检查旋耕刀与开沟器是否发生碰撞,有个别碰撞的,可适当调整开沟器的位置。

(二)作业中的使用与调整

①作业前,首先要选择与机具相匹配的拖拉机和万向节,机具与动力配套后,要使机架左右、前后(此时万向节与机具水平面的夹角应在±10°范围内)保持水平状态,如不符,可通

过调整拖拉机悬挂机构的左右拉杆及中央斜拉杆长度来解决。②起步时，要在机具刀具离地 15 厘米时结合动力输出轴，使其空转 1 分钟，挂上工作挡，缓慢松开离合器踏板；同时操作拖拉机液压升降调节手柄，随之加大油门，使机具逐步入土，直到正常播深为止。③作业时，机具的前进速度不宜太快，一般应保持在 1～3 千米/小时范围内，在行驶中要保持匀速直线前进，尽量避免中途变速或停机。如确需停机时，切勿将机具前后移动，以免造成重播或漏播。④地头转弯时，应先切断机具动力，将机具升起后再转弯；机具下落时，应先使刀具转动正常后，方可入土，并做到在行进中缓慢下降，切忌急降机具，以免损坏刀具和使种、肥开沟器堵塞。⑤作业中，注意及时加种、肥，种、肥箱内的种子和化肥量不得少于种、肥箱容积的 1/4。当土壤相对含水率≥70％时，应停止作业。⑥液压机构操作。机具与带有力调节、位调节液压悬挂机构的拖拉机配套时，悬挂机构的使用步骤及注意事项如下（以上海-50 型拖拉机为例）：作业时禁止使用力调节，工作时使用位调节，必须将力调节手柄置于“提升”位置；机具下降，位调节手柄向下方移动，反之机具上升：当机具达到所需的深度后，用定位手轮或限位挡块将位调节手柄挡住，以利于机具每次下降到同样的深度。机具与带有分置式悬挂机构的拖拉机配套时，悬挂机构的使用步骤及注意事项如下（以天津-55 型拖拉机为例）：工作时分配器手柄置于“浮动”位置；机具入土深度合适时，定位卡箍挡块调到一定的位置固定下来；提升或下降机具，手柄向“提升”或“下降”方向移动，达到要求位置应迅速回到“浮动”位置。⑦播种、施肥深度的调整。改变拖拉机后悬挂上拉杆的长度和两组镇压轮两侧摇臂上限位销的位置，可同步改变播种和施肥深度，同时耕深也同步改变。分别改变种、肥开沟器的安装高度，可分别调整播种和施肥深度。⑧镇压器的调整。通过同时改变两组镇压轮两侧摇臂上限位销的位置实现镇压力的调整，上限位销越向下移，镇压力越大。⑨注意检查排种（肥）器、输种（肥）管排种（肥）情况和播种质量，发现问题，及时解决。注意观察机具工作情况，发现异常，及时维修。如要检查旋转部件或更换零部件时，应切断机具动力，必要时，可关闭发动机。机具转移地块时，应将机具升起至最高位置，并用锁紧装置将农具锁定在运输位置。⑩机具每工作 1 个班次，应检查各紧固件、旋转刀具、齿轮箱油位，向各轴承注油嘴、万向节伸缩管、链条等部位加注润滑油、脂。每次作业完毕后，要及时清除分草圆盘、开沟器和镇压轮上的泥土，要特别注意将排肥系统清洗干净。

四、故障排除

（一）整体排种器不排种

原因有：种子箱缺种，传动机构不工作，驱动轮滑移不转动。应加满种子，检修、调整传动机构，排除驱动轮滑移因素。

（二）单体排种器不排种

原因有：排种轮卡箍、键销松脱转动，输种管或下种口堵塞。应重新紧固好排种轮，清除输种或下种口堵塞物。

（三）播种量不均匀

原因有：作业速度变化大，刮种舌严重磨损，外槽轮卡箍松动、工作幅度变化。应保持匀速作业，更换刮种舌，调整外槽轮工作长度，固定好卡箍。

（四）播种深度不够

原因有：开沟器弹簧压力不足；开沟器拉杆变形，使入土角变小。应调紧弹簧，增加开沟器压力；校正开沟器拉杆，增大入土角。

(五)种子破碎率高

原因有:作业速度过快,使传动速度高;排种装置损坏;排种轮尺寸、形状不适应;刮种舌离排种轮太近。应降低速度并匀速作业、更换排种装置,换用合适的排种轮(盘),调整好刮种舌与排种轮距离。

(六)漏　种

原因有:输种管堵塞脱落,输种管损坏;土壤湿黏,开沟器堵塞;种子不干净,堵塞排种器。应经常检查排除;在合适条件下播种;将种子清选干净。

(七)开沟器堵塞

原因有:播种机下降过猛,土壤太湿,开沟器入土后倒车。应停车清除堵塞物,注意适墒播种,作业中禁止倒车。

(八)覆土不严

原因有:覆土板角度不对,开沟器弹簧压力不足,土壤太硬。应正确调整覆土板角度,调整弹簧增加开沟器压力,增加播种机配重。

(九)行距不一致

原因有:开沟器配置不正确,开沟器固定螺钉松动。应正确配置开沟器,重新紧固。

(十)邻接行距不正确

原因有:划印器臂长度不对;机组行走不直。应校正划印器臂的长度;严格走直。

五、维护与保养

(一)班次作业后的维护与保养

①检查并拧紧各部位的紧固件。②检查齿轮箱油位并保

持规定油面。③轴承和万向节加注黄油，链条及各转动部位加注润滑油。④清除机具上的秸秆和泥土；检查各部件有无损坏，损坏件及时更换和修复。

(二)作业周期后的维修与保养

①更换齿轮油，检查齿轮磨损情况，必要时调整或更换。②检查油封和垫圈是否有效。③检查轴承的磨损情况，必要时调整或更换；检查紧固件、刀具、种肥箱及护板等部件的锈蚀磨损情况，并处理。④检查链传动部件和各运动零件磨损情况，必要时调整或更换。⑤彻底清除种肥箱内的种子和化肥，清除机具污物，加润滑油。⑥机具长期不用时，要存放在室内通风干燥处，链轮、链条及其他外露件(未喷漆和镀锌的零件)应涂防锈油。

第五节　气吸式精量播种机的结构原理与故障排除

气吸式播种机经生产实践得知，具有不伤种子、对种子外形尺寸要求不严、整机通用性好、作业速度高、种床平整、籽粒分布均匀及出苗整齐等优点，并且通过更换排种盘又可实现播种玉米、大豆等多种作物，因而越来越受播种机生产厂家和农机用户的重视。因此，了解气吸式精密播种机的工作原理，掌握和分析其工作性能影响因素，无论对生产厂家还是农机用户都具有重要意义(图 6-10)。

一、气吸式精量播种机结构与工作原理

(一)播种机结构

气吸式精量播种机结构如图 6-10 所示，包括：主梁、上悬

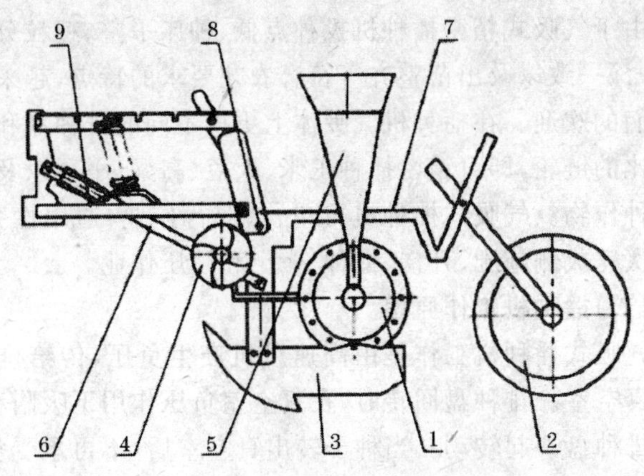

图 6-10 气吸式精密播种机示意

1. 播种盘 2. 地轮 3. 开沟器 4. 风机
5. 种肥箱 6. 上悬梁架 7. 下悬梁架 8. 主梁 9. 支撑架

挂架、下悬挂架，2 个划印器、风机、种肥箱、2 个地轮组合及 2～4 个作业单机。2 个划印器装设在主梁的两侧端部，上悬挂架和下悬挂架固定在主梁的两端，风机安装在上悬挂架上，种肥箱通过支架固定在主梁上，其特征在于 2～4 个作业单机及 2 个地轮组合平行并联装配在主梁上，组成 2 行或 4 行联合作业机。作业单机，包括施肥开沟器、仿形机构、排种开沟机构、覆土镇压机构。施肥开沟器安装在主梁上，播种开沟机构通过仿形机构装配在主梁上，覆土镇压机构装设在排种开沟机构的后部。本机型可在未耕翻的麦茬地上直接进行破茬开沟施肥、播种，也可以在玉米茬地经秸秆还田后进行圆盘开沟播种、覆土、镇压等工序。本机型不仅可以抢农时、阻止水土流失、抗旱抗涝，增加土壤的有机质、改善土壤结构，还可以节省大量的工时、种子、能源，增加产量等。

由于气吸式精密播种机投种点低、种床平整、籽粒分布均匀、种深一致以及出苗整齐等符合农艺要求的特点，越来越受到人们的欢迎。在播种机气吸体上更换不同的排种盘和不同传动比的链轮，即可精密播种玉米、大豆、高粱、小豆以及甜菜等多种作物。气吸式播种机可单行、双行作业，通用性强，并能一次完成侧施肥、开沟、播种、覆土和镇压作业。

(二)播种机工作原理

气吸式播种机工作是由高速风机产生负压，传给排种单体的真空室。排种盘回转时，在真空室负压作用下吸附种子，并随排种盘一起转动。当种子转出真空室后，不再承受负压，靠自重或在刮种器作用下落在沟内。其工作质量可以用空穴率、重播率来评价。主要影响因素有真空度、吸孔形状、种子尺寸以及刮种器的构造和调整等。

1. 真空度 真空度越大则吸附种子的能力越强，越不易产生空穴；但单个吸孔吸附几粒种子的可能性加大，使重播率增大。

2. 吸孔直径 吸孔越大，吸孔处对种子的吸力越大，同样可使空穴率减少、重播率增加。

3. 刮种器 它的作用是刮去吸孔吸附的多余种子，降低重播率。在工作中由于机具的装配质量不好或运动中碰撞，使刮种器与排种盘之间的距离产生变化，或导致碎种，或达不到刮种的目的。刮种器与排种盘之间的距离应在 0～1/2d(d种子平均直径)，使种子无法进入刮种器与排种盘之间形成的间隙。

4. 风机 它是产生负压以供排种器吸附种子的关键部件，风机叶轮高速旋转以产生高的负压，风机风力小、风管漏气或风管直径小均会产生排种器真空室真空度小、吸不上种子而产生漏播现象。以上是气吸式播种机主要特点，其他如开沟器等部件与一般播种机基本相同。

二、气吸式精量播种机常见故障与排除

气吸式精量播种机是当前国内外普遍采用的精量播种机械，其常见故障主要有以下几种。

(一)排种量不稳定

1. 排种量不稳定的原因 ①吸气管路有破损，如漏洞、接头连接松动、裂纹等使气压下降，气吸力减小，种子没吸住致使一部分或全部漏播。主要表现为个别垄行播量减少或漏播。②气吸型胶管制造质量差、老化变质，或因保管不当而产生破损、漏洞、裂纹，或内层产生脱离层而使气流阻力加大，造成气压降低，不易吸附种子，致使排种量减少或完全漏播。③吸风机两侧轴承磨损严重或年久失修或长期缺油，造成阻力增大、转速下降、气流和气压不足，种子难以吸附在排种盘上。这种现象多发生在整机(全部单体)播量不足或完全漏播。④主机(拖拉机)转速降低，或动力输出轴出现故障，导致风机转速下降而气流不足。⑤传动系统，如三角传动带陈旧、摩擦严重、拉长、松弛等造成风机转速下降。⑥排种盘因保管、安装不当而产生变形、锈蚀或种室变形等使排种盘与种室接触不严密，产生漏气，种子一部分或全部不被吸附。⑦种子清选不好，混有杂物，将排种盘孔眼堵死，造成漏播。⑧选用的排种盘型号不当，孔眼(或条孔)过小、气流吸力过小，不能吸附种子或吸量少而产生漏播或播量不足。

2. 排除故障的方法 当监视人员或监视器发出漏播信号时，应立即停车熄火，并将播种机落地(悬挂式)检查原因。若接头连接不牢，可重新接牢；有较小孔眼或裂纹的可用胶带

贴补，孔眼过大或裂纹过长的应更换新管；输气管内壁脱层阻力大的应更换新管。排种盘或排种室变形可试校，校平后仍然漏气的应更换新产品；发动机转速正常而风机风量仍不足的，要检查风机轴承，如有晃动、异声等应予更换轴承。

(二)完全不播种

1. 完全不播种的原因 播种机在试播和作业中出现完全不播种，主要是磨损严重或运输、保管不当造成传动件变形，如方轴、轴套、伞齿轮、万向节、排种器等严重磨损、变形，导致风速和风量不足而完全不播种。

2. 排除方法 作业前认真全面检修播种机，如方轴要校直，配合松晃的可加垫片消除间隙，磨损严重的要焊补后磨平。伞齿轮磨损过大的要成对更换，磨损不太严重的可在内孔加垫片消除间隙。万向节可用堆焊法填补磨痕，然后车平表面。装复后应转动灵活。排种器严重磨损要更换。维护时要注意方轴套和轴、伞齿轮的润滑，以减缓磨损。运输中要防止碰撞。

(三)播种深度不符合农艺要求

1. 故障原因 主要是机具使用时间过长，机件磨损严重所致。如开沟器磨损后入土困难，开出的沟变浅；覆土板磨损后，覆土量减少，覆土厚度小而播种深度浅；深浅调节丝杠和调节螺母磨损严重而乱扣，工作中受到震动便自行退扣改变调整深度；拉力弹簧减弱后，覆土量减少，播种深度也随之变浅。

2. 预防及排除的方法 作业前应认真检修，对上述各零部件的磨损程度做好鉴定，尤其是使用年限长的播种机。若丝杠和调节螺母磨损严重，可更换新螺母，并备有双螺母，以防退扣，作业结束后将丝杠和螺母涂上黄油，以防止锈蚀；拉力弹簧弹力过弱的可将其挂接点移短或更换新的，季节作业完成后将其卸下，恢复自由状态，表面要涂油防锈；覆土板变形的要校正，磨损严重的要焊补或换新产品，农闲时要防锈蚀。开沟器也要维修。

(四)不 排 种

可能的原因为种子架空、吸气管脱落、吸气管堵塞、排种器不密封、传动失灵或刮种器位置不对。

(五)开沟器入土过浅

原因为镇压轮深度调节板插销位置不当或开沟器弹簧调整不当。

(六)开沟器入土过深

原因为地轮调整不当、镇压轮插销位置不当或开沟器伸缩杆弹簧调整不当。

附表 6　推荐使用的播种机及其技术参数

企业名称、电话	产品型号、名称	主要参数及配置
辽宁黑山县机械制造有限公司 电话 0416－5505099 0416 — 5505855	气吸式精量播种机 2BQ-2	播种:2 行;配套动力:8.8 千瓦(12 马力)以上后传动
	气吸式精量播种机 2BQ-3	播种:3 行;配套动力:13.3 千瓦(18 马力)以上
	气吸式精量播种机 2BQ-4	播种:4 行;配套动力:16.2 千瓦(22 马力)以上后传动
	免耕施肥气吸精密播种机 2BQM-3	配套动力(千瓦):44～51 生产效率(公顷/小时):1.06～1.2 行距:50～70 厘米
	免耕施肥气吸精密播种机 2BQM-5	配套动力(千瓦):51～58 生产效率(公顷/小时):1.2～1.5 行距:50～70 厘米
	免耕施肥播种机 2BQM-2	配套动力(千瓦):29～36.8 生产效率(公顷/小时):0.55～0.75 行距:50～70 厘米

续附表 6

企业名称、电话	产品型号、名称	主要参数及配置
锦州市新立农机制造有限公司 电话 0416－5641387	免耕联合播种机 1M/2BF-2(灭播两用)	播种:2 行;配套动力:14.72 千瓦(20 马力)以上
	免耕联合播种机 1M/2BF-2(单播种)	播种:2 行;配套动力:14.72 千瓦(20 马力)以上
	免耕联合播种机 1M/2BF-3(单播种)	播种:3 行;配套动力:14.72 千瓦(20 马力)力以上
	免耕联合播种机 1M/2BF-4(单播种)	播种:4 行;配套动力:14.72 千瓦(20 马力)以上
沈阳市实丰农业机械厂 电话 024－89864607	气吸式播种机 2BQ-2(前)	播种:2 行;配套动力:11 千瓦(15 马力)以上、前传动
	气吸式播种机 2BQ-2(后)	播种:2 行;配套动力:11 千瓦(15 马力)以上、后传动
	气吸式播种机 2BQ-2 (免耕直刀灭茬)	播种:2 行;配套动力:11 千瓦(15 马力)以上(免耕型)
开原市勃农机械有限公司 电话 0410－3713988	电子监视精密 播种机 2BJD-2	播种:2 行;配套动力:8.8 千瓦(12 马力)以上 电子监视 数字型电子监视
	免耕精密 播种机 2BQZ-6	播种:6 行;配套动力:58.8～73.5 千瓦 圆盘型

续附表 6

企业名称、电话	产品型号、名称	主要参数及配置
辽宁瓦房店市精量播种机制造有限公司 电话 0411－85102414 13591114131	气吸式精量播种机 2BQ-2(前)	播种:2 行;配套动力:11～14.72 千瓦(15～20 马力)以上、侧传动后传动
	气吸式精量播种机 2BQ-2(后)	
	气吸式精量播种机 2BQ-4	播种:4 行 配套动力:22～25.7 千瓦(30～35 马力)以上
	气吸式精量播种机 2BQ-6	播种:6 行 配套动力:44.2 千瓦(60 马力)以上
黑龙江省海轮王农机制造有限公司 电话 0455－5790602 13845523307	精密耕播通用机 2BJG-2	配套动力:≥13.2 千瓦拖拉机 三点后悬挂连接方式
	精密耕播通用机 2BJG-3	配套动力:≥19 千瓦四轮拖拉机 三点后悬挂连接方式
	精密耕播通用机 2BJG-4	配套动力:≥22 千瓦四轮拖拉机 三点后悬挂连接方式
	精密耕播通用机 2BJGT-6	配套动力:≥55 千瓦拖拉机 三点后悬挂连接方式

续附表 6

企业名称、电话	产品型号、名称	主要参数及配置
瓦房店光明机械厂 电话 0411－85366228	气吸式播种机 2BQ-4H	播种:4 行;配套动力:18.4～22.08 千瓦(25～30 马力)
	气吸式播种机 2BQ-2H	播种:2 行;配套动力:13.2～22.08 千瓦(18～30 马力)
西安圣农农业机械有限公司 电话:0991－3873970 传真:0991－3875679	24 行施肥播种机 2BF-24C	配套动力 45～70 千瓦;外形尺寸(毫米):3485×428×1440;作业幅宽:3.6 米;行距:150 毫米;播种深度:30～80 毫米;种箱 300 升:肥箱 392 升;生产效率单机:1.6～1.8 公顷/小时
盐城市盐海拖拉机制造有限公司 电话 0515－8230823 0515－8332732 13705104972	2BG-6(100) 旋播机(盐海金马)	外形尺寸(毫米):680×1150×720 配套动力:8.8～11.0 千瓦拖拉机 结构重量:148 千克 作业幅宽:1000 毫米 排种器型式:外槽轮式 开沟器型式:直管 播种行数:6 行
山东奥龙农业机械制造有限公司 电话 0530－5050888 15020190888	曹州水龙 2BMFS-200 免耕施肥播种机	外形尺寸(毫米):2280×1570×1230;配套动力:47.8～58.8 千瓦拖拉机;结构重量:700 千克;整机结构型式:悬挂式;作业幅宽:2000 毫米;排种器型式:外槽轮式;播种行数:6 行;苗带宽度:120 毫米;主要结构特点:扶垄筑畦、行距可调、变速旋耕、有防堵装置;纯生产率:0.67～1.34 公顷/小时

续附表 6

企业名称、电话	产品型号、名称	主要参数及配置
潍坊天宇机械有限公司 电话 0536－7591368 13336363366	双通 2BMSF-6 免耕施肥播种机	外形尺寸(毫米):2260×1480×1230;配套动力:36.8～51.45 千瓦拖拉机;整机重量:615 千克;工作幅宽:2000 毫米;作业行数:6 行;行距:360 毫米;苗幅宽:120 毫米;刀数量:56 把;后置三点悬挂连接;播深:小麦 20～30 毫米、玉米 30～50 毫米;肥深:80～100 毫米;耕深:≥80 毫米;主要特点:扶垄筑畦,既可播小麦、玉米,又可旋耕作业,一机多用,有防堵装置;工作速度:2～6 千米/小时
	双通 2BMSF-4 免耕施肥播种机	外形尺寸(毫米):1530×1580×1200;配套动力:22.0～29.4 千瓦拖拉机;整机重量:380 千克;工作幅宽:1200 毫米;作业行数:4 行;行距:350 毫米;苗幅宽:120 毫米;刀数量:32 把;后置三点悬挂连接;播深:小麦 20～30 毫米、玉米 30～50 毫米;肥深:80～100 毫米;耕深:≥80 毫米;主要结构特点:扶垄筑畦、行距可调,有防堵装置;工作速度:2～4 千米/小时
西安市旋播机厂 电话 029－84812747 13001753203	亚澳 2BMG-4/5 180 免耕播种机	外形尺寸(毫米):1660×2100×1270;配套动力:36.8～44.1 千瓦拖拉机;整机重量:584 千克;工作幅宽:2075 毫米;作业行数:小麦 5 行、玉米 3～4 行;行距:小麦 295 毫米、玉米 400～800 毫米;播深:0～80 毫米;耕深:100～140 毫米;纯生产率:0.5～1.06 公顷/小时
	亚澳 2BMG-4/6 200 免耕播种机	外形尺寸(毫米):1660×2300×1270;配套动力:44.1～51.5 千瓦拖拉机;整机重量:659 千克;工作幅宽:2232 毫米;作业行数:小麦 6 行、玉米 3～4 行;行距:小麦 252 毫米、玉米 400～800 毫米;播深:0～80 毫米;耕深:100～140 毫米;纯生产率:0.7～1.34 公顷/小时

续附表 6

企业名称、电话	产品型号、名称	主要参数及配置
西安市旋播机厂 电话 029－84812747 13001753203	亚澳 2BMG-4/6 220 免耕播种机	外形尺寸(毫米):1660×2500×1270;配套动力:51.5～66.2 千瓦拖拉机;整机重量:624 千克;工作幅宽:2472 毫米;作业行数:小麦 6 行、玉米 3～4 行;行距:小麦 292 毫米、玉米 400～800 毫米;播深:0～80 毫米;耕深:100～140 毫米;纯生产率:0.7～1.34 公顷/小时
郓城县工力有限公司 电话 0530－6402119 13905409032	郓农 2BMTFS-8-4 多功能免耕贴茬播种机	外形尺寸(毫米):2280×1700×1150;配套动力:36.8～58.8 千瓦拖拉机;整机重量:656 千克;工作幅宽:2250 毫米;播种深度:30～50 毫米;旋耕深度:80～120 毫米;播种量:3～25 千克/667 米^2;施肥量:11～45 千克/667 米^2;施肥深度:50～100 毫米;播种行数:8 行;施肥行数:4 行;开沟器型式:尖铲式;双边可调节式自动扶畦;纯生产率:0.2～0.27 公顷/小时
	郓农 2BMTFS-12-6 多功能免耕贴茬播种机	外形尺寸(毫米):2660×1620×1250;配套动力:44.1～58.5 千瓦拖拉机;整机重量:753 千克;工作幅宽:2300 毫米;播种深度:30～50 毫米;旋耕深度:80～120 毫米;播种量:3～25 千克/667 米^2;施肥量:11～45 千克/667 米^2;施肥深度:50～100 毫米;播种行数:12 行;施肥行数:6 行;开沟器型式:尖铲式;双边可调节式自动扶畦;纯生产率:0.26～0.4 公顷/小时
	郓农 2BLMTFS-8-4-3 多功能免耕贴茬播种机	外形尺寸毫米:2280×1700×1150;配套动力:44.1～58.8 千瓦拖拉机;整机重量:656 千克;工作幅宽:2250 毫米;播种深度:30～50 毫米;旋耕深度:80～120 毫米;播种量:3～25 千克/667 米^2;施肥量:11～45 千克/667 米^2;施肥深度:50～100 毫米;播种行数:8 行;施肥行数:4 行;播菜行数:3 行;播菜量:0.5～3 千克/667 米^2;开沟器型式:耧滑式;双边可调节式自动扶畦;纯生产率:0.2～0.27 公顷/小时

续附表 6

企业名称、电话	产品型号、名称	主要参数及配置
河北华勤机械股份有限公司 电话 0310－8362643 13832063106	华勤 2BMFS-4/12 免耕覆盖施肥旋播机	外形尺寸(毫米):1500×2240×1280;配套动力:44.4～74 千瓦拖拉机;自重:630 千克;挂接形式:后悬挂式;作业幅宽:2000 毫米;小麦行数:12 行;行距:窄行 100 毫米、宽行 240 毫米;宽苗带:120 毫米;行距:240 毫米;玉米:4 行,行距 580 毫米;耕深:≥12 厘米;播种深度:10～50 毫米;效率:0.4～0.67 公顷/小时
山东庆云颐元农机制造有限公司 0534－3425167 3573496799	颐元 2BMF-200 小麦免耕施肥播种机	外形尺寸(毫米):1650×2380×1195;配套动力:44.1～66.2 千瓦拖拉机;整机重量:500 千克;工作幅宽:2000 毫米;播种行数:6 行;行距:370 毫米;施肥:6 行;排种器型式:外槽轮式;纯生产率:0.34～0.67 公顷/小时
淄博市农业机械研究所 电话 0533－3591157 13070686002	泰润 2BMF-6/12 扶畦式免耕施肥播种机	外形尺寸(毫米):2190×1500×1260;配套动力:44.1～58.8 千瓦拖拉机;整机重量:600 千克;工作幅宽:1950 毫米;作业行数:12 行;行距:窄行 120 毫米、宽行 220 毫米;播种量:0～30 千克/667 米^2;播种深度:30～50 毫米;施肥深度:种下 50 毫米;纯生产率:0.53～0.67 公顷/小时
河北农哈哈机械集团有限公司 电话 0311－83521903 13832160092	农哈哈 2BMFS-6/12 免耕覆盖施肥播种机	外形尺寸(毫米):1405×2116×1313;配套动力:40.4～51.5 千瓦拖拉机;整机重量:600 千克;工作幅宽:2280 毫米;作业行数:小麦 12 行、化肥 6 行;行距:窄行 100 毫米,宽行 200 毫米;刀轴转速:Ⅰ挡 310 转/分、Ⅱ挡 410 转/分;播深:30～50 毫米;耕深:80～100 毫米;纯生产率:0.34～0.5 公顷/小时
	农哈哈 2BMFS-8/16 免耕覆盖施肥播种机	外形尺寸(毫米):1405×2600×1313;配套动力:40.4～51.5 千瓦拖拉机;整机重量:700 千克;工作幅宽:2430 毫米;作业行数:小麦 16 行、化肥 8 行;行距:窄行 100 毫米、宽行 200 毫米;刀轴转速:Ⅰ挡 310 转/分、Ⅱ挡 410 转/分;播深:30～50 毫米;耕深:80～100 毫米;纯生产率:0.53～0.6 公顷/小时

续附表 6

企业名称、电话	产品型号、名称	主要参数及配置
潍坊道成机电科技有限公司 电话 0536－2105792 13356708881	2MSBF-6 小麦免耕施肥播种机	外形尺寸(毫米):1650×2340×1210;配套动力:36.8～51.5 千瓦拖拉机;整机重量:615 千克;工作幅宽:2090 毫米;作业行数:6 行;行距:350 毫米;小麦播种量:6～12.5 千克/667 米^2;施肥量:最大 50 千克/667 平方米;播深:20～40 毫米;耕深:80～100 毫米;纯生产率:0.4～0.53 公顷/小时
河南豪丰机械制造有限公司 电话 0374－5691008 13783748266	豪丰 2BMXS-4/12 智能免耕施肥覆盖旋播机	外形尺寸(毫米):1520×2550×1330;配套动力:44.1～58.8 千瓦拖拉机;整机重量:635 千克;配置数显装置;工作幅宽:2200 毫米;播种行数:小麦 12 行、玉米 4 行;施肥行数:小麦 6 行、玉米 4 行;行距:小麦 200 毫米、玉米 600 毫米;播深:20～40 毫米;工作效率:0.8～1 公顷/小时
	豪丰 2BMXS-3/10 智能免耕施肥覆盖旋播机	外形尺寸(毫米):1520×2160×1330;配套动力:36.8～44.1 千瓦拖拉机;整机重量:582 千克;配置数显装置;工作幅宽:1800 毫米;播种行数:小麦 10 行、玉米 3 行;施肥行数:小麦 5 行、玉米 3 行;行距: 小麦 200 毫米、玉米 600 毫米;播深:20～40 毫米;工作效率:0.75～0.8 公顷/小时
现代农装北方(北京)农业机械有限公司 电话 010－51666996 13426451688	中农机 6119 免耕播种机	外形尺寸(毫米):4190×4750×2130;整机重量:2767 千克;配套动力:73.55 千瓦;工作幅宽:3610 毫米;种箱容积:0.96 米^3;肥箱容积:0.31 米^3;行距:190 毫米;行数:19;播种深度:0～88 毫米;播种速度:10 千米/小时

续附表 6

企业名称、电话	产品型号、名称	主要参数及配置
河北农哈哈机械集团有限公司 电话 0311—83521903 13832160092	农哈哈 SGTN—180Z412A12 旋耕播种机	外形尺寸(毫米):1435×2116×1293;配套动力:47.4～47.8 千瓦拖拉机;整机重量:720 千克;工作幅宽:1800 毫米;作业行数:小麦 12 行、玉米 3～4 行;行距:小麦 150 毫米、玉米 500～800 毫米;播深:20～50 毫米;耕深:≥80 毫米;纯生产率:0.4～0.53 公顷/小时
	农哈哈 SGTN—200Z414A14 旋耕播种机	外形尺寸(毫米):1435×2376×1293;配套动力:47.8～51.5 千瓦拖拉机;整机重量:800 千克;工作幅宽:2000 毫米;作业行数:小麦 14 行、玉米 3～4 行;行距:小麦 150 毫米、玉米 500～800 毫米;播深:20～50 毫米;耕深:≥80 毫米;纯生产率:0.46～0.6 公顷/小时
河南豪丰机械制造有限公司 电话 374—5691008 13783748266	豪丰 2BXS-10 旋耕施肥播种机	外形尺寸(毫米):1530×2160×1300;配套动力:40.4～51.5 千瓦拖拉机;整机重量:640 千克;工作幅宽:1800 毫米;工作效率:0.34～0.54 公顷/小时;播种行数:小麦 10 行、玉米 3 行;行距:小麦 200 毫米、玉米 600 毫米;播深:20～40 毫米;挂接方式:后置液压全悬挂;基本配置:镇压辊
	豪丰 2BXS-12 旋耕施肥播种机	外形尺寸(毫米):1530×2350×1300;配套动力:51.5～58.8 千瓦拖拉机;整机重量:690 千克;工作幅宽:2000 毫米;播种行数:小麦 11 行、玉米 4 行;行距:小麦 200 毫米、玉米 600 毫米;播深:20～40 毫米;挂接方式:后置液压全悬挂;基本配置:镇压辊 ;工作效率:0.4～0.67 公顷/小时

续附表 6

企业名称、电话	产品型号、名称	主要参数及配置
石家庄农业机械股份有限公司 电话 0311—87756488 13931983416	布谷 2BG-12 旋耕播种机	外形尺寸(毫米):1030×2150×990;配套动力:36.77～58.8 千瓦拖拉机;整机重量:240 千克;工作幅宽:2000 毫米;作业行数:12 行;行距:165～200 毫米;播深:40～80 毫米;纯生产率:0.53～0.67 公顷/小时
第一拖拉机股份有限公司 电话 0379—64969400 13608657961	东方红 2BG-200Z14A7 旋播机	外形尺寸(毫米):2010×2045×1000;配套动力:51.5～58.8 千瓦拖拉机;幅宽:2000 毫米;行数:14 行;行距:133 毫米;播深:35～50 毫米;耕深:120～160 毫米;动力输出轴转速:720 转/分;标准三点悬挂;中间传动方式;传动类型为齿轮传动;刀轴转速为 220/245/273 转/分;纯生产率:≥0.5 公顷/小时
莱州市金田农业机械研究所 电话 0535—2292028	源田 2BYF-3 玉米化肥播种机	外形尺寸(毫米):1230×1600×890;配套动力:8.8～14 千瓦拖拉机;自重:148 千克;排肥器型式:外槽轮;排种器型式:外槽轮;开沟器型式:犁刀式;地轮型式:刚性轮(胶轮);最大播幅:1400 毫米;株距:200 毫米;667 米^2 播种量:0～5 千克;667 米^2 施肥量:0～50 千克;播种深度:40～60 毫米;播肥深度:60～80 毫米;纯生产率:0.36～0.4 公顷/小时
青岛万农达花生机械有限公司 电话 13181613821 0532—85482048	万农达 2BFD-2 花生覆膜播种机	外形尺寸(毫米):2200×1150×910;配套动力:8.8～13 千瓦小四轮拖拉机;整机重量:150 千克;主要结构型式:内侧囊种式;播种行数:2 行;行距:27 毫米;适应膜宽:800～900 毫米;种子破碎率:≤1.0%;纯生产率:0.2～0.34 公顷/小时
青岛旭森农业机械厂 电话 13012439093 0532—86613356	旭森 2BFS-2K 花生播种覆膜机	外形尺寸(毫米):1380×1060×670;配套动力:手扶拖拉机;结构重量:60 千克;结构型式:悬挂式;播种行数:2 行;空穴率:≤2%;穴粒合格率:≥85%;破碎率:≤0.5%;纯生产率:0.06～0.13 公顷/小时

第七章 插秧机具

第一节 插秧机具概述

插秧机是将水稻秧苗定植在水田中的种植机械。目前推广使用的插秧机类型有下列几种。

一、独轮乘坐式插秧机

市场上销售的独轮乘坐式插秧机大多数采用功率为2.94千瓦的单缸风冷柴油发动机，独轮驱动，船板仿形，曲柄摇杆插秧结构，多数产品为6行（少量4行，8行）行距30厘米，生产效率0.13～0.20公顷/小时。这些产品的底盘和插植系统结构多数雷同，部分新品牌产品将原有的转向手把改为方向盘，也有的产品增加了深施肥的功能。

二、手扶步进式插秧机

国内生产的手扶步进式插秧机，多是采用国外技术（日本、韩国）。此类产品采用风冷汽油发动机，两轮3浮板行走结构，手把式转向，曲柄摇杆插秧结构，以4行为主，行距多为30厘米，生产效率0.13～0.27公顷/小时。

三、四轮乘坐式插秧机

合资、独资企业生产的四轮乘坐式插秧机技术含量高，主要有6行、8行两种，产品的结构和技术水平也有较大差异。

其中 6 行插秧机多采用功率为 5.15 千瓦或 7.7 千瓦的汽油发动机，4 轮驱动，液压仿型，旋转式插秧结构，行距 30 厘米或可调，有的产品采用无级变速结构和先进的 UPD 平衡装置。

第二节　插秧机推荐机型与选购

一、插秧机推荐机型

根据《2006～2008 年国家支持推广的农业机械产品目录》和 2008 年部分地区补贴的插秧机目录，推荐使用的插秧机型见图 7-1 至图 7-7，其技术参数见附表 7。从附表可以看出："春苗牌"、"东洋"、"井关""福田雷沃"、"碧浪"等品牌的插秧机已形成大规模系列化生产，为主要推荐使用的机型。

二、插秧机选购

(一)基本情况

目前我国水稻插秧机主要机型有 4 行手扶步行式、6 行乘坐式插秧机。江苏、黑龙江使用手扶步行式插秧机较多，安徽、湖北及长江以南地区主要使用乘坐式插秧机。现在市场上常见的合资企业生产的插秧机，机械性能稳定、油耗低、操作灵活，可适应不同地区不同地块的农艺要求，每台价格在 15 000～85 000 元；国产机型主要以手扶步行式为主，价格在万元左右，但对机手操作技术和插秧前整地要求较高。地块小的农户，建议选择 4 行手扶式插秧机，种田大户和农场可选择 6 行乘坐式插秧机。6 行乘坐式插秧机生产率为 0.26～0.53 公顷/小时，手扶步行式插秧机为 0.1～0.2 公顷/小时。

图 7-1　ARP-4UM 型步行式插秧机

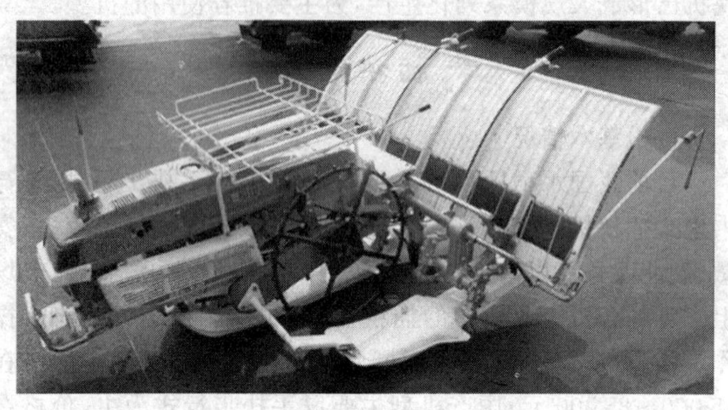

图 7-2　福田雷沃重工 2ZS-630 手扶式水稻插秧机

(二)如何选购

目前国内的插秧机主要分为:引进国外技术在国内组装

图 7-3　久保田手扶步进式插秧机

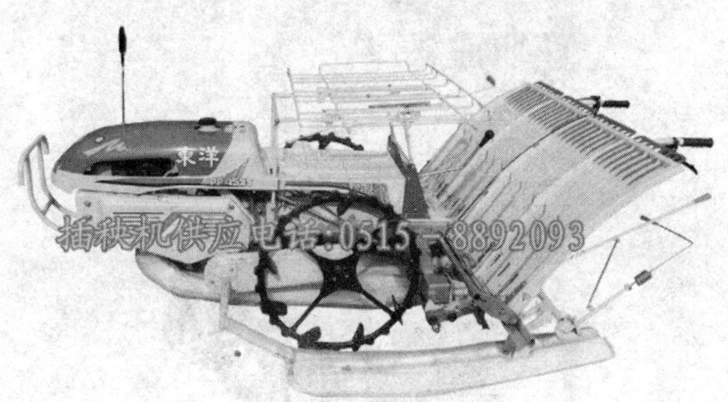

图 7-4　东洋手扶步进式插秧机

的高性能插秧机与国产普通插秧机两大类。高性能的机型有东洋 PF455S 手扶插秧机、东洋 P600 型高速乘坐式插秧机、洋马 VP6 高速乘坐式插秧机;国产的插秧机主要以延吉 22K-630 型机动水稻快速插秧机等为主。现简单介绍一下如何正确选购插秧机。

图 7-5　东洋乘坐式插秧机

图 7-6　洋马高速乘坐式插秧机

第一，在选购机器前首先应该了解该产品是否是合格品，检查机器是否有厂家出厂的合格证。

第二，一般质量好的农机产品在投入市场前都要接受农机主管部门的鉴定，通过鉴定后才允许销售，所以在选购机器

图 7-7　碧浪 2ZG630A 乘坐式水稻插秧机

前，一定要确认该机器是否属于农机部门允许推广的产品，允许推广的产品都会贴有“农业机械推广许可证”的标牌。是否列入农业部、省级农机推广项目（目的：享受政府补贴，降低购机成本）。

第三，根据机器的性能来选择。水稻栽插的季节性很强，一台插秧机的质量稳定与否直接影响农民的插秧工作，选择一台性能稳定、操作简便的机器尤为重要。目前，国内插秧机使用较多且性能好的主要以东洋 PF455S 插秧机为主，该机器具有结构简单，操作方便等优点。

第四，因地制宜地购买合适机型。根据不同地区的田块特点选择机型，山区、田块小的地方，选购机器时应注意机器的搬运的方便，选择小型的重量轻、作业效率高的机型。大型的农场因为田块较大，选择的机器应考虑作业效率高，性能好的机器，如东洋 P600、洋马 VP6 等。对于长三角地区的，应根据农民的经济收入情况来选购不同的插秧机。另外，应该根据农艺要求(水稻分大株距和小株距)选择机具。

第五,根据产品的服务来选择。机器在使用中,难免会有故障的发生,厂家的服务是很重要的。所以在选购机器时,应该先了解厂家的服务质量和服务网点的建设是否健全。

第六,选品牌机具,因为生产品牌机具的厂家的综合水平较高,包括产品的质量、产品的售后服务能力、配件的供应是否及时等。

第七,外观质量的挑选:①首先检查插秧机覆盖件喷漆质量,漆膜无脱落,漆膜表面光泽发亮。电镀件、镀锌件镀层牢固无脱落。②焊接件牢固可靠,无咬肉、烧穿、开焊、飞边毛刺等缺陷。铸件表面应光滑平整,无气孔砂眼、无粘砂多肉等缺陷。连接件、非标准件牢固齐全。③装箱清单、随机工具、易损件备件、说明书等技术资料齐全完整。

第八,购货前的试运转:①启动前,按规定加足燃油、润滑油(一般出厂时都按使用说明书技术要求调整完毕。然后,用手动方法转动工作部分,使主离合器处于接合状态,变速手柄置空挡,用手摇把慢慢摇动发动机(不要启动),结合插秧机离合器,检查工作部分运转情况,不应出现栽植臂卡滞秧门等现象。②将插秧离合器手柄扳到离的位置,拉起减压手柄,用手摇把摇动时手感应轻松灵活,快摇时应能听到喷油嘴喷油的声音,在加速摇动的同时,快速放下减压手柄,柴油机随即启动运转。待发动机运转平稳后,用中慢速使插秧机工作部分空转10分钟,配合插秧速度和行走速度试车30分钟。③柴油机运转时,无敲缸和打齿声等异常声音,柴油机转速稳定,不冒黑烟,不窜机油,无共振现象。

第九,检查"三漏":停车时检查发动机空气滤清器、缸体与缸盖结合面等处不漏气,发动机油底壳、变速箱、工作传动箱、链箱等结合面无渗漏，各油堵、栽植臂等处不漏油。

第十，其他部件的检查：①操纵盘应转向灵活，自由行程应准确。左右转向最大角 60°。②过埂器脚踏板自由行程要正确，踩下脚踏板时船板应随挂链吊起，松开脚踏板时船板应回原位。③各操纵机构接合可靠，变速箱、工作传动箱在额定转速之内，借助离合器各挡位挂挡应灵活可靠，摘挡顺利，无脱挡、跳挡等现象，无打齿声等异音。④插秧定位离合器应准确可靠，正确位置是扳下插秧定位离合器时，栽植臂应停止在秧门口上方。栽植臂运转过程中，不许卡碰任何相关部件。⑤秧箱换向准确，当秧箱移动到左、右极限位置后，指销在螺旋槽中的横向位移停止，并靠 180°直槽与螺旋槽的圆滑过渡面完成换向。同时送秧皮带应转动一定距离。⑥安全离合器受阻时应自动分离。可用薄木片放在秧门口上方，如栽植臂立即停止转动时，说明离合器工作正常。⑦插秧深浅调节机构转动应灵活。当升降杆转动时，可以改变链箱相对秧船的高度，从而改变栽植臂的插秧高度，以达到调节插秧深浅的目的。⑧分插机构运转过程中，看 6 组或 8 组栽植臂有没有不推秧现象，推秧行程 18～20 毫米，推秧器与分离针间隙0.5～1 毫米。停止转动时用手握住推秧器左右转动，如果推秧器随手左右转动有异常声，说明这组栽植臂拨叉不合格。经过上述检查后，若各项指标能符合要求，这台插秧机的质量就是可靠的。

第三节　插秧机的使用与保养

一、秧田耕整与准备

插秧机采用中小苗移栽，对大田耕整质量和基肥施用等要求相对较高。耕整质量的好坏，直接关系到插秧机的作业质量。因此，机插秧大田精细耕整非常重要。应根据茬口、土壤性状采用相应的耕整方式。耕整时，不宜用深耕机械作业，以防耕作层过深影响机插效果。一般来讲，机械作业深度不宜超过 20 厘米。同时，根据土壤的地力、茬口等因素，结合旋耕作业施用适量有机肥和速效化学肥料。氮肥用量一般掌握在稻田总施氮量的 20%左右为宜。在缺磷、钾土壤中应适量增施磷、钾肥。

大田耕整后，应达到的基本要求是：田面平整，田块内高低落差不大于 3 厘米，确保栽秧后寸水浇到每棵秧苗；田面整洁，清除田面过量残物；泥土上细下粗，细而不糊，上软下实；移栽前需泥浆沉淀，沙质土沉实 1 天左右，壤土沉实 2 天左右，黏土沉实 3 天左右，达到泥水分清，沉淀不板结，水清不浑浊。

机插秧移栽期应不迟于所选用品种在当地的人工移栽期，在茬口、气候等条件许可的前提下应尽可能提前移栽。切不可超秧龄移栽。因此，要适时整好待插秧田，“宁可田等秧，不可秧等田”。

二、插秧机作业前检查

(一)试运转前的检查

主要检查：①检查插秧机的每个传动件及传动连接的螺钉是否松动，栽插臂和其他运动部件是否有阻滞，是否有缺陷、损坏的现象。②检查机器各部件运转是否正常，如有不正常应及时修理。③切勿忘记注油、加油。使用前必须检查发动机及各齿轮箱的机油；对各转动、摩擦部位注油的检查；若需加注油，按表 7-1 要求操作。④检查插秧机秧针、苗箱、导轨、秧门等是否有变形和损坏，秧针间隙是否合格。⑤检查插秧机各拉线是否连接正常。⑥检查4个栽插臂位置是否正确一致。

表 7-1 插秧机注油规范

油 名	机器注油、加油处
黄 油	黄色标识处，各旋转、活动部
齿轮油 80#	齿轮箱
汽 油	燃油箱
黄 油	插植臂
发动机机油 30#	发动机
齿轮油 90#	侧支架，驱动链轮箱

(二)空车试运转

运转顺序：①将插秧机变速杆放置在“中立”位置。②正确启动发动机：将燃油旋阀拨到“ON”的位置上；将主离合器手柄、插植离合器手柄、液压操作手柄各自拨到“断开”、“断开”、“下降”的位置上；将发动机开关拨到“运转”的位置上，夜间拨到“灯”位置上；将油门手柄往里旋动1/2程度；冷机时将风门手柄拉到最大位置上，风门“全闭”；暖机时推到底，风门“全开”；以正确姿势拉反冲式启动器；发动机一启动，慢慢地放回节气门手柄。③检查插秧机液压升降系统是否正常。④检查插秧机离合器手柄、拉线操作是否正常、可靠。⑤检查栽插臂动作是否正常一致，苗箱运动有无阻碍。⑥检查纵向取苗量调节、横向取苗次数调节、株距调节等各调节是否到位。⑦检查变速挡位、左右转向是否灵活可靠。

三、插秧机的田间作业

第一，将插秧机运送至田边，下田作业前还需再次检查机器，以免作业时出现故障。

第二，机器经检查完好后，在进入田块前，根据秧苗、田块的情况，按农艺要求调好纵向取苗量、横向取苗次数、株距挡位，并预设插深。

第三，机器进入田中。按空车试运转启动发动机的方式启动机器，将液压手柄下拨，机器升起，将变速杆拨到插秧位置，合上主离合器，驶入田中。分离主离合器，将液压手柄上拨，机器下降。

第四，补给秧苗。补给秧苗即给插秧机添加秧苗，当插秧机开始作业和苗箱上一行秧苗即将插完时都要补给秧苗。一般情况下，1 公顷土地需备 300～375 盘秧苗。

当第一次给插秧机补给秧苗时，务必将苗箱移到最左或者最右侧，否则会造成秧门堵塞、漏插，甚至机器损坏。放置秧苗时注意不要使秧苗翘出、拱起。

第五，插秧机在插秧作业中，为保证作业质量和行走的直线性，在相邻两趟之间靠边行时，不出现空当、压苗的现象，插秧机上有划印器和侧对行器。插秧时把侧浮板前上方的侧对行器对准已插好的秧苗行，并调整好行距。

第六，为进出田块方便，降低人工补栽量，应考虑好插秧的行走路线，确定田埂周围插秧方法。有两个方案可供选择：①插秧时首先在田埂周围留有 4 行宽的余地。②第一行直接靠田埂插秧，其他三边田埂留有 4 行、8 行宽的余地。

第七，插秧作业应确认的事项：①弄清秧田形状，确定插秧方向。②最初 4 行是插第二个 4 行的基准，应特别注意操作，保持插秧直线性。新机手最好在田边拉一根绳线，作为第一行的靠行基准。③试插几穴后，根据土壤的软硬程度和农艺要求调整插秧深度。④插秧作业应注意的事项：变速杆是否拨到“插秧”速度挡位上；液压操作手柄是否拨到“下降”位置上；插秧离合手柄是否拨到“连接”位置上；侧对行器是否放开；主离合器手柄拨到“连接”位置上，将油门手柄慢慢地由低速向高速的拨动，插秧机边插秧边前进。⑤安全离合器是插植工作部件过载保护装置，若插植臂停止并发出“咔”、“咔”声音，说明安全离合器在动作。这时应采取如下措施：迅速切断主离合器手柄；然后关闭发动机；检查取苗口与秧针间、插植臂与浮板间是否夹着石子等，如果有，要及时清除；若秧针变形，要检查或更换。如栽植臂无故障，应检查其他传动部分。排除故障通过拉动反冲式启动器，确认秧针旋转自如。故障排除后再清除苗箱横向移动处未插下的秧苗，才能重新作业。⑥插秧机在田间尽量少用倒挡，机器不能长距离倒退，倒退会引起轮子裹泥，造成打滑。

第八，当插秧机在田块中每次插秧作业转行时，可按以下方法操作，将手把往上稍稍抬起(因液压动作开始，机体稍微往上升高)，在这种状态下挪动想要旋转一侧的转向离合器同时扭转机体，注意使浮板不压表土而轻轻旋转，找准位置后继续插秧。

四、插秧机的保养常识

(一)春耕备耕前的检查保养

主要有：①更换发动机机油。对已经使用一季或50小时的插秧机应更换发动机机油，更换四冲程汽油机机油。更换时，只需将发动机放油螺塞拧出，放尽原有机油。然后旋起量油尺，在尺孔口加入500毫升机油，再旋回量油尺。②清洗化油器，购买清洗剂清洗，同时拆洗沉淀杯。加入燃油，启动发动机试运转。③检查秧针和插植叉是否变形，如果变形可用一字改锥予以校正。将插植叉撬开张口,秧针撬直且平行,插植叉口与秧针间间隙在 1 毫米左右。④检查和调整主离合器手柄拉线、插秧手柄拉线、升降手柄拉线和转向离合器拉线间隙以及灵敏度,如不灵敏或间隙过大,将对调节螺母进行调整。同时,在这些拉线孔内滴上几滴机油,以增加灵活性。

(二)作业班次保养

主要有:①作业班次是指每天作业收工的检查保养。主要是将机器移到岸上,先用水冲洗干净插秧机上的泥巴杂物,开回车库。②按前所述,检查校正秧针和插植叉的形状和间隙并涂上黄油,同时,在上下轨道上和各运动件上涂抹黄油。③检查发动机机油面、燃油箱油面、液压油面,不足添加。④在插植部支架和插植臂橡皮塞孔中,加入适量的黄油与机油 1∶1 比例的混合油。

(三)插秧机入库前的检查保养

当每季每年水稻栽植完毕,要将插秧机清洗、保养、入库。主要做法:①按照作业班次保养要求进行清洗保养,将插秧机开入机库。②将发动机启动,关闭油箱开关,让其自行熄灭,趁发动机运转时可将秧箱移至中间位置,放尽燃油箱燃油。拉动启动绳,将发动机活塞处于上止点位置,打开机罩,拧开火花塞,滴上几滴机油在汽缸内,再旋进火花塞。③将所有运动件和螺钉,金属件涂抹黄油防锈;各操作手柄处于断开和下降位置。拉线滴上几滴机油。④将插秧机移向机库一角干燥处,用雨布遮盖严实,以防灰尘。

第四节　插秧机常见故障与排除

水稻插秧机常见故障及其排除方法见表 7-2。

表 7-2　水稻插秧机常见故障及其排除方法

故障现象	故障原因	排除方法
立秧差或发生浮苗	秧苗苗床水分过多或过少;插秧深度调节不当;水田表土过硬或过软;秧爪磨损	除采取对应措施外,可减慢插秧速度,非乘坐式插秧机还可往下压手把
穴株数偏多,每穴标准株数为3～5株	苗床上水分过大;取秧量调节不当	应采取对应措施予以解决
插过秧后秧苗散乱	推秧器推出行程小;苗床过干或水分过大;苗片与苗片接头间贴合不紧;水田表土过硬或过软	除采取相应措施外,可降低插秧速度、更换秧爪、清理或更换导秧槽
漏穴超标,机动插秧机漏穴率一般不应超过0.5%	苗田播种不均匀;秧苗拱起或秧苗卡秧门;取秧口有夹杂物;秧苗盘超宽造成纵向送秧困难	重新装秧苗或将秧苗切割为标准宽度;清除秧苗杂物;更换密度不均匀秧苗
各行秧苗不匀	苗床土含水量不一致;各行秧针调节不一致;纵向送秧张紧度不一致,也会使各行秧苗不匀	除采取对应的措施予以解决外,对有的插秧机可逐个调节送秧轮,使每次纵向送秧行程均为11～12毫米
秧门处积秧	秧爪磨损,不能充分取苗;秧爪两尖端不齐和秧爪间隔过窄或宽;秧苗苗床土过厚,苗床土标准厚度为2.5～3厘米	应及时更换新秧爪或校正秧爪的间隔距离
取秧量忽多忽少	取秧量调整螺栓松动;摆杆下孔与连杆轴磨损	重新调整取秧量并紧固调整螺栓;更换摆杆及连杆轴

续表 7-2

故障现象	故障原因	排除方法
夹　苗	分离针尖端磨损；分离针上翘；压板槽磨深；推秧器磨损；导套磨损；推秧弹簧折断；拨叉与凸轮磨损	更换磨损零件
各行间深浅不一致	各栽植臂的拨叉、拨叉轴、推秧凸轮等磨损不一致；各个链箱不在同一水平面上	先将各个链箱校正于同一水平面上，然后更换磨损零件
插深调节失灵	升降杆或升降螺母产生滑扣；固定销孔磨大；矩形管固定销轴座折断	更换升降杆、螺母或销轴；焊接固定销轴座
分离针碰秧门	秧门错位；栽植臂安装不当；栽植臂曲柄内孔磨损；分离针上翘；取秧量调整过大；摆杆轴活动或下孔磨损	将秧门复位并固定；将栽植臂调至正确位置；更换磨损的曲柄或链轴；校正或更换分离针；更换摆杆或摆杆轴及轴承；调小取秧量
某组栽植臂不工作	链箱传动轴折断；链条脱销或折断	接上链条；更换传动轴
秧箱跳槽	滑块或滑槽磨损；秧门两端固定螺栓松动；秧门变形；抬把过高；送秧滚轮锈蚀；送秧滚轮螺钉变形	先更换滚轮及螺钉，再检查滑块滑槽，若严重磨损，应更换；校正秧门固定螺钉；若秧门固定处磨损，可加一长方形垫片；抬把过高时，用改锥撬起抬把前端装上新缓冲块

续表 7-2

故障现象	故障原因	排除方法
秧箱不工作	指销或螺旋轴磨损;滑套固定螺栓漏装	打开工作传动箱盖,更换指销或螺旋轴;若滑套固定螺栓漏装,应重新装上
送秧抬后端过高	橡胶缓冲块漏装或损坏	用改锥撬起抬把前端,装上新缓冲块
送秧齿轴不转	送秧棘轮钢丝销脱落;棘轮槽口磨损;棘爪或扭簧脱落;送秧齿轴轴向窜动	先看棘轮、棘爪及扭簧是否完好,若损坏或脱落,应予更换;再拨动送秧螺钉,若棘轮转动而送秧轴不转,说明钢丝销脱落,将钢丝销装复
送秧轴工作转角小	桃形轮与送秧凸轮严重磨损	打开工作传动箱盖,更换新件
送秧轴不工作	桃形轮定位键损坏或漏装;桃形轮与送秧凸轮卡住;送秧凸轮钢丝销折断或漏装	若两轮相卡,则是送秧与桃形轮磨损所致,可卸下送秧凸轮或桃形轮,用锉刀将工作面锉成平滑的弧面,严重磨损的应更换;若键或销损坏应换新件
送秧轴间歇工作	桃形轮回位弹簧或送秧凸轮回位弹簧弹力弱,使桃形轮或送秧凸轮不能回位	打开工作传动箱盖,卸下两个回位弹簧,更换新的回位弹簧
定位离合器手柄卡滞	分离凸轮磨损后,与调节螺母卡滞	卸下分离凸轮,用砂轮或锉刀将凸轮工作面磨成平滑的弧面

续表 7-2

故障现象	故障原因	排除方法
主离合器分离不彻底	摩擦片与皮带轮黏结;定位螺钉松动,致使离合器拨销脱落;离合拨销严重磨损	卸下皮带轮总成,使黏结部分脱开,用砂纸将摩擦片锯面打磨干净,更换离合拨销;拧紧定位螺钉
定位离合器分离不彻底	调节螺母调整不当;分离销与调节螺母滑扣;离合牙嵌上的定位凸缘磨损;拉簧折断(使用拨叉的定位离合器)。检查方法:先打开定位分离盖,检查调节螺母是否在正确位置,调节螺母及分离销是否滑扣、拉簧是否折断。若无问题再拆下动力输出轴总成,查牙嵌定位凸缘的技术状态	将调节螺母调至正确位置;分离销或调节螺母滑扣应更换;更换拉簧;若定位凸缘磨损,可将分离牙嵌啮合面磨去约 0.5 毫米;严重磨损应更换

附表 7-1　推荐使用的插秧机(乘坐式)及其技术参数

<table>
<tr><th>生产企业</th><th>产品型号</th><th colspan="3">主要配置及参数</th></tr>
<tr><td>第一拖拉机股份有限公司
电话 0379－64960764
13525914823)</td><td>东方红 2ZT-6</td><td colspan="3">170 风冷柴油机;分置式曲柄连杆插秧部件;工作行数 6 行;行距 300 毫米;插秧株距 120、140 毫米;插秧频率 270 次/分;作业效率(米²/小时):1300～2000</td></tr>
<tr><td rowspan="8">福田雷沃国际重工股份有限公司潍坊农业装备事业部
电话 0536－7602591
15305367186</td><td rowspan="6">福田雷沃谷神 2Z-6</td><td colspan="3">浙江慈溪 170 型风冷柴油发动机;独轮金属水田铁轮;株数任意调整;曲柄摇杆式分插机构;插秧深度 10～40 毫米无级调整;6 行插秧,行距 300 毫米;株穴距(厘米):12/14、14/17、16/20;单程横向分插频次(次/分):18;分离针进入秧门最大深度 17 厘米。产地:潍坊</td></tr>
<tr><td rowspan="5">选装配置</td><td>选配一</td><td>选装 8 行插秧机构</td></tr>
<tr><td>选配二</td><td>稀植齿轮/对</td></tr>
<tr><td>选配三</td><td>方向盘转向</td></tr>
<tr><td>选配四</td><td>液压防陷机构、放秧盘</td></tr>
<tr><td>选配五</td><td>江苏常发 170 型发动机</td></tr>
<tr><td rowspan="2">福田雷沃谷神 2Z-8</td><td colspan="3">Z170F 型风冷柴油发动机;独轮金属水田铁轮;株数任意调整;曲柄摇杆式分插机构;插秧深度 10～40 毫米无级调整;8 行插秧,行距 238 毫米,产地:潍坊</td></tr>
<tr><td>选装配置</td><td>选配一</td><td>装 14/17、16/20 株距调整齿轮</td></tr>
</table>

续附表 7-1

生产企业	产品型号	主要配置及参数		
中机南方机械股份有限公司 电话 0572－2110548－8003	2ZG630A	发动机:CH18 风冷 4 冲程 2 汽缸 OHV 汽油发动机 功率/转速:18ps/3600 转/分 外型尺寸(长×宽×高):3250 毫米×2390 毫米×1495 毫米 重量(千克):700 栽植行数(行):6 栽植行距(厘米):30		
		选装配置	选配一	选配 8 行机
			选配二	机械变速,配 15ps 汽油发动机
现代农装株洲联合收割机有限公司 0733－2494307	2ZZ-6 (碧浪)	结构型式:单轮驱动乘坐式;外形尺寸(长×宽×高)(毫米):2840×2135×1260;整机重量(千克):298;工作行数(行):6;行距(毫米):300;株距(毫米):120、140;驱动铁轮直径(毫米):670;配套动力:170F 型柴油机;功率(千瓦):2.94;标定转速(转/分):2600		
		选装配置	选配一	175F 柴油机
	2ZGQ-4(VP4C)	发动机:日本洋马空冷 4 冲程单缸汽油发动机;行走部:四轮驱动,采用油门连动变速机构,世界先进的 CVT 无级变速机构;插秧方式:采用机械仿形旋转式插植系统;技术参数:功率:3.4 千瓦(4.5 马力);效率:0.13～0.27 公顷/小时(2～4 亩/小时);插秧速度:0.1～1 米/秒;插植行数:4 行		

续附表 7-1

生产企业	产品型号	主要配置及参数
洋马农机(中国)有限公司 电话 0510—85216887 13912387590 委托代理 0539—8380970 3864972477	洋马 VP6	发动机:日本洋马空冷 4 冲程倾斜式 OHV 汽油发动机;行走部:4 轮驱动,采用油门连动变速机构,世界先进的 HMT 无级变速机构;插秧方式:采用机械仿形旋转式插植系统,并采用世界先进的 UFO 平衡装置;技术参数:功率:7.7 千瓦(10.5 马力);效率:0.27~0.6 公顷/小时(4~9 亩/小时);插秧速度:1.43 米/秒;插植行数:6 行
	洋马 VP8D	日本洋马水冷 4 冲程 3 缸 3TNV70 柴油发动机、4 轮驱动,采用油门连动变速机构,世界先进的 HMT 无级变速机构;插秧方式:采用机械仿形旋转式插植系统,并采用世界先进的 UFO 平衡装置;技术参数:功率:14.7 千瓦(10.5 马力);效率:0.4~0.8 公顷/小时(6~12 亩/小时);插秧速度:1.60 米/秒;插植行数:8 行
久保田农业机械(苏州)有限公司 电话 0512—67163907 13913533528	久保田 SPU-68C 型	自重(千克):495 外形尺寸(毫米):3000×2210×1495 发动机名称、型号及起动方式:水冷 4 冲程 2 缸 OHC 汽油机、GZ410-P-CHN-S1、电启动 驱动轮个数及形式:4 轮,前轮防爆、后轮橡胶凸耳轮胎 工作行数及幅宽(毫米):6 行、1800 分插机构形式:旋转式插秧机构 仿形机构形式:液压仿形 株(穴)距调节范围(毫米):120、140、160、180、210、240(共 6 级) 插秧深度调节范围(毫米):20~53(共 5 级) 监控报警:秧苗用尽、插秧离合器、标杆、后退、充电、机油压,水温、燃油 作业效率:0.5 公顷/小时

续附表 7-1

生产企业	产品型号	主要配置及参数
久保田农业机械(苏州)有限公司 电话 0512－67163907 13913533528	久保田 SPD-8 型	自重(千克):703 外形尺寸(毫米):3195×2820×1665 发动机名称、型号及起动方式:水冷 4 冲程 3 缸立式柴油机、D782-E2-P、电启动 驱动轮个数及形式:4 轮,前轮防爆、后轮橡胶凸耳轮胎 工作行数及幅宽(毫米):8 行、2400 分插机构形式:旋转式插秧机构 仿形机构形式:液压仿形 株(穴)距调节范围(毫米):120、140、160、180、210(共 5 级) 插秧深度调节范围(毫米):20～53(共 5 级) 监控报警:秧苗用尽、插秧离合器、标杆、后退、充电、机油压,水温、燃油 作业效率:0.8 公顷/小时
井关农机(常州)有限公司 电话 0519－5125808	井关 PG6	工作行幅 1500 毫米,作业速度:0.19～1.4 米/秒,动力输出轴转速 3400 转/分,外形尺寸(毫米)3140×2020×1560,重量(千克):576;后轮外径 900 毫米。整机产地:日本
	井关 PZ-60	6 行乘坐式、16 马力水冷发动机、无级变速、左右电子平衡装置、车速 1.7 米/秒、伤秧率≤4%、漏秧率≤5%
江苏东洋机械有限公司 电话 0515－86119003 13961991348	东洋 P600	①可乘坐,插 6 行;②功率/转速(千瓦/转/分)5.15/1800(最大 5.92);③启动方式:马达;④车轮外径:650(前轮)/850(后轮);⑤变速挡数:前进 3、后退 1(副变速有 5 挡);⑥插秧臂种类:回转式;⑦行数/行距(厘米)6/30;⑧插秧速度(米/秒):0.4～1.14

续附表 7-1

生产企业	产品型号	主要配置及参数		
延吉插秧机制造有限公司 电话 0433－2212178	春苗牌 2ZT-9356B	①自重(千克):290;②外形尺寸(毫米):2410×2132×1300;③发动机名称、型号及启动方式:Z170F 风冷柴油机;手摇;④驱动轮个数及形式:独轮,金属水田轮;行走轮为胶轮;⑤工作行数及幅宽(毫米):6 行;1800;⑥分插机构形式:曲柄摇杆式;⑦仿形机构形式:机械仿形,船板仿形;⑧株(穴)距调节范围(毫米):120～140(购买更换齿轮可实现 3 组株距 100～120;140～170;160～200);⑨插秧深度调节范围(毫米):0～40 无级		
	春苗牌 2ZT-7358B	①自重(千克):320;②外形尺寸(毫米):2410×2170×1300;③发动机名称、型号及启动方式:Z170F 风冷柴油机;手摇;④驱动轮个数及形式:独轮,金属水田轮;行走轮为胶轮;⑤工作行数及幅宽(毫米):8 行,1904;⑥分插机构形式:曲柄摇杆式;⑦仿形机构形式:机械仿形,船板仿形;⑧株(穴)距调节范围(毫米):120～140(购买更换齿轮可实现 3 组株距 100～120;140～170;160～200);⑨插秧深度调节范围(毫米):0～40 无级		
吉林省榆树市华裕机械有限公司 电话 0431－83610483	2ZC-9356A	乘坐式、金属水田轮独轮驱动、曲柄摇杆式分插机构、插秧频次 224 次/分、行数 6 行、行距 300 毫米、株距 12 厘米、14 厘米、17 厘米、0.5 厚 304-2B 不锈钢板秧箱、新式免带秧推秧器、方向把式转向机构		
		选装配置	选配一	常发牌 Z170F 柴油机
			选配二	直齿轮、齿圈机构方向盘

续附表 7-1

生产企业	产品型号	主要配置及参数
山东福尔沃农业装备有限公司 电话 0536－8161929 15965365666	福邦 2Z-6300	170 风冷手摇式柴油机、曲柄摇杆插秧部件、行数:6 行,行距:300 毫米、单程横向插秧频次 18 次/分、作业效率:0.13～0.21 公顷/小时
	福邦 2Z-6300-1(高速)	175 风冷手摇式柴油机、双排回转插秧部件、行数:6 行,行距:300 毫米、单程横向插秧频次 18 次/分、作业效率:0.2～0.3 公顷/小时
	福邦 2Z-6300-2	175F 风冷手摇式柴油机、曲柄摇杆插秧部件、行数:6 行,行距:300 毫米、单程横向插秧频次 18 次/分、液压过埂防陷机构、作业效率:0.2～0.26 公顷/小时
	福邦 2Z-8238	175F 风冷手摇式柴油机、曲柄摇杆插秧部件、行数:8 行,行距:23 毫米、单程横向插秧频次 18 次/分、作业效率:0.13～0.2 公顷/小时
无锡联合收割机有限公司 电话 0510－88263818	2ZD6300	发动机:170F、工作行数:6 行、行距:300 毫米,株距(毫米):120、140、170、200;工作效率:0.13～0.2 公顷/小时
潍坊泰山拖拉机厂 电话 536－8385359	2ZQY-630B	175F 手摇式柴油机、机械仿型、行数:6 行,行距:300 毫米 选装配置 选配一 液压过埂防陷机构

附表 7-2 推荐使用的插秧机(手扶步进式)及其技术参数

<table>
<tr><th>生产企业</th><th>产品型号</th><th colspan="3">主要配置及参数</th></tr>
<tr><td rowspan="5">福田雷沃国际重工股份有限公司潍坊农业装备事业部
电话 0536－7602591
15305367186</td><td rowspan="2">福田雷沃谷神 2Z-6S</td><td colspan="3">配置日本进口 Robin 发动机(4 千瓦);全自动液压仿形系统;浮筒式浮船机构;曲柄摇杆式分插机构;行走变速前进 2 挡,后退 1 挡;配置金属水田轮;插秧深度 10～40 毫米,4 级可调;6 行插秧,行距 300 毫米;株穴距(毫米):14、16、18.2;单程横向分插频次(次/分):18、20、22;分离针进入秧门最大深度 17 厘米。产地:潍坊</td></tr>
<tr><td>选装配置</td><td>选配一</td><td>选装 4 行插秧机构</td></tr>
<tr><td rowspan="3">福田雷沃谷神 2Z-4S</td><td colspan="3">配置中天发动机(3.7 千瓦);全自动液压仿形系统;浮筒式浮船机构;曲柄摇杆式分插机构;行走变速前进 2 挡,后退 1 挡;配置金属水田轮;插秧深度 5～35 毫米,4 级可调;4 行插秧,行距 300 毫米;株穴距(毫米):14、16、18.2</td></tr>
<tr><td rowspan="2">选装配置</td><td>选配一</td><td>Robin 汽油发动机 3.7 千瓦</td></tr>
<tr><td>选配二</td><td>进口液压单元</td></tr>
<tr><td>中机南方机械股份有限公司
电话 0572－211 0548－8003</td><td>2ZF-430</td><td colspan="3">发 动 机:GA120SR 风冷 OHV 汽油发动机
功率/转速: 5ps/1800 转/分
外形尺寸:2200 毫米×1500 毫米×1065 毫米
重量(千克):160
栽植行数(行):4
栽植行距(厘米):30</td></tr>
</table>

续附表 7-2

生产企业	产品型号	主要配置及参数
久保田农业机械(苏州)有限公司 电话 0512－67163907 13913533528	久保田 SPW-48C 型	自重(千克):160 外形尺寸(毫米):2140×1590×910 发动机名称、型号及启动方式:风冷 4 冲程 OHV 汽油机、MZ175-B-1、手拉反冲 驱动轮个数及形式:2 轮,粗轮毂橡胶轮胎 工作行数及幅宽(毫米):4 行、1200 分插机构形式:曲柄摇杆式插秧机构 仿形机构形式:液压仿形 株(穴)距调节范围(毫米):120、140、160、180、210(共 5 级) 插秧深度调节范围(毫米):7～37(共 5 级) 监控报警:无 作业效率:0.2 公顷/小时
	久保田 SPW-68C	自重(千克):185 外形尺寸(毫米):2370×2280×910 发动机名称、型号及启动方式:风冷 4 冲程 OHV 汽油机、MZ175-B-1、手拉反冲 驱动轮个数及形式:2 轮, 工作行数及幅宽(毫米):6 行、1800 分插机构形式:曲柄摇杆式插秧机构 仿形机构形式:液压仿形 株(穴)距调节范围(毫米):120、140、160、180、210(共 5 级) 插秧深度调节范围(毫米)7～37(共 5 级) 监控报警:无 作业效率:0.32 公顷/小时

续附表 7-2

生产企业	产品型号	主要配置及参数
井关农机(常州)有限公司 电话 0519－5125808	井关 PC6	该型号主要配置及参数:工作行幅 1500 毫米;作业速度:0.3～0.69 米/秒;动力输出轴转速 1600 转·分;外形尺寸(毫米)2180×2100×1030;重量(千克):180;后轮外径 660 毫米。整机产地:日本
江苏东洋机械有限公司 电话 0515－86119003 13961991348	东洋 PF455S	①散播苗 2 轮 3 浮板型;②功率(千瓦/转·分):1.7/3,600(MAX 2.2);③车轮:橡胶轮爪驱动轮;④变速等级:前进 2,后退 1;⑤株距(毫米):157,138,122;⑥行数/行距(毫米):4/300;⑦横取苗量(次数)/纵取苗量(毫米):20,24,26(3 steps)/8～17;⑧插秧能力:0.13～0.2 公顷/小时
延吉插秧机制造有限公司 电话 0433－2212178	春苗牌 ARP-4UM	该型号主要配置及参数: 自重(千克):175 外形尺寸(毫米):2350×1480×800 发动机名称、型号及启动方式:G351L 空冷直立 4 冲程电子点火式;手拉反冲 驱动轮个数及形式:装有 2 个驱动轮,前轮防爆橡胶凸耳轮胎 工作行数及幅宽(毫米):4 行;1200 分插机构形式:曲柄摇杆式 仿形机构形式: 株(穴)距调节范围(毫米):130～230(共 13 级) 插秧深度调节范围(毫米):20～45(3 级)
南通富来威农业装备股份有限公司 电话 0513－83548033	2Z-455	①自重(千克):175;②外形尺寸(毫米):2460×1480×860 ;③发动机名称、型号及启动方式:2.57 千瓦 4 冲程汽油发动机,93400 型,手拉反冲;④驱动轮个数及形式:2 个,橡胶轮爪驱动轮;⑤工作行数及幅宽(毫米):4 行,1107;⑥分插机构形式:曲柄连杆;⑦仿形机构形式:液压仿形;⑧株(穴)距调节范围(毫米):117,130,146,180,200,223;⑨插秧深度调节范围(毫米):0～46;⑩监控报警:标竿监控

续附表 7-2

生产企业	产品型号	主要配置及参数
吉林省榆树市华裕机械有限公司 0431—83610483	2ZCY-430	168F、4 冲程风冷汽油机；工作行数：4 行；行距：30 厘米；插秧速度：0.34～0.77 米/秒；插秧株距(厘米)：12、14、16
	2ZBM-430	168F、4 冲程风冷汽油机；工作行数：4 行；行距：30 厘米；插秧速度：0.34～0.77 米/秒；插秧株距(厘米)：14、16、18
常州常发农业装备有限公司 电话 0519 — 6239571	2ZS-4	CFQ168F 发动机；工作行数：4 行；行距：30 厘米；插秧速度：242、269、300 次/分；手拉反冲式启动
江苏宇成动力集团有限公司 0523—86593133	2ZS-466A	百力通 93400 型发动机；手拉反冲启动；工作行数 4 行；橡胶轮爪；分插机构形式：曲柄摇杆式；液压仿形
		选装配置 选配一 选配日本雅马哈 MZ175 型发动机

第八章　植保机具

第一节　植保机具概述

植保机具与农药、防治技术一样是化学防治的三大支柱产业之一。植保机械，主要是化学农药施洒机械。植保机械（施药机械）的种类很多，由于农药的剂型和作物种类多种多样，以及喷洒方式方法不同，决定了植保机具也是多种多样的。从手持式小型喷雾器到拖拉机机引或自走式大型喷雾机；从地面喷洒机具到装在飞机上的航空喷洒装置，形式多种多样。以下主要介绍喷粉、喷雾植保机械。

喷雾机的功能是使药液雾化成细小的雾滴，并使之喷洒在农作物的茎叶上。田间作业时对喷雾机的要求是：雾滴大小适宜、分布均匀、能达到被喷目标需要药物的部位，雾滴浓度一致、机器部件不宜被药物腐蚀、有良好的人身安全防护装置。喷雾机按药液喷出的原理分为液体压力式喷雾机、离心式喷雾机、风送式喷雾机和静电式喷雾机等。此外，如按单位面积施药液量的大小来分，可以分为高容量、中容量、低容量和超低量喷雾机等，喷雾喷粉机的主要形式和特点见表 8-1。

表 8-1 喷雾机的主要形式和特点

喷雾机的型式		特点及应用范围
手动喷雾器	压缩式喷雾器	结构简单，价格低廉，一般中等劳动力即可操作。适用于小块旱地棉、粮作物，多种经济作物以及温室、仓贮喷洒农药，亦可用于害虫的防治
	背负式喷雾器	不需预先充气，边行进边泵药，适于一般水田喷药，亦可用于经济作物、温室以及害虫的防治作业
	踏板式喷雾器	是一种简易高压喷雾器，工作压力和喷雾量比前两种喷雾器高，雾滴细，射程远，适于一般面积的果树病、虫害防治，亦可用于建筑粉饰的喷浆
担架式机动喷雾机	担架式弥雾机	利用风机直接将药液雾化，消耗动力小，雾滴细小，用水少，射程远，移动方便，机具结构简单，适于水田、棉花、果树以及经济作物等病虫害防治，特别是水源方便地区使用
	担架式喷雾机	利用活塞泵或隔膜泵，喷枪射程较远，适于水田、果园、蔬菜等水源方便地区使用
大田喷雾机	牵引式大田喷雾机	有悬挂式和牵引式多机型，配备低压、大排量液泵，由拖拉机动力输出轴驱动，长喷杆喷洒幅宽可达 12 米以上或更宽，生产率高，可喷施杀虫、杀菌剂、化学除草剂以及液肥等，适用于大面积种植单一作物、水源比较方便的地区使用
果园弥雾机	牵引式弥雾机	装备有各种型式的风机，有的还装备液泵，利用气流携带细小雾滴能穿透到枝叶内部，喷雾量范围较大。主要用于果树防治，有的兼作大田作物防治。生产率高，消耗动力亦较大。有悬挂式、牵引式等机型

续表 8-1

喷雾机的型式		特点及应用范围
超低量喷雾机	手持式超低量喷雾机	结构简单、价廉,操作方便,喷施高浓度油剂、农药雾滴细微,借助自然风力分布,生产率较高,适用于小面积种植的多种作物防治作业,无风时不能作业
	背负式超低量喷雾机	自带动力和风机,能将细微雾滴吹送至远处分布,除可喷施高浓度油剂农药外,亦可进行弥雾、喷粉等作业。消耗动力小,机动性好,生产率高,适用于旱地、水田作物,果树及各种经济作物的病虫害防治,特别适用于缺水地区使用
烟雾机	手提式烟雾机	作业轻便,发烟量大,喷施油溶性药剂,适于枝叶茂密的植物及温室、仓贮等环境的害虫防治和消毒
喷杆喷雾机		广泛用于大豆、小麦、玉米和棉花等农作物的播前、苗前土壤处理、作物生长前期灭草及病虫害防治。装有吊杆的喷杆喷雾机与高地隙拖拉机配套使用可进行诸如棉花、玉米等作物生长中后期病虫害防治。该类机具的特点是生产率高,喷洒质量好(安装狭缝喷头时喷幅内的喷雾量分布均匀性变异系数不大于 20%),是一种理想的大田作物用大型植保机具

农业部推广使用的喷雾机主要类型有:背负式机动喷雾喷粉机、担架(推车)式机动喷雾喷粉机、喷杆式机动喷雾喷粉机。

第二节　喷雾喷粉机推荐机型与选购

一、喷雾喷粉机推荐机型

根据《2006～2008 年部分地区国家支持推广的农业机械产品目录》和 2008 年部分地区国家补贴的喷雾喷粉机目录，推荐使用的喷雾喷粉机型有：背负式机动喷雾喷粉机（图 8-1），担架（推车）式机动喷雾喷粉机（图 8-2 和图 8-3），喷杆式机动喷雾喷粉机（图 8-4），其技术参数见附表 8。

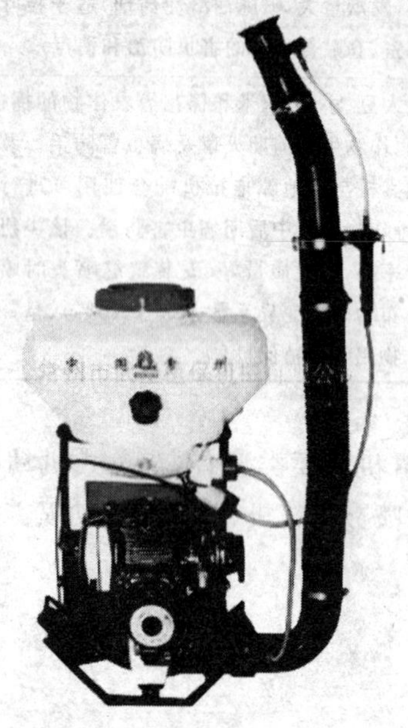

图 8-1　背负式机动喷雾喷粉机

二、喷雾喷粉机的选购

喷雾机是用于农田化学喷药除草、灭虫及喷施液体肥料的植保机械。喷雾机选购要点如下。

（一）性能可靠

主要是指选购喷雾机时，应尽可能选择专业厂家制造的，并通过有关部门质量鉴定，市场上信誉较好的机型。

（二）功能齐全

在选购喷雾机时，重点要看喷雾机是否

图 8-2　手推式机动喷雾机

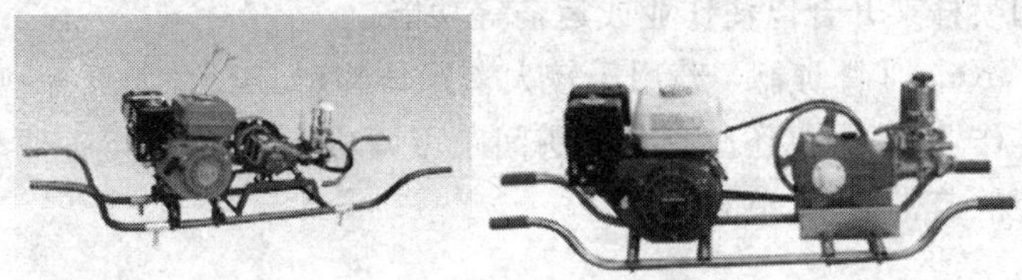

图 8-3　担架式机动喷雾机

图 8-4　喷杆喷雾机

具备如下保证喷雾效果的功能。

1. 调压稳压功能　喷雾机的工作压力应为 0.3～0.5 兆帕，应具有较强的调压和稳压能力，一般需配有压力表；合适稳定的工作压力，可确保喷洒时达到雾化好、渗透能力强，以及飘浮、沉降适度的效果。

2. 可靠过滤功能 喷雾机一般应具备3级过滤，即吸液过滤、输液过滤和喷液过滤；末级过滤网网目应小于或等于喷嘴孔径。

3. 回水搅拌功能 以确保药液浓度均匀，避免药剂沉积；回水搅拌流量每分钟应大于或等于药罐容积的5%。

4. 回吸防后滴功能 回吸功能可在停喷时将管路中的残存药液回吸到药罐中，避免沉淀堵塞，并可有效地防止停喷时的滴漏，避免浪费和药害。

5. 自动功能 自动加水、喷头离地高度调节、安全卸压和喷杆架开合以便作业或运输等功能。

6. 可调功能 若用于较大垄距作物（如玉米、大豆等）喷雾作业，喷雾机还应具备喷头间距可调功能，以便进行各种垄距的苗带喷洒，节省药液。

第三节 背负式机动喷雾喷粉机

一、背负式喷雾机类型与结构

背负式机动喷雾喷粉机（以下简称背负机）是采用气流输粉、气压输液、气力喷雾原理，由汽油机驱动的机动植保机具。

背负机由于具有操纵轻便、灵活、生产效率高等特点，广泛用于较大面积的农林作物的病虫害防治工作，以及化学除草、叶面施肥、喷洒植物生长调节剂、城市卫生防疫、消灭仓贮害虫及家畜体外寄生虫等工作。它不受地理条件限制，在山区、丘陵地区及零散地块上都很适用。

(一)背负机的种类

目前国产背负机产品品种约有10多种，主要差别在于：

1. 工作转速 有5 000转/分、5 500转/分、6 000转/分、6 500转/分、7 000转/分、7 500转/分、8 000转/分等几种，目前5 500转/分以下的背负机的年产量占全部产量的75%以上。工作转速低，对发动机零部件精度要求低，可靠性易保证。但提高工作转速可减小风机结构尺寸，降低整机重量。因此，目前国外背负机都在向高转速方向发展。

2. 功率 有0.8千瓦、1.18千瓦、1.29千瓦、1.47千瓦、1.70千瓦、2.1千瓦、2.94千瓦等几种。0.8千瓦的小功率背负机主要用于庭院小块地的喷洒；1.18～2.1千瓦的背负机主要用于农作物的病虫害防治；而2.94千瓦以上的大功率背负机，由于其垂直射程较高，用于树木、果树等的病虫害防治。

3. 输粉结构 有外流道式——药粉由药箱到喷管的输粉管在风机外侧；内流道式——药粉由药箱到喷管的输粉管在风机内部。外流道式结构简单，维修方便。内流道式可减少药粉的泄漏，且外部整洁美观。

(二)主要结构

背负机主要由机架、离心风机、汽油机、油箱、药箱和喷洒装置等部件组成。

1. 机架总成 是安装汽油机、风机、药箱等部件的基础部件。它主要包括机架、操纵机构、减振装置、背带和背垫等部件。机架一般由钢管弯制而成。目前也有工程塑料机架，以减轻整机重量。机架的结构形式及其刚度、强度直接影响背负机整机可靠性、振动等性能指标。

2. 离心风机 是背负机的重要部件之一。它的功用是产生高速气流，将药液破碎雾化或将药粉吹散，并将之送向远方。

按目前背负机的机型，其风机结构的主要形式有：

前弯式短叶片（叶片出口角＞90°）和后弯式长叶片（叶片出口角＜90°）风机。

风机部件主要包括风机前、后壳和叶轮。风机壳的材料有铸铝、铁皮和工程塑料。叶轮材料有铸铝、铝板铆结、工程塑料。

背负机的风机工作转速较高，在风机进风口最好装有进风网罩，以防异物吸入风机内，造成零件损坏和人员伤害。

3. 药箱总成　是盛放药液（粉），并借助引进高速气流进行输药。主要部件有：药箱盖、滤网、进气管、药箱、粉门体、吹粉管、输粉管及密封件等。为了防腐，其材料主要为耐腐蚀的塑料和橡胶。

（1）喷雾作业时的药箱总成　药液经滤网加至药箱容积的4/5左右。作业时，由风机引风管引出的少量高速气流，由进气塞经进气管到出气塞，进入药箱，并在药液上部形成一定的压力，迫使药液经开关流出。

药箱内气压大小直接影响喷雾量的大小。因此药箱盖处应密封可靠。药箱口应平整，无裂痕、飞边。药箱盖胶圈用发泡橡胶制成，有一定的压缩余量，保证密封可靠。滤网的作用是过滤药液中的杂质，以防堵塞开关、喷头等。

（2）喷粉作业时药箱总成　药箱内加入药粉。作业时，由引风管引出的少量高速气流从吹粉管上的小孔吹出，使药箱中的药粉松散，以粉、气混合状态吹向粉门体。

粉门体组件的作用是控制输粉量的大小。它由粉门操纵杆、粉门拉杆、粉门轴、挡风板、粉门体、粉门压紧螺母、密封垫等部件组成。上下拉动粉门操纵杆，带动粉门拉杆上下位移，引起粉门体上粉门轴和轴上的挡风板转动，改变粉门体处流通截面的大小，即改变输粉量。

装配时，扳动粉门操纵杆，观察挡风板的位置。当粉门操纵杆处于最下位置时，挡风板应封闭粉门体截面，防止在转移地块机具高速工作时药粉漏出。而当粉门操纵杆在最高位置时，挡风板应与粉门体下粉方向平行，以获得最大流通截面。否则应通过调节粉门拉杆长短来调整。

4. 喷洒装置 其功用是输风、输粉流和药液。主要包括弯头、软管、直管、弯管、喷头、药液开关和输液管等。

(1)弯头 功用是改变风机出口气流的方向，并产生一定的负压(吸力)以利于输粉。有部分机型为不破坏风机内部完整流道，在弯头处开有引风口，引出少量高速气流进入药箱。少数机型粉门开关也设计在弯头上。

(2)软管(也称蛇形管) 功用是在作业时可任意改变喷洒方向。软管材质一般为塑料，目前也有橡胶制造的，以提高其抗老化性和低温作业时弯曲能力。

(3)直管和弯管 主要是为增加整个喷管的长度。一般从弯头至喷头出口整个喷管长度应大于1米，以减轻作业时药液(粉)对作业人员的人身侵害。弯管另一作用是药液(粉)从喷口喷出时，出口方向略向上斜，雾流呈抛物线状，有利于雾滴落入植物中、下部。

(4)喷头 功用是在喷雾作业时起雾化作用。即利用高速气流将药箱输送至喷头的药液吹散成细小雾滴。喷头有弥雾喷头和超低量喷头两种。两者差别在于所产生的雾滴大小不同。

5. 配套动力 背负式喷雾机的配套动力都是结构紧凑、体积小、转速高的二冲程汽油机。目前国内背负机配套汽油机的转速 5 000～7 500 转/分，功率 1.18～2.94 千瓦。汽油机质量的好坏直接影响背负机使用可靠性。

6. 油箱 功用是存放汽油机所用的燃油。容量一般为 1 升。在油箱的进油口和出油口，配置滤网，进行二级过滤，确保流入化油器主量孔的燃油清洁，无杂质。在出油口处装有 1 个油开关。

二、背负式喷雾机使用与调整

（一）背负式机动喷雾、喷粉机使用

机具作业前应先按汽油机有关操作方法，检查其油路系统和电路系统后进行启动。确保汽油机工作正常。

1. 喷雾作业步骤 机具处于喷雾作业状态，加药前先用清水试喷 1 次，保证各连接处无渗漏；加药时不要过急过满，以免从过滤网出气口溢进风机壳里；药液必须干净，以免喷嘴堵塞；加药后要盖紧药箱盖。

启动发动机，使之处于怠速运转。背起机具后，调整油门开关使汽油机稳定在额定转速左右，开启药液手把开关即可开始作业。

喷药时应注意：①开关开启后，严禁停留在一处喷洒，以防对植物产生药害。②背负机喷洒属飘移性喷洒，应采用侧向喷洒方式，以免人身受药液侵害。③喷药前首先校正背机人的行走速度，并按行进速度和喷量大小，核算施液量。喷药时严格按预定的喷量大小和行走速度进行。前进速度应基本一致，以保证喷洒均匀。④大田作业喷洒可变换弯管方向，喷洒灌木丛时可将弯管口朝下，防止雾粒向上飞扬。

2. 喷粉作业步骤 机具处于喷粉作业状态，关好粉门后加粉。粉剂应干燥，不得含有杂草、杂物和结块。加粉后旋紧

药箱盖。

启动发动机，使之处于怠速运转。背起机具后，调整油门开关使汽油机稳定在额定转速左右。然后调整粉门操纵手柄进行喷撒。

在背负机使用过程中，必须注意防毒、防火、防机器事故发生，尤其防毒应十分重视。因喷洒的药剂，浓度较手动喷雾器大，雾粒极细，田间作业时，机具周围形成一片雾云，很易吸进人体内引起中毒。因此必须从思想上引起重视，确保人身安全。作业时应注意：①背机时间不要过长，应以 3～4 人组成 1 组，轮流背负，相互交替，避免背机人长期处于药雾中吸不到新鲜空气。②背机人必须佩戴口罩，口罩应经常洗换。作业时携带毛巾、肥皂，随时洗脸、洗手、漱口、擦洗着药处。③避免顶风作业，禁止喷管在作业者前方以八字形交叉方式喷洒。④发现有中毒症状时，应立即停止背机，求医诊治。

(二)背负式喷雾机的调整

1. 汽油机转速的调整 机具经修理或拆卸后需要重新调整汽油机转速。

(1)油门为硬连接的汽油机 ①安正并紧固化油器卡箍。②启动汽油机，低速运转 3～5 分钟，逐渐提升油门操纵杆至上限位置。若转速过高，旋松油门拉杆上面的螺母，拧紧拉杆下面的螺母；若转速过低，则反向调整。

(2)油门的调整 油门为软连接的汽油机，当油门操纵杆置于调量壳上端位置，汽油机仍达不到标定转速或超过标定转速时，应按以下方法进行调整。①松开锁紧螺母。②向下旋调整螺钉，转速下降；向上旋，转速上升。③调整完毕，拧紧锁紧螺母。

2. 粉门调整 当粉门操纵手柄处于最低位置，粉门关不严，有漏粉现象时，按以下方法调整粉门：①拔出粉门轴与粉门拉杆连接的开口销，使拉杆与粉门轴脱离。②用手扳动粉门轴摇臂，迫使粉门挡粉板与粉门体内壁贴实。③粉门操纵杆置于调量壳的下限，调节拉杆长度（顺时针转动拉杆，拉杆即缩短；反之拉杆伸长），使拉杆顶端横轴插入粉门轴摇臂上的孔中，用开口销销住。

三、背负式喷雾机故障排除与维修保养

（一）背负式喷雾机常见故障及排除方法

见表8-2。

表 8-2　背负式喷雾机常见故障及排除

故　障	产生原因	排除方法
接头处漏水	接头处无垫圈或损坏	检查接头处垫圈是否完整，接头零件有无缺陷
药液喷洒不畅或喷不出雾	①喷头阻塞 ②滤网阻塞 ③喷头体斜孔阻塞 ④喷射部件某零件阻塞	①洗去污物（勿用金属物通孔） ②清洗护网 ③清洗 ④逐级检查喷射部件
扳动摇杆感觉费力，打不进气	出水阀座玻璃球有污物	清洗或调换玻璃球

续表 8-2

故　障	产生原因	排除方法
手压摇杆(手柄)感到不费力,喷雾压力不足,雾化不良	①进水阀被污物搁起 ②牛皮碗干缩硬化或损坏 ③连接部位未装密封圈或密封圈损坏 ④NS-15 型上的吸水管脱落 ⑤NS-15 型上的安全阀卸压	①拆下进水阀,清洗 ②把牛皮碗放在动物油或机油里浸软,更换新品 ③加装或更换密封圈 ④拧开胶管螺帽,装好吸水管 ⑤更换安全阀弹簧
手压摇杆(手柄)时用力正常,但不能喷雾	①喷头堵塞 ②套管或喷头滤网堵塞	①拆开清洗,注意不能用铁丝等硬物捅喷孔,以免扩大喷孔,使喷雾质量变差 ②拆开清洗
泵盖处漏水	①药液加得过满,超过泵筒上的回水孔 ②皮碗损坏 ③NS-15 型胶管螺帽未拧紧	①倒出部分药液,使液面低于水位线 ②更换新皮碗 ③拧紧胶臂螺帽
各连结处漏水	①螺纹未旋紧 ②密封圈损坏或未垫好 ③直通开关芯表面缺少油脂	①旋紧螺纹 ②垫好或更换密封圈 ③在开关芯上薄薄地涂上一层油脂
直通开关拧不动	开关芯被农药腐蚀而黏住	拆下开关,放在煤油或柴油中清洗,如拆不开,可将开关放在煤油中浸泡一些时间后再卸

(二)背负式喷雾机维护保养

第一,喷雾机使用完毕后,倒出药液箱内药液,用清水洗内外表面,并用清水倒入桶内再继续喷射几分钟,以免残留液浸蚀其他零件。

第二,拆下喷射部件,打开开关,将喷杆、胶管内余水排尽,擦干机件,置于阴凉干燥处。

第三,皮碗及牛皮垫圈在使用前后浸泡机油,防止干缩硬化,以保证密封性能和延长使用寿命。但塑料垫圈不能浸油。

第四,拆装塑料零件时,不要用力过猛,螺纹连接处不要拧得过紧,不漏水即可。

第五,备件包及小零件(喷头片、垫片等),应妥善保管,以防遗失。

第四节　担架式机动喷雾喷粉机

一、担架式喷雾机的种类

担架式喷雾机(彩图 26,27)是机具的各个工作部件装在像担架的机架上,作业时由人抬着担架进行转移的机动喷雾机。它的特点是喷射压力高、射程远、喷量大,可以在小田块里进行作业和转移,因而适用于河网地区和具备水源条件的平原、丘陵和山区防治大田作物、果树和园林的病虫害。由于它还可以自稻田里吸水、自动混药,做远程喷洒,因此它更适合于稻田防治病虫害。它是我国果园及南方水稻地区使用的机动植保机械中的主要机型。

担架式喷雾机由于配用的泵的种类不同而可分为两大类:担架式离心泵喷雾机(配用离心泵)和担架式往复泵喷雾

机(配用往复泵)。担架式往复泵喷雾机还因配用的往复泵的种类不同而细分为3类:担架式活塞泵喷雾机(配用往复式活塞泵)、担架式柱塞泵喷雾机(配用往复式柱塞泵)和担架式隔膜泵喷雾机(配用往复式活塞隔膜泵)。担架式离心泵喷雾机与担架式往复泵喷雾机的共同点是:机具的结构都是由机架、动力机(汽油机、柴油机或电动机)、液泵、吸水部件和喷洒部件5大部分组成,有的还配用了自动混药器。其不同点首先是泵的类型不同,其他部件虽然功能相同,但其具体结构与性能有的还有些不同。

担架式往复泵喷雾机自身还有几个特点:①虽然泵的类型不同,但其工作压力(≤2.5兆帕)相同,最大工作压力(3兆帕)亦相同。②虽然泵的类型不同,泵的流量大小不同,但其多数还在一定范围(30～40升/分)内,尤其是推广使用量最大的3种机型的流量也都相同,都是40升/分。③泵的转速较接近,在600～900转/分范围内,而且以700～800转/分的居多。④几种主要的担架式喷雾机由于其泵的工作压力和流量相同,因而虽然其泵的类型不同,但与泵配套的有些部件如吸水、混药、喷洒等部件相同,或结构原理相同,因此有的还可以通用。⑤担架式喷雾机的动力都可以配汽油机、柴油机或电动机,可根据用户的需求而定。

二、担架式喷雾机的工作部件

(一)药液泵

目前担架式喷雾机配置的药液泵主要为往复式容积泵。往复式容积泵的特点是压力可以按照需要在一定范围内调节变化,而液泵排出的液量(包括经喷射部件喷出的液量和经调压阀回水液量)基本保持不变。往复式容积泵的工作原理是靠曲柄连杆(包括偏心轮)机构带动活塞(或柱塞)运动,改变泵腔容积,压送泵腔内液体使液体压力升高,顶开阀门排送液体。就单个泵缸而言,曲轴转一转中,半转为吸水过程、另外半转为排水过程,同时还由于活塞运动的线速度不是匀速的,而是随曲轴转角正弦周期变化,所以排出的流量是断续的,压力是波动的;而对多缸泵来说,在曲轴转一转中几个缸连续工作,排出的波动的流量和压力可以相互叠加,使合成后的流量、压力的波动幅值减小。理论分析和试验都表明,多缸泵中 3 缸泵叠加后流量、压力波动都最小。因此,通常植保机械配置的往复式容积泵多为 3 缸泵。

担架式喷雾机配套的 3 种典型往复式容积泵,即 3 缸柱塞泵、3 缸活塞泵、2 缸活塞隔膜泵各有优缺点。

1. 三缸活塞泵的优缺点是 活塞为橡胶碗,为易损件,与柱塞泵比较不锈钢用量少、泵缸(唧筒)简单,可用不锈钢管加工,加工较简单。活塞泵的缺点:活塞与泵缸接触密封而且相对运动,药液中的杂质沉淀,在活塞碗与泵缸间成为磨料,加速了泵缸与活塞的磨损。

2. 柱塞泵的优缺点是 柱塞与泵室不接触,柱塞利用“V”形密封圈密封,即使有杂质沉淀,柱塞也不易磨损,使用寿命长;当密封间隙磨损后,可以利用旋转压环压紧“V”形密封圈调节补偿密封间隙,这是活塞泵做不到的;柱塞泵工作压力高。柱塞泵的缺点:用铜、不锈钢材料较多;比活塞泵重量重。

3. 隔膜泵的优缺点是 泵的排量大;泵体、泵盖等都用铝材表面加涂敷材料,用铜、不锈钢材少;制造精度要求低,制造成本低。隔膜泵的缺点是:隔膜弹性变形,使流量不均匀度增加;双缸隔膜泵流量、压力波动大,振动较大。

(二)吸水滤网

吸水滤网是担架式喷雾机的重要工作部件,但往往被人们忽视。当用于水稻田采用自动吸水、自动混药时,就显示出它的重要性。吸水滤网结构由插杆、外滤网、上下网架、滤网、滤网管、胶管及胶管接头螺母等组成。使用时,插杆插入土中,当田内水深 7~10 厘米时,水可透过滤网进入吸水管,而浮萍、杂草等由于外滤网的作用进不了吸水管路,保证了泵的正常工作。

(三)喷洒部件

喷洒部件是担架式喷雾机的重要工作部件,喷洒部件配置和选择是否合理不仅影响喷雾机性能的发挥,而且影响防治工效、防治成本和防治效果。目前国产担架式喷雾机喷洒部件配套品种较少,主要有两类:一类是喷杆,一类是喷枪。

1. 喷杆 担架式喷雾机配套的喷杆,与手动喷雾器的喷杆相似,有些零件就是借用手动喷雾器的。喷杆是由喷头、套管滤网、开关、喷杆组合及喷雾胶管等组成。喷雾胶管一般为内径 8 毫米、长度 30 米高压胶管 2 根。喷头为双喷头和四喷头,该喷头与手动喷雾器不同处是涡流室内有一旋水套。喷头片孔径有 1.3 毫米和 1.6 毫米 2 种规格。

2. 远程喷枪(枪-22 型) 枪-22 型为远程喷枪,主要适用于水稻田从田内直接吸水,并配合自动混药器进行远程(即人站在田埂上)喷洒。其结构是由喷头帽、喷嘴、扩散片、并紧帽和枪管焊合等组成。使用枪-22 型喷枪时配套喷雾胶管为内径 13 毫米、长度 20 米的高压胶管。

3. 自动混药器 目前担架式喷雾机使用的自动混药器是与枪-22 型远程喷枪配套使用的。其结构是由吸药滤网、吸引管、“T”形接头、管封、衬套、射流体、射嘴和玻璃球等组成。使用时将混药器装在出水开关前，然后再依次装上喷雾胶管和远程喷枪。使用混药器后农药不进入泵的内部，能减少泵的腐蚀与磨损。

4. 可调喷枪 可调喷枪又称果园喷枪，由喷嘴或喷头片、喷嘴帽、枪管、调节杆、螺旋芯、关闭塞等组成。主要用于果园。因为射程、喷雾角、喷幅等都可调节，所以可喷洒高大果树。当螺旋芯向后调节时，涡流室加深，喷雾角度小，雾滴变粗，射程增加，可用来喷洒树的顶部；当螺旋芯调向前时，涡流室变浅，喷雾角增大，雾滴变细，射程变短，可用来喷洒树的低处。

(四)配套动力和机架

1. 配套动力 担架式喷雾机的配套动力主要为四冲程小型汽油机和柴油机。功率范围在 2.2～3 千瓦，由于药液泵转速一般在 600～900 转/分，所以配套动力机最好为减速型，输出转速 1 500 转/分为好。担架式喷雾机配套动力产品型号主要有四冲程 165F 汽油机、165F 和 170F 柴油机。一般泵流量在 36 升/分以下的可配 165F 汽油机或柴油机，40 升/分泵配 170F 柴油机。用三角皮带一级减速传动即可满足配套要求。此外，为满足有电源地区需要，还可配电动机。

2. 机架 担架式喷雾机的机架通常用钢管或角钢焊接而成。一般为双井字轿式抬架，为了担架起落方便和机组的稳定，支架下部有支承脚，4 只把手有的为固定式，有的为可拆式或折叠式。动力机和泵的底脚孔，通常做成长孔，便于调节中心距和皮带的张紧度。为了操作安全，三角皮带传动处，必须安装防护罩，以保护人身安全和防止杂草缠人。担架式喷雾机是果园用植保机械的重要类型之一。为了提高工效，许多地方将担架式喷雾机的药液泵和液箱固定在手扶拖拉机上，收到较好效果。因此，各生产厂家还可以不带机架和动力，以单泵加喷洒装置等多种形式供货，用户可根据需要选购单机、单件。

三、担架式喷雾机的正确使用

(一)担架式活塞泵喷雾机

以工农-36型喷雾机为例说明如下：①按说明书的规定将机具组装好，保证各部件位置正确、螺栓紧固，皮带及皮带轮运转灵活，皮带松紧适度，防护罩安装好，将胶管夹环装上胶管定块。②按说明书规定的牌号向曲轴箱内加入润滑油至规定的油位。以后每次使用前及使用中都要检查，并按规定对汽油机或柴油机检查及添加润滑油。③正确选用喷洒及吸水滤网部件：对于水稻或邻近水源的高大作物、树木，可在截止阀前装混药器，再依次装上ϕ13毫米喷雾胶管及远程喷枪。田块较大或水源较远时，可再接长胶管1～2根。用于水田在田里吸水时，吸水滤网上要有插杆；对于施液量较少的作物，在截止阀前装上三通(不装混药器)及2根ϕ8毫米喷雾胶管及喷杆、多头喷头。在药桶内吸药时吸水滤网上不要装插杆。④启动和调试：检查吸水滤网，滤网必须沉没于水中；将调压阀的调压轮按反时针方向调节到较低压力的位置，再把调压柄按顺时针方向扳足至卸压位置；启动发动机，低速运转10～15分钟，若见有水喷出，并且无异常声响，可逐渐提高至额定转速。然后将调压手柄向逆时针方向扳足至加压位置，并按顺时针方向逐步旋紧调压轮调高压力，使压力指示器指示到要求的工作压力。调压时应由低向高调整压力。因由低向高调整时指示的数值较准确，由高向低调指示值误差较大。可利用调压阀上的调压手柄反复扳动几次，即能指示出准确的压力;用清水进行试喷。观察各接头处有无渗漏现象,喷雾状况是否良好,混药器有无吸力;混药器只有在使用远程喷枪时才能配套使用。如拟使用混药器,应先进行调试。使用混药器时,要待液泵的流量正常,吸药滤网处有吸力时,才能把吸药滤网放入事先稀释好的母液桶内进行工作。对于粉剂,母液的稀释倍数不能大于1∶4(即1千克农药加水不少于4升),太浓了会吸不进。母液应经常搅拌,以免沉淀,最好把吸药滤网缚在一根搅拌棒上,搅拌时,吸药滤网也在母液中游动,可以减少滤网的堵塞。⑤确定药液的稀释倍数,使喷出的药液浓度能符合防治要求,必须确定母液的稀释倍数。确定母液稀释倍数的方法有测算法:根据防治对象,确定喷药浓度,选择好"T"形接头的孔径,将混药器的塑料管插入接头,套好管封,再将吸药滤网和吸水滤网分别放入已知药液量(乳剂可用清水代替)的母液桶和已知水量的清水桶内,开动发动机进行试喷。经过一定时间的喷射后,停机并记下喷射时间(t秒),然后,分别称量出桶内剩余的母液量和清水量。把喷射前母液桶内原先存放的药液量减去剩余的药液量,即得混药器在t秒内吸入的母液量。同理,可算出吸水量。把吸母液量和吸水量相加,除以时间t,即得喷枪的喷雾量(千克/秒)。在喷雾时,为了使喷雾药液浓度的误差不致太大,新机具第一次使用和长期未用的旧机重新使用时,都必须进行试喷,进行测算。工作时液泵的压力和喷雾胶管的长短都应和试喷测定时相同。⑥田间使用操作注意使用中液泵不可脱水运转,以免损坏胶碗。在启动和转移机具时尤需注意。吸水滤网在田间吸水时,如滤网外周吸附了水草后要及时清除。机具转移生产地点路途不长时(时间不超过15分钟)可按下述操作,不停车转移:降低发动机转速,怠速运转;把调压阀的调压手柄往顺时针方向扳足(卸压),关闭截止阀,然后才能将吸水滤网从水中取出,这样可保持部分液体在泵体内部循环,胶碗仍能得到液体润滑;转移完毕后立即将吸水滤网放入水源,然后旋开截止阀,并迅速将调压手柄往反时针方向扳足至升压位置,将发动机转速调至正常工作状态,恢复田间喷药状态。在机具的所有使用过程以及对农药的使用保管中,必须严格遵守各项安全操作规程,不得马虎大意。每次开机或停机前,应将调压手柄扳至卸压位置。

(二)担架式柱塞泵喷雾机

1. 以3WZ-40型担架式喷雾机为例 它与工农-36型担架式喷雾机(主要配汽油机)不同之处是:①喷洒部件有远程喷枪(枪-22型),只配1根喷雾胶管(ϕ13毫米×20米)。②调压阀溢流管没有与液泵的进水管连通。吸水滤网提出水面时无法形成泵内液流循环。③不带混药器。④配用柴油机。

2. 操作 其操作方法基本上与活塞泵喷雾机相同,其不同点是:①泵运转时柱塞处允许有少量液滴渗出。要注意及时向泵体上的油杯加润滑脂(黄油)。②泵转移工作地点时,发动机必须熄火(因泵体内无法形成液体内循环)。③在工作压力状态下调节柴油机调速手柄,待液泵曲轴转速在额定转速(880转/分)左右后,紧固翼形调速螺帽。

(三)担架式隔膜泵喷雾机

以金蜂-40型担架式喷雾机为例。它与工农-36型担架式喷雾机不同之处是:现在的产品不带混药器。使用操作上主要是泵的操作方法不同。新泵使用前应给空气室充足空气(压力0.5~0.6兆帕,此值约等于用新气筒打气20次左右)。以后在使用中应及时检查补充空气。充气完毕后,将气嘴帽与气嘴并紧帽旋紧,以防漏气。

新机初次使用时应在 1 兆帕压力下运行 1 小时，然后方可转入正常工作压力运行。因隔膜泵能经受短时间的脱水运转，故该机在田间转移时发动机可以不熄火，但应调节至怠速运转。在工作压力状态下调节柴油机调速手柄，待液泵中心轴转速在额定转速(600 转/分)附近时，固紧翼形调速螺帽。其他注意事项与前两种担架式喷雾机相同。

四、担架式喷雾机的维护保养

第一，每天作业完后，应在使用压力下，用清水继续喷洒 2～5 分钟，清洗泵内和管路内的残留药液，防止药液残留内部腐蚀机件。

第二，卸下吸水滤网和喷雾胶管，打开出水开关；将调压阀减压手柄往逆时针方向扳回，旋松调压手轮，使调压弹簧处于自由松弛状态。再用手旋转发动机或液泵，排除泵内存水，并擦洗机组外表污物。

第三，按使用说明书要求，定期更换曲轴箱内机油。遇有因膜片(隔膜泵)或油封等损坏，曲轴箱进入水或药液，应及时更换零件修复好机具并提前更换机油。清洗时用柴油将曲轴箱清洗干净后，再换入新的机油。

第四，当防治季节工作完毕，机具长期贮存时，应严格排除泵内的积水，防止天寒时冻坏机件。应卸下三角皮带、喷枪、喷雾胶管、喷杆、混药器、吸水滤网等，清洗干净并晾干。能悬挂的最好悬挂起来存放。

第五，对于活塞隔膜泵，长期存放时，应将泵腔内机油放净，加入柴油清洗干净，然后取下泵的隔膜和空气室隔膜，清洗干净。

五、担架式喷雾机的常见故障与排除

主要有:①液泵无排液量或排液不足,见表8-3。②压力调不高,喷出药液无冲击力,见表8-4。③压力表指示不稳定,见表8-5。④混药器吸不上母液或混药不匀,见表8-6。⑤喷嘴、喷头雾化不良,见表8-7。⑥漏水、漏油,见表8-8。⑦泵体过热,见表8-9。

表8-3 液泵无排液量或排液不足故障排除方法

原　因	排除方法
①新的液泵或有一段时间不用的液泵,因空气在里面循环而吸不上液体	①使调压阀在"加压"状态,以切断空气的循环通路,并打开截止阀,来排除空气
②吸水滤网孔堵塞或滤网露出液外	②清除堵塞物,将网全部浸入液体中
③吸水滤网或回水管的接头螺母内未放垫圈	③加放垫圈,拧紧螺母
④三角胶带太松,有跳动打滑现象,或发动机转速未调整到正常运转状态	④调整胶带张紧度,或调整发动机转速,使液泵达到规定的转速
⑤活塞碗损坏或装反,不起活塞作用	⑤更换活塞碗或调整安装方向
⑥活塞碗托与平阀密合处,或出水阀与平阀密合处有杂质搁住,或这些阀的平面损坏	⑥去除杂质,阀平面损坏轻微的可用砂布打光,不能修整时应换新
⑦唧筒磨损或拉毛	⑦更换唧筒
⑧出水阀弹簧折断或磨损	⑧更换弹簧
⑨出水管道如截止阀、喷枪,混药器等处堵塞	⑨清除堵塞物,保持畅通
⑩柱塞密封圈未压紧或已损坏,漏水严重	⑩压紧密封圈或更换,压注润滑脂
⑪隔膜破裂	⑪更换

表 8-4　压力调不高，喷出药液无冲击力故障排除方法

原　因	排除方法
①调压阀压力未调好，调压柄未扳足，使回水增多，因而压力不高	①把调压柄向逆时针方向扳足，再把调压轮向“高”的方向旋紧，以调高压力
②调压阀阀门与阀座之间有杂质或磨损破裂	②去除杂质，更换阀门或阀座
③调压阀阻塞因污垢而卡死，不能随压力变化而上下滑动	③拆开清洗，加注少量润滑油，使上下滑动灵活
④调压阀弹簧断裂	④更换

表 8-5 压力表指示不稳定故障排除方法

原　因	排除方法
①压力表柱塞因污垢而卡死，不能随压力变化而上下滑动	①拆开清洗，加注少量润滑油，使上下滑动灵活
②吸水滤网堵塞	②清除杂物
③阀门被杂物捆住或损坏	③清除杂物或更换
④隔膜气室充气不足或隔膜破裂或气嘴漏气	④打气，更换隔膜或气嘴

表 8-6　混药器吸不上母液或混药不匀故障排除方法

原　因	排除方法
①液泵流量不足，压力不高，流速低，工作不正常	①调整液泵使其工作正常
②射嘴与衬套的间隙不对或内孔磨损	②用 16 毫米×20 毫米×0.6 毫米镀锌垫圈调整间隙到 1.5～2.6 单位，或更换磨损的射嘴与衬套
③喷雾胶管接得太长	③以不超过 60 米为宜
④吸药滤网堵塞或塑料吸引管损坏	④清除堵塞物或更换吸引管
⑤停车时水倒流入母液，由于玻璃球磨损或“T”形接头的阀线损坏	⑤更换玻璃球或“T”形接头
⑥选用的喷射部件不适当	⑥换装适用的喷射部件

表 8-7　喷嘴、喷头雾化不良故障排除方法

原　因	排除方法
①喷枪喷嘴有杂质堵塞或喷嘴孔磨损过大	①清除杂质或更换新喷嘴
②喷头孔堵塞，喷头片孔或旋水套磨损	②清除杂质或更换喷头片、旋水套

表 8-8 漏水、漏油故障排除方法

原　因	排除方法
①压力表柱塞上密封环损坏,或柱塞方向装反,形成表下小孔漏水	①更换密封环,调换方向(有密封环的一端向下)
②调压阀阻塞,上密封环损坏,形成套管处漏水	②更换密封环
③气室座、吸水座的密封环槽内有杂质或密封环损坏,形成与唧筒或吸水管接合处漏水	③清除杂质或更换密封环
④"山"字形密封圈方向装反或损坏,形成吸水座下小孔漏水或漏油	④调整安装方向或更换"山"字形密封圈(按结构零件图)
⑤油封损坏或曲轴轴颈鼓毛,形成轴承透盖附近曲轴伸出端漏油	⑤更换油封或用细砂布修整轴颈,拉毛严重的可调换曲轴
⑥螺钉未拧紧或衬垫损坏,形成轴承盖或轴承透盖的下方有油渗漏	⑥拧紧螺钉或更换衬垫
⑦螺钉未拧紧或箱盖垫片损坏,形成油窗下方有油渗漏	⑦拧紧螺钉或更换箱盖垫片
⑧柱塞密封破损	⑧更换

表 8-9 泵体过热故障排除方法

原　因	排除方法
①曲轴箱润滑油太少	①加油
②轴承间隙及其他配合部分间隙不当	②检查、调整
③零件清洗不净或毛刺未除	③清洗、去毛刺

第五节　喷杆式机动喷雾喷粉机

喷杆喷雾机是装有横喷杆或竖喷杆的一种液力喷雾机。

它作为大田作物高效、高质量的喷洒农药的机具。

该机具可广泛用于大豆、小麦、玉米和棉花等农作物的播前、苗前土壤处理、作物生长前期灭草及病虫害防治。装有吊杆的喷杆喷雾机与高地隙拖拉机配套使用可进行诸如棉花、玉米等作物生长中后期病虫害防治。该类机具的特点是生产率高，喷洒质量好，是一种理想的大田作物用大型植保机具。

一、喷杆喷雾机的类型、结构与工作原理

(一)喷杆喷雾机的类型

1. 按喷杆的型式分3类

(1)横喷杆式　喷杆水平配置，喷头直接装在喷杆下面是常用的机型。

(2)吊杆式　在横喷杆下面平行地垂吊着若干根竖喷杆，作业时，横喷杆和竖喷杆上的喷头对作物形成“门”字形喷洒，使作物的叶面、叶背等处能较均匀地被雾滴覆盖。主要用在棉花等作物的生长中后期喷洒杀虫剂、杀菌剂等。

(3)气袋式　在喷杆上方装有1条气袋，有1台风机往气袋供气，气袋上正对每个喷头的位置都开有1个出气孔。作业时，喷头喷出的雾滴与从气袋出气孔排出的气流相撞击，形成2次雾化，并在气流的作用下，吹向作物。同时，气流对作物枝叶有翻动作用，有利于雾滴在叶丛中穿透及在叶背、叶面上均匀附着。主要用于对棉花等作物喷施杀虫剂。

2. 按与拖拉机的连接方式分3类

(1)悬挂式喷雾机　通过拖拉机三点悬挂装置与拖拉机相连接。

(2)固定式喷雾机　各部件分别固定地装在拖拉机上。

(3)牵引式喷雾机　自身带有底盘和行走轮,通过牵引杆与拖拉机相连接。

3. 按机具作业幅宽分3类

(1)大型喷幅　在18米以上,主要与功率36.7千瓦以上的拖拉机配套作业。大型喷杆喷雾机大多为牵引式。

(2)中型喷幅　为10～18米,主要与功率在20～36.7千瓦的拖拉机配套作业。

(3)小型喷幅　在10米以下,配套动力多为小四轮拖拉机和手扶拖拉机。

(二)喷杆喷雾机的结构和工作原理

喷杆喷雾机的主要工作部件包括:液泵、药液箱、喷头、防滴装置、搅拌器、喷杆桁架机构和管路控制部件等。

1. 液泵　喷杆喷雾机的液泵主要有隔膜泵和滚子泵2种。隔膜泵的结构和工作原理在前面有关章节已介绍过,这里不再重复。

2. 药液箱　药液箱用于盛装药液,其容积有0.2米^3、0.65米^3、1米^3、1.5米^{3}和2米^{3}等。箱的上方开有加液口,并设有加液口滤网,箱的下方设有出液口,箱内装有搅拌器。

有些喷杆喷雾机不用液泵,而是用拖拉机上的气泵向药液箱内充气而使药液获得压力,此种机具的药液箱不仅要有足够的强度,而且要有良好的密封性。

药液箱通常用玻璃钢或聚乙烯塑料制作,耐农药腐蚀。市场上也有用铁皮焊合而成的,它的内表面涂防腐材料,耐农药腐蚀的性能较差，使用时间较短。

3. 喷头 适用于喷杆喷雾机的喷头有狭缝喷头和空心圆锥雾喷头等几种。狭缝喷头的扁平雾流，在喷头中心部位处雾量多，往两边递减，装在喷杆上相邻喷头的雾流交错重叠，正好使整机喷幅内雾量分布趋于均匀。国产喷杆喷雾机上使用的空心圆锥雾喷头有切向进液喷头和旋水芯喷头两种，主要用于喷洒杀虫剂、杀菌剂和作物生长调节剂。切向进液喷头与手动喷雾器上的相同。

4. 防滴装置 喷杆喷雾机在喷除草剂时，为了消除停喷时药液在残压作用下沿喷头滴漏而造成药害，多配有防滴装置。

防滴装置共有3种部件为：膜片式防滴阀、球式防滴阀、真空回吸三通阀。3种配置方式为：膜片式防滴阀加回吸阀；球式防滴阀加回吸阀；膜片式防滴阀。用以上3种中的任何一种配置均可获得满意的防滴效果。

(1)膜片式防滴阀 它有多种型式，大多由阀体、阀帽、膜片、弹簧、弹簧盒、弹簧盖组成。工作原理为打开喷雾机上的截流阀时，由液泵产生的压力通过药液传递到膜片的环状表面，又通过弹簧盖传递到弹簧。当此压力超过调定的阀开启压力时，弹簧受压缩，药液即冲开膜片流往喷头进行喷雾。在截流阀被关的瞬间，喷头在管路残压的作用下继续喷雾，管路中的压力急骤下降，当压力下降到调定的阀关闭压力时，膜片在弹簧作用下迅速关闭出液口，从而有效地防止管路中的残液沿喷头下滴，起到了防滴的作用。

(2)球式防滴阀 同喷头滤网组成一体，直接装在普通的喷头体内，它由阀体、滤网、玻璃球和弹簧组成。工作原理与膜片式防滴阀相同，只是将膜片换成了玻璃球。由于玻璃球与阀体是刚性接触，不可避免地存在着制造误差，所以密封性能较膜片式防滴阀差。

(3)真空回吸三通阀　常用的是圆柱式回吸阀，它由阀体、阀芯、阀盖手柄、射流管、进液管等组成。工作原理为当喷雾时回吸通道关闭，从泵来的高压液体直接通往喷杆进行喷雾。转动手柄，回吸阀处于回吸状态，这时，从泵来的高压水通过射流管再流回药液箱。在射流管的喉部，由于其截面积减小，流速很大。于是产生了负压，把喷杆中的残液吸回药液箱，配合喷头处的防滴阀，即可有效地起到防滴作用。

5. 搅拌器　喷雾机作业时，为使药液箱中的药剂与水充分混合，防止药剂(如可湿性粉剂)沉淀，保证喷出的药液具有均匀一致的浓度，喷杆喷雾机上均配有搅拌器。

搅拌器有机械式、气力式和液力式 3 种型式。机械式搅拌器是通过机械传动，使药液箱下部的搅拌叶片转动来搅拌药液。其优点是不需增加泵的额外负担，搅拌效果好。但需增加传动装置，轴孔处易发生泄漏现象，故现在很少使用。气力式搅拌器是将风机的气流或发动机排出的废气引向药液箱中进行搅拌。前者要增加一套风机部件；后者对发动机性能有不利影响且高温废气对药液有分解作用，影响药效，所以很少采用。

喷杆喷雾机上常用的是液力搅拌器，它是将一部分液流引入药液箱通过搅拌喷头喷出或流经加水用的射流泵的喷嘴喷射液流进行搅拌。

6. 喷杆桁架机构　是安装喷头，展开后实现宽幅均匀喷洒。按喷杆长度的不同，喷杆桁架可以是 3 节、5 节或 7 节，除中央喷杆外，其余的各节可以向后、向上或向两侧折叠，以便于运输和停放。

宽幅喷杆的两端均装有仿形环或仿形板以免作业时由于喷杆倾斜而使最外端的喷头着地。中喷杆与外喷杆的铰接处还装有垂直方向的弹性活节，当地面不平，拖拉机倾斜而使外喷杆着地时，外喷杆可以自动地向上避让，中央喷杆与邻接的中喷杆之间也需要装有安全避让装置，如在两节喷杆之间倾斜地装有凸轮弹簧自动回位机构，作业中，当遇到障碍物时，在外力作用下，凸轮油面克服弹簧力开始滑动，它一边把中喷杆和外喷杆抬起，一边使它们绕着倾斜的凸轮轴向后、向上回转，绕过障碍物后，在喷杆自重及弹簧力的作用下，又迅速复位，从而起到保护喷杆的作用。

此外，喷杆喷雾机在田间作业时往往是行走在凹凸不平的地面上，这使得拖拉机不可避免地会出现不规则的左右摆动，由于喷杆的幅宽较大，即使拖拉机轻微的晃动，也会引起喷杆端部大幅度摆动，从而影响喷洒质量，为了克服这个弊病，有些产品（如苏州农业药械厂的 3WC-1000/12 型喷雾机）安装了等腰梯形四连杆吊挂机构。喷杆桁架的 A、D 两点装在机架上，喷杆同四杆机构上的 B、C 两点相连接。拖拉机倾斜 θ 角时喷杆倾斜角 α，α 角远小于 θ 角，同时由于喷杆桁架本身的惯性作用，所以拖拉机不规则的晃动几乎不对喷杆产生影响。

7. 管路控制部件 一般由调压阀、安全阀、截流阀、分配阀和压力表等组成。分配阀的主要作用是把从泵流出的药液均匀地分配到各节喷杆中去，它可以让所有喷杆全部喷雾，也可以让其中一节或几节喷杆喷雾。喷杆喷雾机的管路控制部件往往设计成一体形成一个组合阀，安装在驾驶员随手可以触到的位置，便于操作。

二、喷杆喷雾机的使用与维护

(一)喷杆喷雾机的使用

1. 确定各项喷雾参数

(1)喷头的选用和布置方式　横喷杆式喷雾机喷洒除草剂作土壤处理时,要求雾滴覆盖均匀,常安装N100系列刚玉瓷狭缝喷头。通常喷杆上的喷头间距为0.5米,为获得均匀的雾量分布,作业时喷头的离地高度以0.5米为好。这样,在整个喷幅内雾量分布最为均匀。

用横喷杆式喷雾机进行苗带喷雾时,常安装N60系列刚玉瓷喷头。喷头间距和作业时喷头离地高度可按作物的行距和高度来确定。

吊杆式喷雾机主要是对棉花等作物喷洒杀虫剂,因此在横喷杆上棉株的顶部位置安装一只空心圆锥雾喷头自上向下喷,在吊杆上根据棉株情况安装若干个相同的喷头。这样,就形成立体喷雾,达到较好的防治效果。

(2)喷头数量的校核　当用户因自行增大喷幅,换用大喷量喷头等改变喷雾机原来的设计时,就需要校核所用的喷头数量是否合适。通常为保证液泵回水进行搅拌,各喷头喷量的总和应小于液泵排量的88%,即

$$n<0.88Q/q$$

式中:n——喷头数量(个);

Q——液泵排量(升/分);

q——单个喷头的喷量(升/分)。

(3)药液箱应加的农药　设喷雾机药液箱容量为V升,即可盛V千克水,已知农药原药或原液中所含的有效成分为ε%,农艺上要求喷洒药液中有效成分的含量为β%,则一箱

水应加的农药原液或原药可按下式求出：

$$x=\beta/\varepsilon\times V(\text{千克})$$

如药液箱容量650升，即可盛水650千克，农药原液中有效成分的含量为75%，要求喷洒的药液的有效成分含量为0.1%，则一箱水中应加x=0.1/75×650=0.866 7千克农药原液。

(4)喷完一箱药液所需的时间　所需时间t可按下式计算：

$$t=Q/q_{总}$$

式中：Q——药液箱有效容量(升)；

$q_{总}$——喷雾机全部喷头的总喷量(升/秒)。

(5)一箱药液可喷面积　可喷洒的面积A可按下式计算：

$$A=Q/p(667\text{米}^2)$$

式中：p——预定每667平方米的施液量(升/667米^2)。

(6)拖拉机的行走速度　行走速度V可按下式计算：

$$V=667/Bt(\text{米/秒})$$

式中：B——喷杆喷雾机的喷幅(米)。

计算出V值后，可选择拖拉机相应的速度挡进行作业。

2. 调整和校准

第一，机具准备喷雾前按说明书要求做好机具的准备工作，如对运动件润滑，拧紧已松动的螺钉、螺母，对轮胎充气等。

第二，检查雾流形状和喷嘴喷量。在药液箱里放入一些水，原地开动喷雾机在工作压力下喷雾，观察各喷头雾流形状，如有明显的流线或歪斜应更换喷嘴。然后在每一个喷头上套上一小段软塑料管，下面放上容器，在正常工作压力下喷雾，用秒表计时，收集在 30～120 秒时间内每个喷头的雾液，测定每一样品的液量，计算出全部喷头 1 分钟的平均喷量。喷量高于或低于平均值 10%的喷嘴应更换。

第三，校准喷雾机的方法有几种，下面介绍其中一种方法。在将要喷雾的田里量出 50 米长，在药液箱里装上半箱水，调整好拖拉机前进速度和工作压力，在已测量的田里喷水，收集其中一个喷头在 50 米长的田里喷出的液体，称量或用量杯测出液体的克数或毫升数。

第四，改变施液量。如实际施液量不符合要求，能用下面 3 种方法改变：①改变工作压力，由于压力要增加为 4 倍，喷量才增加 1 倍，压力调得太高或太低会改变雾流形状和雾滴尺寸，所以只适用于施液量改变不大的情况。②改变前进速度，亦只适合于施液量变动量小于 25%时。③改变喷嘴号。

3. 搅拌彻底和仔细地搅拌农药 是喷雾机作业中重要步骤之一。搅拌不匀将造成施药不均匀，时多时少。如果搅拌不当的话一些农药能形成转化乳胶，它是一种黏稠的蛋黄酱似的混合物，既不易喷雾，又不易清除。可以在药液箱里加入约半箱水后加入农药，边加水边加药。像可湿性粉剂一类农药要一直搅拌到一箱药液喷完为止。对于一些乳油和可湿性粉剂如果事先在小容器里加水混合成乳剂或糊状物，然后再加到存有水的药液箱中搅拌，往往可以搅拌得更均匀。

4. 田间操作驾驶员必须注意 要保持前进速度和工作压力；还应注意：喷头堵塞和泄漏；控制行走方向，不使喷幅与上一行重叠和漏喷；药液箱用空，造成泵脱水运转；喷杆碰撞障碍物等。

5. 清洗喷雾机 在每喷洒一种农药之后、喷雾季节结束后或在修理喷雾机时必须仔细地清洗喷雾机。在每次加药时，溅落在喷雾机外表面上的农药应立即清除。喷雾机外表要用肥皂水或中性洗涤剂彻底清洗，并用水冲洗。坚实的药液沉积物可用硬毛刷刷去。用过有机磷农药的喷雾机，内部要用浓肥皂水溶液清洗。喷有机氯农药后用醋酸代替肥皂清洗。最后泵吸肥皂水通过喷杆和喷头加以清洗。喷头和滤网亦用上述溶液清洗。清洗喷雾机要穿戴上防护用品，以防接触农药。

6. 保存喷雾机 喷雾季节结束后保存好喷雾机可以延长其使用寿命，并能在下季度工作时及时使用。贮存前要清洗喷雾机；取下铜质的喷嘴、喷头片和喷头滤网，放入清洁的柴油瓶中；用无孔的喷头片装入喷头中，以防脏物进入管路。最好将喷雾机置于棚内，防止塑料药液箱受到日晒。

(二)维护保养

第一，每个作业期完毕，应将药液放净，加入清水，驱动液泵循环清洗，放净系统内所有残液。尤其是过滤器及液泵内的残液，防止天寒冻裂部件。

第二，泵内润滑油每季度或连续使用 100 小时左右，必须更换 1 次。

第三，每次工作后，为防止机具腐蚀，须用清水运行数分钟，以清洗泵和管道内残留腐蚀性液体，然后再脱水运转数分钟，排净泵内残余积水。

第四，机器长期不用时，应顶开液泵空气室气嘴的气门芯，放出压缩空气，使空气室隔膜处于无气压状态。将泵内的旧机油放净，并用煤油或轻柴油清洗泵内油腔和运动件，然后加满新的规定牌号的润滑油。

第五，拆下喷头清洗干净并保存好，同时将喷杆上的喷头座孔封好，以防杂物、沙尘等进入。

第六，将整机清洗干净后晾干，放下液泵减压手柄，旋松手轮，将机具存放在干燥通风的机库内，避免露天存放或与农药、酸、碱等腐蚀性物质放在一起。

三、喷杆喷雾机常见故障与排除

喷杆喷雾机常见故障与排除，见表 8-10。

表 8-10　喷杆喷雾机常见故障与排除

主要故障	原　因	排除方法
吸不上液体或吸得过少	①过滤器滤网堵塞 ②进水管没有紧固或进水管破裂 ③液泵润滑油量不足或牌号不符 ④液泵隔膜破损	①清洗过滤器滤网 ②紧固进水管喉箍或更换进水管 ③加足规定牌号的润滑油 ④更换隔膜
管路振动剧烈	①液泵空气室内气压不足 ②液泵气嘴漏气 ③液泵气室隔膜破损	①给空气室充气至规定值 ②更换气嘴零件 ③更换隔膜
能吸上液体但压力调不高	①液泵进出水阀门被杂物卡住或损坏 ②液泵调压阀座与锥阀之间夹有杂物或磨损 ③调压阀中的阻塞卡死在回水体的孔中	①拆开液泵侧盖，清除卡住阀门的杂物或更换阀门 ②反复扳动减压手柄几次，冲去杂物，如果无效果，则应拆开调压阀，进行检查清洗或调换锥阀零件 ③拆开调压阀，进行检查、清洗、调整，使阻塞在回水体中来回活动既可
喷雾时防滴阀漏液	防滴阀没有拧紧或密封片不正	拧紧防滴阀或放正密封片
喷雾时扇面不均匀	喷头处滤网杂物过多	清洗滤网
喷头体损坏	①喷杆离地面太低 ②地面不平	①提升喷杆架 ②提高整地质量

附表 8　推荐使用的植保机具及其技术参数

品　种	生产企业	产品型号	主要配置及参数
背负式机动喷雾喷粉机	山东华盛农业药械股份有限公司 电话 0539—8488618 13953977717	3WF-3	喷雾水平射程(米):≥12,完整风机全压效率 44.4%,耳旁噪声(B(A))100,连续运转时间 8 小时无故障
		3WF-2.6	喷雾水平射程(米):≥12,完整风机全压效率 60.4%,耳旁噪声(B(A))96,连续运转时间 8 小时无故障
		WFB-18AC	喷雾水平射程(米):≥9,完整风机全压效率 73.0%,耳旁噪声(B(A))96,连续运转时间 8 小时无故障
	临沂市金奥机械有限公司 电话 0539—8520600 13853903355	3WF-18	外形尺寸:380 毫米×550 毫米×570 毫米;净重:≤11.5 千克;药箱容积:11 升;风机转速:5000 转/分;喷雾量≥1.7 千克/分;水平喷粉量≥2.0 千克/分;水平射程:液剂≥9 米,粉剂≥25 米(长管);噪声≤97 分贝(A);配套动力:1E40F 汽油机;标定功率/转速:1.18 千瓦/5000 转/分;耗油率≤530 克/千瓦·时
		3WF18-3	外形尺寸:500 毫米×430 毫米×660 毫米;净重:≤10.5 千克;药箱容积:11 升;风机转速:5500 转/分;喷雾量≥1.5 千克/分;喷粉量≥2 千克/分;水平射程:液剂≥9 米;噪声≤97 分贝(A);配套动力:1E40F 汽油机;标定功率/转速:1.31 千瓦/5500 转/分;耗油率≤540 克/千瓦·时
	江苏省盐城市城区谷神植保机械厂电话 0515—8248231	WFB-18AC	该型号主要配置及参数:发动机:IE40F;标定功率/转速:1.18/5000;机架与机器、机器与人体有减震装置;药箱容积:11 升;喷雾水平射程:9 米
	台州信溢农业机械有限公司 电话 0576—82644968 13566809058	WFB-18A	该型号主要配置及参数: 配置动力:1E40FP,标定功率/转速:1.18 千瓦/5000 转·分 金属风机,塑料机架,风机叶片形式为后向弯曲,有发动机排气管防护罩,发动机与机架、机架与人体均有减震装置,喷雾水平射程≥9 米

续附表 8

品种	生产企业	产品型号	主要配置及参数		
背负式机动喷雾喷粉机	华辉动力机械(南通)有限公司 电话 0513—84129333 13912411249	HH—18AC-2	该型号主要配置及参数： 外形尺寸(毫米)555×380×680；喷雾射程(静风)≥9 米；喷粉射程(静风)≥25 米；喷粉喷量≥2.2 千克/分；喷雾喷量≥1.7 千克/分；净重：10.5 千克；机架形式：铁机架		
			选装配置	选配一	不锈钢机架
				选配二	塑料机架
	嘉兴市天地植保机械厂 电话 0573—2088886	3MF-50 型	该型号主要配置及参数： 药箱容积 15 升；水平射程 13 米；流量≥3.7 升/分；净重 10 千克		
			选装配置	选配一	—Ⅱ型：塑料机架
				选配二	—Ⅲ型：标准型＋增压泵，流量≥6 升/分
	北京丰茂植保机械有限公司 电话 010—61669885 13356795898	WFB-18AC	静风射程：7～25 米；药箱容积：11 升；生产率：喷粉 0.6～2.4 公顷/小时；喷雾 0.4～0.5 公顷/小时		
			选装配置	选配一	超低量喷头
		WFB-18G	静风射程：7～25 米；药箱容积：12 升；生产率：喷粉 0.6～2.4 公顷/小时；喷雾 0.5～0.6 公顷/小时		
			选装配置	选配一	超低量喷头
		3WF-15	静风射程：8～26 米；药箱容积：15 升；生产率：喷粉 0.6～2.4 公顷/小时；喷雾 0.5～0.6 公顷/小时		
			选装配置	选配一	超低量喷头

续附表 8

品种	生产企业	产品型号	主要配置及参数		
背负式机动喷雾喷粉机	北京丰茂植保机械有限公司 电话 010—61669885 13356795898	3WF-20	静风射程:7～25 米;药箱容积:14 升;生产率:喷粉 0.6～2.4 公顷/小时、喷雾 0.5～0.6 公顷/小时		
			选装配置	选配一	超低量喷头
喷杆喷药机(悬挂式)	现代农装北方(北京)农业机械有限公司祝国良 电话 010—51666996 13426451688	3WX-1000	配套动力:80.9 千瓦以上拖拉机;药箱容积:1000 升;喷幅:18 米;液泵流量:215 升/分;喷杆液压升降和折叠、展开;喷杆自动平衡装置;组合式防滴喷头;3 级过滤;带自动加水装置		
			选装配置	选配一	400 升前药箱部件
				选配二	500 升前药箱部件
				选配三	600 升前药箱部件
				选配四	24 米喷杆
		3WX-650	配套动力:40.4 千瓦以上拖拉机;药箱容积:650 升;配国产液泵;液泵流量:80 升/分;喷杆液压升降和折叠、展开;喷杆自动平衡装置;组合式防滴喷头;3 级过滤;带自动加水装置		
	北京丰茂植保机械有限公司 010—61669885 13356795898	3W-250	药箱容积 250 升、液泵流量 40 升/分、喷幅 6 米、压力 0～2.5 兆帕 3 段折叠(要求用户自配 18 马力以上拖拉机)		
	黑龙江燕窝岛集团植保机械有限公司	3WM6-350	配套动力 14.7～18.4 千瓦、药箱容积 350 升、喷幅 6 米、液泵流量 80 升/分		
		3WM10-650	配套动力 36～58 千瓦、药箱容积 650 升、喷幅 10 米、液泵流量 80 升/分		
		3WM10-1000	主要配置:自动加水、回吸、搅拌功能齐全、3 级过滤、配套动力 55～88 千瓦、药箱容积 1000 升、喷幅 10～12 米、液泵流量 80 升/分		
		3WMF12	主要配置:自动加水、回吸、搅拌功能齐全、3 级过滤、配套动力 55～88 千瓦、药箱容积 1000 升、喷幅 10～12 米、液泵流量 80 升/分、防风、防飘移装置		

续附表 8

<table>
<tr><th>品　种</th><th>生产企业</th><th>产品型号</th><th colspan="3">主要配置及参数</th></tr>
<tr><td>喷杆喷药机(悬挂式)</td><td>现代农装北方(北京)农业机械有限公司电话 010—51666996 13426451688</td><td>3800 型</td><td colspan="3">配套动力:73 千瓦
药箱容量:2300 升
工作压力:0.3～0.5 兆帕</td></tr>
<tr><td rowspan="10">担架(推车)式机动喷雾喷粉机</td><td rowspan="3">浙江四方集团公司:
电话 0579—7155922</td><td rowspan="3">SFZ-30</td><td colspan="3">165FB 型 5.5 马力汽油机,S-45B 柱塞泵,20 兆帕 100 米高压管,行走速度 44 米/小时,变速箱,软管导向机构</td></tr>
<tr><td rowspan="2">选装配置</td><td>选配一</td><td>不锈钢水箱(自产)</td></tr>
<tr><td>选配二</td><td>调换 168FB 型 4.8 千瓦汽油机</td></tr>
<tr><td rowspan="5">苏州农业药械有限公司
电话 0512—67274667</td><td rowspan="5">3WH-36 型</td><td colspan="3">Z170F 柴油机,B-36 3 缸活塞泵,橡胶喷管 ϕ8 毫米×30 米 2 根,橡胶喷管 ϕ13 毫米×20 米 1 根,Q-22 喷枪 1 支,双喷头小喷枪 2 支,橡胶吸水管 1 根</td></tr>
<tr><td rowspan="4">选装配置</td><td>选配一</td><td>Z170F 柴油机,B-36 3 缸活塞泵,PVC 喷管 ϕ8 毫米×50 米 1 根,PVC 喷管 ϕ13 毫米×20 米 1 根,多位喷枪 1 支,可调喷枪 2 支,PVC 吸水管 1 根</td></tr>
<tr><td>选配二</td><td>NQ168FR 汽油机,B-36 3 缸活塞泵,PVC 管 ϕ8 毫米×50 米 1 根,PVC 管 ϕ13 毫米×20 米 1 根,多位喷枪 1 支,可调喷枪 2 支,PVC 吸水管 1 根</td></tr>
<tr><td>选配三</td><td>NQ168FR 汽油机,B-363 缸活塞泵,橡胶喷管 ϕ8 毫米×30 米 2 根,橡胶喷管 ϕ13 毫米×20 米 1 根,Q-22 喷枪 1 支,双喷头小喷枪 2 支,橡胶吸水管 1 根</td></tr>
<tr><td>选配四</td><td>改推车式</td></tr>
<tr><td rowspan="2">嘉兴市天地植保机械厂
电话 0573—2088886</td><td rowspan="2">3WZ-45 型</td><td colspan="3">配套动力 F165 柴油机,动力功率 2.43 千瓦,转速 600～1000 转/分,工作压力 1.5～3 兆帕,流量 28～32 升,出水高压胶管出厂配置为 ϕ13 毫米×100 米</td></tr>
<tr><td>选装配置</td><td>选配一</td><td>配套动力 F1684 冲程汽油机,动力功率 5.5 千瓦</td></tr>
</table>

续附表 8

<table>
<tr><th>品种</th><th>生产企业</th><th>产品型号</th><th colspan="3">主要配置及参数</th></tr>
<tr><td rowspan="6">担架（推车）式机动喷雾喷粉机</td><td rowspan="6">台州信溢农业机械有限公司
电话 0576—82644968
13566809058</td><td rowspan="3">TF-22</td><td colspan="3">手推车式(配直径为 200 毫米的转向轮)配置动力:ZS168FA 汽油机,标定功率/转速:3.2 千瓦/3600 转/分;皮带传动。液泵:3 缸柱塞泵,泵流量为 18～22 升/分,工作最大压力为 3.5 兆帕,手动调压。喷射部件:可调喷枪 1 支,喷枪水平射程≥10 米,喷雾软管:塑胶管 ϕ8.5 毫米×50 米,1 根(带卷管架),塑胶管爆破压力为 12 兆帕。过滤装置:2 级</td></tr>
<tr><td rowspan="2">选装配置</td><td>选配一</td><td>喷雾软管:塑胶管 ϕ8.5 毫米×100 米,1 根(带卷管架),塑胶管爆破压力为 12 兆帕</td></tr>
<tr><td>选配二</td><td>配置动力:Z165F 柴油机,功率:2.21 千瓦/2600 转/分;皮带传动。喷雾软管:塑胶管 ϕ8.5 毫米×50 米,1 根(带卷管架),塑胶管爆破压力为 12 兆帕</td></tr>
<tr><td rowspan="2">TF-45</td><td colspan="3">手推车式(配直径为 200 毫米的转向轮);配置动力:ZS168FB 汽油机,标定功率/转速:3.8 千瓦/3600 转/分;皮带传动。液泵:3 缸柱塞泵,泵流量为 20～34 升/分,工作最大压力为 3.5 兆帕,手动调压。喷射部件:可调喷枪 1 支,喷枪水平射程≥10 米,喷雾软管:塑胶管 ϕ8.5 毫米×50 米,1 根(带卷管架),塑胶管爆破压力为 12 兆帕。过滤装置:2 级</td></tr>
<tr><td>选装配置</td><td>选配一</td><td>喷射部件:可调喷枪 2 支,喷枪水平射程≥10 米,喷雾软管:塑胶管 ϕ8.5 毫米×50 米,不带卷管架,2 根(或 ϕ8.5 毫米×100 米,带卷管架,1 根),塑胶管爆破压力为 12 兆帕。过滤装置:2 级</td></tr>
</table>

续附表 8

品种	生产企业	产品型号	主要配置及参数		
担架(推车)式机动喷雾喷粉机	台州信溢农业机械有限公司 电话 0576—82644968 13566809058	TF-45	选装配置	选配二	配置动力:Z170F 柴油机,标定功率/转速:2.94 千瓦/2600 转/分;皮带传动。喷射部件:可调喷枪 2 支,高效宽幅远程喷枪 1 支。喷雾软管:塑胶管 φ8.5 毫米×50 米,2 根(不带卷管架),φ13 毫米×50 米,1 根。过滤装置:2 级
				选配三	型式:手推车式(配直径为 200 毫米的转向轮) 配置动力:ZS168FB 汽油机,标定功率/转速:3.8 千瓦/3600 转/分;皮带传动。液泵:3 缸柱塞泵,泵流量为 20～34 升/分,工作最大压力为 3.5 兆帕,手动调压。喷射部件:可调喷枪 2 支,高效宽幅远程喷枪 1 支。喷雾软管:塑胶管 φ8.5 毫米×50 米,2 根(不带卷管架),φ13 毫米×50 米,1 根(带卷管架)。过滤装置:2 级
			型式:手推车式(配直径为 200 毫米的转向轮)。配置动力:汽油机(国产),标定功率/转速:7.4 千瓦/3600 转/分;皮带传动。液泵:3 缸柱塞泵,泵流量为 50～82 升/分,工作压力为 3.5 兆帕,手动调压。喷射部件:高效宽幅远程喷枪 1 支,喷枪水平射程≥17 米,喷雾软管:塑胶管 φ13 毫米×50 米。最高压力为 9.0 兆帕,有卷管架。过滤装置:2 级		
		选装配置	选配一		喷射部件:可调喷枪 2 支,高效宽幅远程喷枪 1 支,喷雾软管:塑胶管 φ8.5 毫米×30 米,2 根(无卷管架),φ13 毫米×50 米,1 根(有卷管架)。过滤装置:2 级
			选配二		型式、液泵、喷射部件、过滤装置同选配一。配置动力:汽油机(进口),标定功率/转速:7.4 千瓦 /1800 转/分,皮带传动。喷雾软管:φ3 毫米×100 米,1 根(或 φ13 毫米×50 米,2 根);φ8.5 毫米×50 米,2 根(或 φ8.5 毫米×100 米,1 根)BHDG4
			选配三		配置动力:Z180F-1 柴油机,标定功率:4.41 千瓦/2600 转/分;皮带传动。其余同选配二

续附表 8

品种	生产企业	产品型号	主要配置及参数		
担架（推车）式机动喷雾喷粉机	江苏大浩科技实业有限公司 电话 025—84346161 13815872040	3WKY-40	发动机:4 冲程汽油机≥4 千瓦;液泵:高压柱(活)塞泵;喷雾软管:PVC 高压软管 内径 ϕ13 毫米×20 米		
			选装配置	选配一	可调式喷枪
				选配二	PQ40 单头喷枪
	苏州黑猫(集团)有限公司 电话 0512—67210273	3WH-36C	国产汽油机、B36E 泵、ϕ13 毫米×20 米及 ϕ8 毫米×30 米胶管各 1 根,Q-22 远射程喷枪及可调喷枪各 1 支。液泵最高工作压力:3 兆帕、射程≥12 米、流量 36 升/分、连续运转时间:≥20 小时		
			选装配置	选配一	Q-22 远射程喷枪可以换成高程喷枪
				选配二	Q-22 远射程喷枪可以换成宽幅喷枪
				选配三	可调喷枪可以换成 4 孔喷枪
				选配四	ϕ13 毫米×20 米橡胶管可以换成 13 毫米×20 米 PVC 管
				选配五	ϕ8 毫米×30 米橡胶管可以换成 8 毫米×30 米 PVC 管
	苏州黑猫(集团)有限公司 电话 0512—67210273	3WH-36I	进口汽油机、B36E 泵、ϕ13 毫米×20 米及 ϕ8 毫米×30 米胶管各 1 根,高程喷枪及可调喷枪各 1 支。液泵最高工作压力:3 兆帕射程≥15 米、流量 36 升/分,连续运转时间:≥20 小时		
			选装配置	选配一	高程喷枪可以换成 Q-22 远射程喷枪
				选配二	高程喷枪可以换成宽幅喷枪
				选配三	可调喷枪可以换成 4 孔喷枪
				选配四	ϕ13 毫米×20 米橡胶管可以换成 ϕ13 毫米×20 米 PVC 管
				选配五	ϕ8 毫米×30 米橡胶管可以换成 ϕ8 毫米×30 米 PVC 管

续附表 8

<table>
<tr><th>品　种</th><th>生产企业</th><th>产品型号</th><th colspan="3">主要配置及参数</th></tr>
<tr><td rowspan="7">担架（推车）式机动喷雾喷粉机</td><td rowspan="5">华辉动力机械（南通）有限公司
电话 0513—84129333</td><td rowspan="5">3HH-36AP</td><td colspan="3">外形尺寸（毫米）：1650×530×500；机重：40 千克；喷射部件重：19 千克；工作压力：1.5～3 兆帕；喷枪射程（静风）≥17 米；液泵流量：19.5～34 升/分；国产发动机＋苏州物理 3 缸柱塞泵</td></tr>
<tr><td rowspan="4">选装配置</td><td>选配一</td><td>外形尺寸（毫米）：1650×530×730；机重：45 千克；喷射部件重：19 千克；工作压力：1～2.5 兆帕；喷枪射程（静风）≥17 米；液泵流量：36～40 升/分：国产发动机＋苏州物理 3 缸活塞泵</td></tr>
<tr><td>选配二</td><td>外形尺寸（毫米）：1650×530×730；机重：45 千克；喷射部件重：19 千克；工作压力：1.5～3 兆帕；喷枪射程（静风）≥17 米液泵流量：19.5～34 升/分：国产发动机＋苏州物理 3 缸柱塞泵</td></tr>
<tr><td>选配三</td><td>外形尺寸（毫米）：1650×530×730；机重：47 千克；喷射部件重：19 千克；工作压力：1.5～3 兆帕；喷枪射程（静风）≥17 米；液泵流量：19.5～34 升/分：国产电启动发动机＋苏州物理 3 缸柱塞泵</td></tr>
<tr><td>选配四</td><td>外形尺寸（毫米）：1650×530×730；机重：45 千克；喷射部件重：19 千克；工作压力：1.5～3 兆帕；喷枪射程（静风）≥17 米液泵流量：19.5～34 升/分；美国 BS 发动机＋苏州物理 3 缸柱塞泵</td></tr>
<tr><td rowspan="3">北京丰茂植保机械有限公司
电话 010—61669885
13356795898</td><td rowspan="3">3WZ-34</td><td colspan="3">配套动力 168F、额定功率 4 千瓦、耗油量≤374 克/千瓦、最大流量 40 升/分、工作压力 0～3 兆帕</td></tr>
<tr><td rowspan="2">选装配置</td><td>选配一</td><td>90 喷枪</td></tr>
<tr><td>选配二</td><td>30 米高压农药专用喷管</td></tr>
</table>

续附表 8

品　种	生产企业	产品型号	主要配置及参数
担架(推车)式机动喷雾喷粉机	广东梅州市风华喷雾喷灌机械设备有限公司 电话 0753—2233255	3WD-1	机架、2.3 千瓦国产汽油机、可调喷枪各 1 支。液泵最高工作压力:1.0～2.5 兆帕;射程 10.5 米;流量 6.74 升/分
		A	带三轮推车机架、4 千瓦嘉陵本田汽油机、150 升药桶、射程 12 米
		FH-A	带三轮推车机架、6 千瓦嘉陵本田汽油机、100 升药桶、射程 20～25 米

第九章　秸秆还田机具

第一节　秸秆还田机具概述

秸秆还田就是将摘穗后直立的作物秸秆，用与大中型拖拉机配套的秸秆还田机具直接粉碎、抛撒于地表，随即耕翻入土，使之腐烂分解作底肥。与较传统的种植方式相比，省去了砍、捆、运、铡、沤、翻、送、撒等多道工序。它是施肥方式的一次重大改革。农作物秸秆直接粉碎还田，是一项一举多得的农机化新技术，经济效益和社会效益十分显著。秸秆还田主要靠秸秆还田机（图 9-1 至图 9-3）来完成，秸秆还田机性能的好坏直接关系着秸秆还田的效率、还田质量和还田效果。因此，秸秆还田机具的使用、保养与维修，对改变农业生产条件，促进粮食增产、增收有着十分重要的意义。

图 9-1　1JH-150 型秸秆切碎还田机

图 9-2　1JH-180 型秸秆切碎还田机

图 9-3　秸秆还田机

第二节　秸秆还田机具推荐机型与选购

一、秸秆还田机推荐机型

根据《2006～2008 年国家支持推广的农业机械产品目录》和 2008 年部分地区国家补贴的秸秆还田机目录，推荐使用的秸秆还田机其技术参数见附表 9。

二、秸秆还田机选购

目前，农机市场上玉米秸秆还田机种类繁多，质量参差不齐，加上玉米秸秆还田机是在高速切削状态下工作的，作业环境比较恶劣，这就需要在机具的选购上要慎重，使用上要注意，以提高机具的作业效率和保护使用者的人身财产安全。玉米秸秆还田机的选购要点如下。

（一）选择正规厂商

选购具有“农业机械推广许可证”的产品，消费者购机时，可从外观上，一看是否所购机具上贴有菱形的“农业机械推广许可证”标签。“农业机械推广许可证”是由农业部或省级农业机械鉴定站在对生产企业充分考查和经产品质量检验合格后核发的，具有权威性，选购时一定要认准。二看变速箱、刀轴的轴承座等部位的紧固件是否使用高强度紧固件，这些重要部位的螺栓强度应不低于 8.8 级，螺母不低于 8 级，其上标有“8.8”和“8”的字样。若采用普通紧固件，则安全无保证。三看带传动、链传动以及传动轴等外露回转件是否配有安全防护罩，有无安全警示标志，从经验上看，这是机具作业时容易出问题的地方。

（二）随机文件齐全

检查随机文件和配件是否齐全，商品发票是消费者维护自身合法权益的重要凭证，切不可为了少花一点钱（商家往往采取不开发票而给消费者降价的手法进行促销和避税），而忽视索要正式商品发票，引起以后不必要的经济纠纷。同时，要与销售者一起当面验货，详细检查所购产品随机工具、附件、备件与装箱单是否一致。尤其在随机的备件中，一定要看“三证”（使用说明书、合格证和三包凭证）是否齐全。其中产品使用说明书是购机者使用、保养和维修的指南，产品合格证是生产厂家对出厂产品的质检合格的标志，三包凭证是生产厂家对售后服务的承诺，这 3 种文件缺一不可，一定要检查好，保管好。

(三)合理选配动力

实现拖拉机动力与作业机具的优化配置，选择与自家拖拉机的动力相匹配的秸秆粉碎还田机，这样既能使拖拉机充分发挥其动力性能，又能保证秸秆粉碎还田机的最佳作业效果，提高工作效率，实现经济效益的最大化。

(四)进行试运转

观察机具运转情况和提早发现隐患。试机前，要检查传动部位是否有润滑油，各传动部件是否灵活，焊接部位是否牢固，连接螺栓是否拧紧，尤其是旋转刀片是否安装牢固，并注意安装方向，还要检查和调整三角带的张紧度。试机时，运转速度要由快及慢，空转 3～5 分钟，以确定各部位运转是否正常，及时查出隐患。

第三节　秸秆还田机具的使用调整与故障排除

一、秸秆还田机具的使用与调整

操作者必须有合法的拖拉机驾驶资格，认真阅读产品说明书，了解秸秆还田机操作规程、使用特点后方可操作。

(一)作业前准备

主要有：①地块的准备。玉米秸秆还田作业前要对地面、土壤及作物情况进行调查，还要进行道路障碍物的清除，地头垄沟的平整(为避免万向节损坏)，田间大石块的清除，并设标志等。②玉米秸秆还田机的准备。作业前应按照工厂产品验收鉴定技术条件对机具进行技术检查，并按使用说明书进行试运转和调整、保养；配套拖拉机或小麦联合收割机的技术状态应良好；将动力与机具挂接后，进行全面检查。③机具的调整。要进行还田机左右水平和前后水平的调整。通过调整主拉杆的长度，使机组前后保持水平，高速斜拉杆的长度使机组左右保持水平；根据作业质量要求和地面状态状况，确定液压手柄的位置，控制留茬高度和地头转弯时的提升高度。

（二）操作方法

方法如下：①起步前，将还田机提升到一定的高度。一般15～20厘米。②接合动力输出轴。慢速转动1～2分钟。注意机组四周是否还有人接近机组，当确认无人时，要按规定发出起步信号。③挂上工作挡，缓缓松开离合器，同时操纵拖拉机或小麦联合收割机调节手柄，使还田机在前进中逐步降到所要求的留茬高度，然后加足油门，开始正常工作。

（三）作业中注意事项

主要有：①要空负荷低速启动，待发动机达到额定转速后，方可进行作业，否则会因突然接合，冲击负荷过大，造成动力输出轴和花键套的损坏，并易造成堵塞。②作业中，要及时清理缠草。清除缠草或排除故障必须停机进行。严禁拆除传动带防护罩。③机具作业时，严禁带负荷转弯或倒退，严禁靠近或跟踪，以免抛出的杂物伤人。④机具升降不宜过快，也不宜升得过高或降得过低，以免损坏机具。严禁刀片入土。⑤合理选择作业速度，对不同长势的作物，采用不同的作业速度。⑥作业时避开土埂，地头留3～5米的机组回转地带。转移地块时，必须停止刀轴旋转。⑦作业时，有异常响声，应立即停车检查，排除故障后方可继续作业，严禁在机具运转情况下检查机具。⑧作业时应随时检查皮带的张紧程度，以免降低刀轴转速而影响切碎质量或加剧皮带磨损。⑨秸秆还田机与分置式液压、悬挂机构的拖拉机配套（如铁牛-55拖拉机）

使用，工作时应将分配器手柄置于“浮动”位置，下降还田机时不可使用“压降”位置，以免损坏机件。下降或提升还田机时，手柄应迅速搬到“浮动”或“提升”位置，不要在“压降”或“中立”位置上停留。

(四)秸秆还田机具的调整

主要有：①横向水平调整。调节斜拉杆，使机具呈横向水平，同时，将下端连接轴调到长孔内，使其作业时能浮动。②纵向水平调整。调节中间拉杆，使机具纵向呈水平。③留茬高度调整。把还田机升起，拧松滚筒两边吊耳上的紧固螺钉，在上下 4 个孔内任意调整，向下调留茬高度变高，向上调留茬高度变低，调整完后拧紧螺栓，也可用改变提升拉杆的方法进行调整，但以第一种方法最好。④三角皮带松紧度调整。皮带过松可把张紧轮架上的螺帽向内调整，皮带过紧，螺帽向外调整。⑤变速箱啮合间隙的调整。秸秆还田机工作一段时间后，由于磨损使主动轴轴向间隙和圆锥齿轮啮合间隙发生变化，调整时可通过增加或减少调整垫片的方法进行调整。

二、秸秆还田机具的保养与维修

主要有：①作业后及时清除刀片护罩内壁和侧板内壁上的泥土层，以防加大负荷和加剧刀片磨损。②检查刀片磨损情况，必须更换刀片时，要注意保持刀轴的平衡。一般方法是，个别更换时要尽量对称更换；大量更换时要将刀片按质量分级，同一质量的刀片才可装在同一根轴上(单位质量差小于 10 克的作为一级)，保持机具的动平衡。③保养时应特别注意万向节十字头的润滑，必须按时注足黄油。④齿轮箱中应加注齿轮油，添加量不允许超过油尺刻线。工作前要检查油面高度，及时放出沉淀在齿轮箱底部的脏物。一般要求作业季节结束后，清洗齿轮箱，更换润滑油。齿轮箱通气螺栓丢失时，要配用专用螺栓，不可用其他螺栓随意代替。⑤作业结束后，清理检修整机，各轴承内要注满黄油，各部件做好防锈处理，机具不要悬挂放置，应将其放在事先垫好的物体上，停放干燥处，并放松皮带，不得以地轮为支撑点。入库存放，用木块垫起，使刀片离开地面，以防变形。

三、秸秆还田机具的常见故障与排除

(一)粉碎质量差

其原因：①前进速度过快，一般选用拖拉机慢三挡。②机具离地过高，应调整地轮支臂孔位，或调整上拉杆的长度。③刀轴转速低，一般刀轴转速应在 1 800～2 000 转/分，可通过调整皮带轮的配比来调整。④机具工作一段时间后粉碎效果差，应该及时张紧或更换三角带及刀片。

(二)刀轴轴承温度升高

其原因：①缺油或油失效，应及时加注高速黄油。②三角带太紧，更换适当长度的三角带。③轴承损坏，应及时更换。④传动轴发生扭曲干涉，重新加工传动轴再装配。

(三)机器强烈振动

其原因：①刀片脱落，应及时增补刀片。②紧固螺栓松动，应及时拧紧。③轴承有损坏，及时更换并注意加油。

(四)变速箱有杂音，温度升高

其原因是：①齿轮间隙过大，应通过添加或去掉纸垫来调整间隙。②齿轮磨损，及时更换。③齿轮缺油或加油过多，应及时添加或放油。④Ⅱ轴两个轴承装配过紧，应拧松Ⅱ轴螺母，调整好间隙。

(五)三角带磨损严重

其原因:①三角带长度不一致,应及时更换,同组长度差 ≤5 毫米。②张紧度不一样,应调整张紧轮支臂与侧板垂直。③主、被动皮带轮不在一条直线上,应在主动轮内侧加调整垫,或将变速箱底座螺栓松开,调整Ⅱ轴与侧板垂直。

四、农作物秸秆直接粉碎还田技术要点

作物秸秆直接粉碎还田具有提高劳动效率,减轻农民的劳动强度,节约工时投入,增加土壤有机质含量,减少水土流失,增加蓄水纳墒能力,消灭病虫害,提高粮食产量等优点。但必须依照一定的工艺流程作业,才能达到预期的目的。否则,可能出现相反的结果。其技术要点:一是还田最佳时间。在不影响粮食产量的情况下,趁作物秸秆青绿时及早摘穗,随即还田,耕翻入土,此时作物秸秆中水分、糖分高,易于粉碎和加速腐殖分解,使其迅速变为有机质肥料;若秸秆干枯时才还田,粉碎效果差,腐殖质分解慢,秸秆在腐烂过程中容易与农作物争抢水分,不利于作物生长。二是秸秆粉碎长度。秸秆还田时,机手要正确选择前进速度和留茬高度,还田机的刀片(锤爪)与地面的间隙宜控制在 5 厘米左右,粉碎长度不宜超过 10 厘米,若发现漏切或秸秆过长,应进行二次作业,确保还田质量。三是增施化肥。小麦生长需要吸收土壤中的氮、磷、钾等多种元素,仅靠秸秆中的养分是不够的。因此,在深耕时每 667 平方米要增施 20～50 千克的速效氮肥,或 10～20 千克的尿素,以及相当数量的磷肥(若用复合肥可施 30～50 千克),以便加快秸秆的腐殖分解,使其尽快变为有效养分。四是深耕。秸秆还田后,深耕一般要在 25 厘米以上。通过深翻、压、盖,消除因秸秆造成的土壤棚架,耕作太浅时,作物秸

秆覆盖不严，影响播种质量。五是旋耕耙地。土壤深耕后需用旋耕机或钉齿耙整地，其深度一般为10～12厘米，过深时土壤中的秸秆翻出的较多，过浅时土壤中的土坷垃较多，不利于作物播种。六是播种。秸秆还田后土壤中的秸秆较多。因此，在播种时要尽量使用圆盘式开沟器播种机(或高开沟器播种机)，以免钩挂根茬、杂草，造成壅土、缺苗断垄。七是浇水。有条件的地区，在作物播种前要浇塌墒水，作物生长期间要浇封冻水和返青水；秸秆还田后在土壤中难免有架空现象，腐殖质分解过程中需水量较大，如不及时补水，不仅腐解缓慢，还会与作物争抢水分。因此，浇好塌墒水、封冻水和返青水，既能沉实土壤，又能补足水分，满足作物生长的需要。八是镇压。墒情不好时，播种后要及时镇压(播种时最好选用带有镇压器的播种机)，使种子与土壤接触严密，确保出齐苗、出全苗。

附表 9　推荐使用的秸秆还田机及其技术参数

企业名称	产品型号（商标）	主要参数及配置	
潍坊市宏胜工贸有限公司 电话 0536—8137188 13356708269	1JH-150 （鸢山）	留茬高度:20～80 毫米 粉碎长度:≤100 毫米 秸秆抛撒不均匀度:≤20% 刀轴转速:2000～2200 转/分 工作效率:0.27～0.6 公顷/小时	整机结构型式:悬挂式 外形尺寸(毫米):1800×1380×1150 配套动力:36.8～47.8 千瓦拖拉机 整机重量:550 千克 作业幅宽:1530 毫米;作业行数:2 行 锤爪、人字甩刀、直刀数量分别为 20、40、80 个任选
	1JH-170 （鸢山）	留茬高度:20～80 毫米 粉碎长度:≤100 毫米 秸秆粉碎长度合格率:≥92% 秸秆抛撒不均匀度:≤20% 刀轴转速:2000～2200 转/分 纯生产率:≥0.3 公顷/小时	整机结构型式:悬挂式 外形尺寸(毫米):1980×1880×1150 配套动力:47.8～51.8 千瓦拖拉机 整机重量:560 千克 作业幅宽:1680 毫米;作业行数:3 行 锤爪、甩刀、直刀数量:22、44、88 个
定州开元机械制造有限公司 电话 0312—2565698 13582087585	1JH-150 （开元刀神）	留茬高度:20～80 毫米 秸秆切碎合格率:≥90% 平均故障间隔时间:200 小时 纯生产率:0.4～0.6 公顷/小时	主要结构型式:直刀卧式 外形尺寸(毫米):1750×1350×1050 配套动力: 36.8～37.8 千瓦拖拉机 结构重量:450 千克 作业幅宽:1500 毫米

续附表 9

企业名称	产品型号（商标）	主要参数及配置	
定州开元机械制造有限公司 电话 0312－2565698 13582087585	1JH-160 （开元刀神）	留茬高度:20～80 毫米 秸秆切碎合格率:≥90% 平均故障间隔时间:195 小时 纯生产率:0.46～0.6 公顷/小时	主要结构型式:直刀卧式 外形尺寸(毫米):1850×1350×1050 配套动力: 44～53 千瓦拖拉机 结构重量:490 千克 作业幅宽:1600 毫米
	1JHL-17 （开元刀神）	留茬高度:36 毫米 秸秆切碎合格率:≥90% 平均故障间隔时间:185 小时 纯生产率:0.53～0.73 公顷/小时	外形尺寸(毫米):2020×1960×1460 配套动力:47.8 千瓦以上小麦联合收割机 结构重量:710 千克 作业幅宽:1720 毫米
石家庄兴农机械制造有限公司 电话 0311－84949320 13930124886	1JQ-165 （田翔）	留茬高度:<80 毫米 切碎长度:<100 毫米 平均故障间隔时间:≥60 小时 纯生产率:0.4～0.6 公顷/小时	整机结构型式:悬挂式 外形尺寸(毫米):1900×1460×900 配套动力:35～55 千瓦拖拉机 整机重量:450 千克 粉碎刀数量:44 个 作业幅宽:1650 毫米

续附表 9

企业名称	产品型号（商标）	主要参数及配置	
山东奥龙农业机械制造有限公司 电话 0530－5050888 13905300037	4Q-1.5 （曹州水龙）	秸秆粉碎长度合格率:≥92% 平均留茬高度:≤75 毫米 秸秆抛撒不均匀度:≤20% 纯生产率:≥0.5 公顷/小时	整机结构型式:悬挂式 外形尺寸(毫米):1300×1750×1050 配套动力:36.8～51.5 千瓦拖拉机 结构重量:470 千克 动刀数量:90 个 作业幅宽:1500 毫米
	4Q-1.8 （曹州水龙）	秸秆粉碎长度合格率:≥92% 平均留茬高度:≤75 毫米 秸秆抛撒不均匀度:≤20% 纯生产率:≥0.6 公顷/小时	结构型式:三点悬挂 外形尺寸(毫米):1300×2050×1050 配套动力:51.5～73.5 千瓦拖拉机 结构重量:520 千克 动刀数量:114 个 作业幅宽:1800 毫米
	4Q-1.6 （曹州水龙）	秸秆粉碎长度合格率:≥92% 平均留茬高度:≤75 毫米 秸秆抛撒不均匀度:≤20% 根茬粉碎长度合格率:≥85% 纯生产率:≥0.53 公顷/小时	结构型式:三点悬挂 外形尺寸(毫米):1300×1850×1050 配套动力:36.8～51.5 千瓦拖拉机 结构重量:490 千克,粉碎刀数量:96 个 作业幅宽:1600 毫米

续附表 9

企业名称	产品型号（商标）	主要参数及配置	
赵县金利机械厂 电话 0311－84932608 13833382629	1JHY-18 （金　利）	秸秆粉碎长度合格率：≥92% 留茬平均高度：≤65 毫米 秸秆抛撒不均匀度：≤20% 粉碎刀寿命＞100 小时 纯生产率：≥0.3 公顷/小时	主要结构型式：卧式 外形尺寸（毫米）：1280×2020×1060 配套动力：45 千瓦以上拖拉机 整机重量：530 千克 作业幅宽：1800 毫米 直刀、弯刀、锤爪数量：108、48、14
德州宝丰农机 制造有限公司 电话 0534－2621172 13336268861	1JH-150 （德　州）	秸秆粉碎长度合格率：≥92% 根茬粉碎长度合格率：≥85% 轮辙间留茬平均高度：≤75 毫米 秸秆抛撒不均匀度：≤20% 轮辙间留茬平均高度：≤85 毫米	外形尺寸（毫米）：1720×1250×980 配套动力：36.7～51.5 千瓦拖拉机 割台型式：卧式 整机重量：500 千克 作业幅宽：1500 毫米
	1JH-165 （德　州）	秸秆粉碎长度合格率：≥92% 根茬粉碎长度合格率：≥85% 轮辙间平均留茬高度：≤75 毫米 秸秆抛撒不均匀度：≤20% 根茬粉碎长度合格率：≥85%	结构型式：三点悬挂 外形尺寸（毫米）：1820×1250×980 配套动力：44.1～59 千瓦拖拉机 结构重量：520 千克 作业幅宽：1650 毫米 锤爪式刀片数量：16 或 64 把

续附表 9

企业名称	产品型号(商标)	主要参数及配置	
菏泽明庆机械有限公司 电话 0530－2218212 13153093376	4JQM-110	秸秆切碎合格率:≥95% 平均故障间隔时间:≥100 小时 秸秆切碎长度:<100 毫米 灭茬深度:20～50 毫米 根茬粉碎率:≥90% 纯生产率:≥0.6～1.3 公顷/小时	结构型式:三点悬挂 外形尺寸(毫米):1500×1600×1000 配套动力:36.8～58.8 千瓦 拖拉机 结构重量:502 千克 作业幅宽:1100 毫米 动刀、定刀数量:14、2
石家庄农业机械股份有限公司 电话 0311－87756488 13931983416	4Q-1.5A (布　谷)	秸秆切碎合格率:≥97% 秸秆粉碎长度合格率:≥92% 留茬高度:≤100 毫米 秸秆抛撒不均匀度:≤20% 生产效率:>0.5 公顷/小时	外形尺寸(毫米):1300×1800×1000 配套动力:36.7～51.4 千瓦拖拉机 型式:偏悬、卧式,锤爪个数:10 个 整机重量:460 千克 工作幅宽:1500 毫米
	4Q-165 (布　谷)	秸秆切碎合格率:≥97% 秸秆粉碎长度合格率:≥92% 留茬平均高度:≤75 毫米 秸秆抛撒不均匀度:≤20% 纯生产率:≥0.5 公顷/小时	主要结构型式:偏悬挂连接卧式 外形尺寸(毫米):1300×1900×1000 配套动力:41～51.5 千瓦拖拉机 甩刀个数:48 个 整机重量:470 千克 工作幅宽:1650 毫米

续附表 9

企业名称	产品型号（商标）	主要参数及配置	
潍坊天宇机械有限公司 电话 0536－7591368 13336363366	1JHY-150 （双　通）	秸秆粉碎长度合格率:≥92% 秸秆切碎合格率:≥85% 留茬高度:≤80 毫米 轮辙间平均留茬高度:≤75 毫米 秸秆抛撒不均匀度:≤30% 纯生产率:≥0.2～0.5 公顷/小时	结构型式:三点悬挂 外形尺寸(毫米):1800×1380×1150 配套动力:36.8～47.8 千瓦拖拉机 结构重量:550 千克 作业幅宽:1530 毫米 锤爪或甩刀数量:20 或 40 个
	1JHY-170 （双　通）	秸秆粉碎长度合格率:≥92% 留茬高度:≤80 毫米 秸秆切碎合格率:≥85% 秸秆抛撒不均匀度:≤30% 纯生产率:≥0.3～0.6 公顷/小时	结构型式:三点悬挂 外形尺寸(毫米):1980×1380×1150 配套动力:47.8～51.5 千瓦拖拉机 结构重量:560 千克 作业幅宽:1680 毫米 锤爪或甩刀数量:22 或 44 个
兖州市凯兴工矿机械有限责任公司 电话 0537－3813567 13792309668	4JGH-1.80 （凯　兴）	秸秆粉碎长度合格率:≥92% 留茬高度:≤75 毫米 秸秆粉碎长度合格率:≥90% 秸秆抛撒不均匀度:≤20% 作业效率:0.3～0.8 公顷/小时	外形尺寸(毫米):2120×1200×920 配套动力:48～58.8 千瓦拖拉机 整机重量:480 千克 幅宽:1800 毫米 锤爪或甩刀数量:12、108 个

续附表 9

企业名称	产品型号（商标）	主要参数及配置	
故城县万达金属制品厂 电话 0318－5367016 13231874674	1JH-150A （赛　牛）	秸秆粉碎长度合格率:≥92% 轮辙间留茬平均高度:≤75 毫米 秸秆抛撒不均匀度:≤20% 纯生产率:≥0.3 公顷/小时	外形尺寸(毫米):1390×1890×1074 配套动力：36.8～51.5 千瓦拖拉机 主要结构型式:卧式 整机重量:480 千克,粉碎刀数:90 个 作业幅宽:1500 毫米
	1JH-180A （赛　牛）	秸秆粉碎长度合格率:≥92% 轮辙间留茬平均高度:≤75 毫米 秸秆抛撒不均匀度:≤20% 纯生产率:≥0.3 公顷/小时	外形尺寸(毫米):1390×2180×1074 配套动力：47.8～58.8 千瓦拖拉机 主要结构型式:卧式 结构重量:520 千克 作业幅宽:1800 毫米
山东大丰机械有限公司 电话 0537－3832588 13305472624	4JH-1.5	秸秆粉碎长度合格率:≥92% 轮辙间平均留茬高度:≤75 毫米 秸秆抛撒不均匀度:≤20% 纯生产率:0.3～0.8 公顷/小时	整机结构型式:悬挂式 外形尺寸(毫米):1800×1350×1060 配套动力:≥36.7 千瓦拖拉机 整机重量:450 千克 作业幅宽:1500 毫米 锤爪数量:10(甩刀 30)个

续附表 9

企业名称	产品型号（商标）	主要参数及配置	
山东大丰机械有限公司 电话 0537－3832588 13305472624	4JH-1.8	秸秆粉碎长度合格率:≥92% 轮辙间平均留茬高度:≤75 毫米 秸秆抛撒不均匀度:≤20% 纯生产率:0.36～0.93 公顷/小时	整机结构型式:悬挂式 外形尺寸(毫米):2100×1350×1060 配套动力:≥47.8 千瓦拖拉机 整机重量:505 千克 作业幅宽:1800 毫米 锤爪数量:14(甩刀 36)个
兖州市海源机械 有限责任公司 电话 0537－3475199 13805472586	1JHY-165	秸秆粉碎长度合格率:≥92% 轮辙间平均留茬高度:≤75 毫米 秸秆抛撒不均匀度:≤20% 班次生产率:2.6～8 公顷/小时	整机结构型式:悬挂式 外形尺寸(毫米):1980×1530×1060 配套动力:36.7～55 千瓦拖拉机 整机重量:550 千克 作业幅宽:1650 毫米 锤爪数量:12 个
	1JHY-178	秸秆粉碎长度合格率:≥92% 轮辙间平均留茬高度:≤75 毫米 秸秆抛撒不均匀度:≤20% 班次生产率:2.6～9.3 公顷/小时	整机结构型式:悬挂式 外形尺寸(毫米):2130×1530×1060 配套动力:36.7～55 千瓦拖拉机 整机重量:600 千克 作业幅宽:1780 毫米 锤爪数量:12 个

续附表 9

企业名称	产品型号（商标）	主要参数及配置	
山东玉丰农业装备有限公司 电话 0537－3474142 13805349886	4JGH-1.8 （玉丰之王）	秸秆粉碎长度合格率:≥92% 轮辙间留茬平均高度:≤75 毫米 秸秆抛撒不均匀度:≤20% 纯生产率:0..5～1 公顷/小时	主要结构型式:锤爪式 外形尺寸(毫米):1530×2100×780 配套动力:44 千瓦以上拖拉机 锤爪数量:12 个 结构重量:500 千克 作业幅宽:1800 毫米
	4JGH-1.5 （玉丰之王）	秸秆粉碎长度合格率:≥92% 轮辙间留茬平均高度:≤75 毫米 秸秆抛撒不均匀度:≤20% 纯生产率:0.4～0.8 公顷/小时	主要结构型式:锤爪式 外形尺寸(毫米):1530×1805×780 配套动力:36～51 千瓦拖拉机 锤爪数量:10 个 结构重量:450 千克 作业幅宽:1500 毫米
藁城市收割机械有限责任公司 电话 0311－88041901 13803366139	4J-165 （双箭王）	秸秆粉碎长度合格率:≥85% 轮辙间留茬平均高度:≤80 毫米 秸秆抛撒不均匀度:≤20% 纯生产率:0.6～1 公顷/小时	外形尺寸(毫米):1870×1050×1450 配套动力:＞36.8 千瓦拖拉机 整机重量:465 千克 作业幅宽:1650 毫米

续附表 9

企业名称	产品型号（商标）	主要参数及配置	
藁城市收割机械有限责任公司 电话 0311－88041901 13803366139	4J-172 （双箭王）	秸秆粉碎长度合格率：≥85% 轮辙间留茬平均高度：≤80 毫米 秸秆抛撒不均匀度：≤20% 纯生产率：0.6～1 公顷/小时	外形尺寸（毫米）：1940×1050×1450 配套动力：51.5～62.5 千瓦拖拉机 主要结构型式：卧式 整机重量：480 千克 作业幅宽：1720 毫米
河北冀新农机有限公司 电话 0991－3879132 传真 0991－3879131	2JH-1.6	机具重量 460 千克，配套动力 40～47 千瓦，作业幅宽 1.6 米，作业速度 15 千米/小时	
南昌旋耕机厂 电话 010－64820798 传真 010－64820799	春翔牌 1JQ-150B	配套动力 36.8～47.2 千瓦；动力输入轴转速：540/720 转/分；幅宽 150 厘米；三点悬挂；留茬高度＜8 厘米；切碎长度＜10 厘米	
	春翔牌 1JQ-180B	配套动力 58.9～73.5 千瓦；动力输入轴转速：540/720 转/分；幅宽 180 厘米；三点悬挂；留茬高度＜8 厘米；切碎长度＜10 厘米	
新疆科神农业装备科技开发有限公司 电话 0993－2553788 传真 0993－2553576	4JQS-180	配套动力≥40.5 千瓦，三点后悬挂，作业幅宽 1.8 米，切碎长度≤12 厘米，切碎长度合格率≥90%，留茬高度≤8 厘米，生产率≥8 公顷/8 小时	

续附表 9

企业名称	产品型号（商标）	主要参数及配置
新疆兵团农七师一二三团修造厂 电话 0992—3923333 传真 0992—3923333	2GB-1.9	工作幅宽 900～1900 毫米，粉碎长度 100 毫米，留茬高度 70～100 毫米，生产效率 0.6～1.66 公顷/小时
石家庄农业机械股份有限公司 电话 0991—3873970 传真 0991—3875679	4Q-220	配套动力 48～73 千瓦；尺寸（毫米）：1300×2300×1000；工作幅宽 2 米；生产效率＞0.6 公顷/小时
新疆农业科学院农业机械化研究所（农业工程公司） 电话 0991—4512850 传真 0991—4512850	4JLM-1800 棉秸秆还田及残膜回收联合作业机	配套动力 44～53/58.5～66 千瓦；牵引式；作业速度≥6 千米/小时；工作幅宽 1400～1800 毫米/1800～2100 毫米
	4JSM-1800A2 棉秸秆还田及残膜回收联合作业机	配套动力 48～66/66～88 千瓦；牵引式；作业速度≥6 千米/小时；工作幅宽 1400～1800 毫米/1800～2100 毫米

第十章　谷物收获机具

第一节　谷物收获机具的概述

一、谷物收获机具的类型、特点

谷物收获机械主要是稻麦收获机械，也包括收获玉米、高粱、谷子等作物的机械。将收割、脱粒、分离茎秆、清选谷粒等工作集中在一台机器上来完成，并将粮食装袋或随车卸粮的收割机叫联合收割机。联合收割机主要工作部件包括收割台、输送装置、脱粒装置和分离清选装置。要完成上述作业，还需要有发动机、传动系统、电气系统、液压系统、中间输送装置、底盘、履带行走装置、粮箱以及驾驶室等部件支持。机器前方是收割台，割台和拨禾轮由液压装置控制。脱粒装置一般配置在后方，以平衡整机重量。行走部分由变速箱、驱动轮和转向轮等组成。机器前进速度一般在 1～20 千米/小时，以适应不同的作业要求。脱粒和分离清选部件包括脱粒滚筒、逐稿器、清选筛、输送器等，将清选后谷粒输送到卸粮部位。有些机型还配有集草箱、捡拾器、茎秆切碎器等附件。谷物联合收割机的分类见表 10-1。

表 10-1 谷物联合收割机的分类

按喂入方式分类	按行走方式分类	按生产率分类(喂入量千克/秒)	按行走装置分类	按收割作物品种分类
全喂入谷物收割机	自走式	大型(大于5)	轮胎式	麦类收割机
半喂入谷物收割机	牵引式	中型(3～5)	半履带式	水稻收割机
割前脱粒谷物收割机	背负式	小型(3以下)	履带式	稻麦收割机

(一)全喂入自走式谷物收割机

自走式谷物收割机主要由收割台、脱粒机、中间输送装置、粮箱、行走部分、液压装置、发动机等组成。在机器进入田间作业时,随着机器的前进,左、右分禾器将作物分为即割区与待割区。进入即割区的作物,由拨禾轮拨向割刀处切割,随即被推到割台上,割台输送搅龙将割倒的作物向一侧推送到伸缩拨指机构处。由拨指机构将源源不断送来的作物以一定的速度向后抛送给中间输送槽,通过输送槽耙齿的抓取作用,将作物不断地送给脱粒机构,作物在脱粒滚筒钉齿高速打击的同时沿螺旋运动不断与凹板筛产生搓擦、碰撞,使谷粒和部分短茎秆分离出来,随即通过凹板,落到振动筛上,未通过凹板的大量茎秆,在滚筒高速回转的作用下,被排草板抛出机外。通过凹板的混杂物所含籽粒不断受到振动筛的抖动和推送,谷粒穿过筛孔落到集谷搅龙上,筛面上的短秆和轻小杂余,由于筛面的阻隔和清选风扇气流的作用,从筛尾抛出机外。而进入集谷搅龙的谷粒,经过提升搅龙进入粮箱,随即装包或卸入运输车，完成了联合收获的全过程，如约翰·迪尔佳联系列(图 10-1)、碧浪系列(图 10-2)、三联(图 10-3)等联合收割机。

图 10-1　约翰·迪尔佳联系列谷物联合收割机

图 10-2　碧浪 160 型全喂入联合收割机

图 10-3 4LZ-1.8 型履带自走式全喂入联合收割机

(二)全喂入背负式联合收割机

全喂入背负式联合收割机主要由收割台、中间输送装置和脱粒机3部分组成(图10-4)。其工作过程同全喂入自走式联合收割机,特点是全机身背负在拖拉机上工作,成本低,性能可靠,能自行开道,但通过性差,视野较自走式差。

(三)半喂入式水稻联合收割机

半喂入式水稻联合收割机的特点是有较长的夹持输送链和夹持脱粒链。脱粒时,只将作物穗部送入滚筒,因而保持了茎秆的完整性。因为茎秆不进入滚筒,机器上的分离装置可大大简化或者省去,耗用的功率也大为减少。采用的都是弓齿轴流式滚筒。为了保证脱净,夹持脱粒的茎秆层不能太厚,因而限制了它的生产率。因此,半喂入式水稻联合收割机都是中小型的(图10-5、图10-6)。该机仅将谷物穗部喂入脱粒装置,功率损耗少,清选分离好,通过性好,秸秆完整,效率高,但输送机构复杂,造价高,适应收割水稻。

图 10-4　背负式麦稻两用联合收割机

图 10-5　洋马半喂入式收割机

二、谷物收获机具的性能指标

对谷物收获机具的农业技术要求主要为:①适时完成收获作业,尽量减少收获损失。②要有较好的适应性。③保证收获质量。④秸秆铺放整齐。

图 10-6　三联半喂入式收割机

原机械工业部农业机械行业内部标准《谷物联合收割机产品质量分等》中对联合收割机的作业性能做了以下具体规定：

1. 对全喂入式联合收割机收小麦规定　总损失率不能大于总产量的 1.5%～2%，其中脱粒损失率不能大于 2%；含杂率不能大于 2%；破碎率不能大于 2%。总损失率主要包括四个方面：割台损失、脱粒损失、分离损失和清选损失。

(1)割台损失　包括掉穗和被拨禾轮打击落粒造成的损失。割台在工作时，应注意割茬高度、拨禾轮的调节和割台搅笼的调节。收割直立作物时，割茬应适当低一些，以便减少损失；收割倒伏作物时，除降低割茬高度外，还应安装扶禾器。并且应根据不同的收割条件，调节拨禾轮的位置和转速。收割直立作物时，拨禾轮的圆周速度应调节得比机器前进速度稍低些，使拨禾轮耙齿管压在作物穗头的下部，并将它们扶持到搅龙前，直到切割下来，如果拨禾轮转速太快，不但容易打落籽粒造成损失，而且会产生喂入不均的现象。

(2)脱粒损失　脱粒损失是指从联合收割机后面脱出的谷物穗头上仍有未脱下的籽粒。脱粒装置是联合收割机的重要部件，因此，应十分认真地进行调节。调节好滚筒转速和滚筒与凹板的间隙是获得良好脱粒效果的重要因素。滚筒转速过低，凹板间隙过大，会造成脱粒不净。滚筒转速过高，凹板间隙过小则引起破碎。作物潮湿时，要增加滚筒转速或减小凹板间隙；作物干燥时，要降低滚筒转速或增大凹板间隙。

(3)分离损失　分离损失就是茎秆中夹带的籽粒。脱粒不足及杂余过量会增加分离损失。如果调节了滚筒转速和凹板间隙后，分离损失仍不下降，那么就要降低行走速度。

(4)清选损失　清选损失是由于筛子或风扇调节不正确，籽粒通过筛子之后掉到地上。风量过小，清选不净；风量过大会引起谷粒损失。采取任何调节手段时，都要依据使用操作说明书进行正确调节，将损失降低到最小限度。

2. 可靠性　是评价联合收割机质量的一个重要性能指标。行业标准要求自走式谷物联合收割机的平均故障间隔时间为不小于40小时。牵引式、悬挂式谷物联合收割机的平均故障间隔时间为不小于50小时。联合收割机的有效度观测值均不小于90%。

3. 安全性　要求产品设计和结构应合理，保证操作人员按制造厂规定的使用说明书操作和保养时，没有危险。各轴系、带轮、链轮、胶带和链条等外露回转件应有防护装置。靠近工作人员工作位置的驱动轮和履带应加以防护。带驾驶室的，挡风玻璃必须采用安全玻璃。全喂入式联合收割机必须安装灭火器。对操作人员有危险的零部件处应按有关标准规定，设置固定永久性的警告标志。承受载荷的紧固件强度等级应为：螺栓不低于 8.8 级，螺母不低于 8 级。使用说明书中应规定安全操作和维修保养的措施和方法。

4. 操纵性 谷物联合收割机在各挡工作时，变速箱不得有乱挡和脱挡现象，传动系统不得有异常响声，离合器结合可靠，分离彻底。

5. 使用方便性 各操作调节件操纵灵活、准确可靠。应配备安装保证正常作业的监视仪表，信号要反映及时、可靠。

6. 环境噪声 环境噪声应不大于 89 分贝；耳位噪声不大于 90 分贝。无驾驶室时，耳位噪声不大于 94 分贝。

第二节 谷物收获机具推荐与选购

一、谷物收获机具推荐机型

根据《2006～2008 年国家支持推广的农业机械产品目录》和 2008 年部分地区国家补贴的谷物收获机械目录，推荐使用的谷物收获机械机型见附表 10-1 至附表 10-3。

二、谷物收获机具选购

选购联合收割机时应从品牌、质量、服务、价格等方面对机械全面考察后，才能购到称心如意的好机械。

第一，应了解生产厂家是否为品牌可信的国内上规模的企业。因为一个好品牌不仅意味着能生产高质量的收割机，更意味着一个完善的服务体系和值得信赖的市场信誉，购机者可从有关报刊、杂志和网络上查到这些上档次的企业年度销售排行榜、市场占有率、出口量等数据及其历年获得的各项荣誉，以了解到这些品牌的真正含金量。

第二，应了解这些企业的质量体系是否健全，有没有得到国内、国际上正规技术监督认证部门对其产品的品质认证。这些一般均在产品说明书和机体上有此类内容。

第三，要认真研读厂方说明书中的有关“三包”服务方面的各项内容。要了解经销你所购收获机械的企业是否有厂方设立或委派的特约维修站和专业维修队伍。所购机械的维修配件是否齐全，他们能否对厂方所承诺的服务时限、范围具体实施完善服务。

第四，应详尽地向农机商家咨询你所购收获机械的性能、特点、技术参数，将你想购机械的价格与功能、款式接近的产品进行比较，分析其价格与价值是否成正比，以免走入价格的误区。

第五，要根据自己的生产规模、地块大小、用途和经济状况来决策。特别应该提醒的是，在购买联合收割机时，最好先到当地农机推广、供销部门进行咨询，选择经当地农机推广部门试验认可的机型。

第三节　联合收割机使用、维护与故障排除

一、联合收割机的使用原则

(一)正确选择作业速度

在正常情况下，若地块平坦、谷物成熟一致并处在蜡熟期、田间杂草又较少时，可以适当提高收割机的前进速度。小麦在乳熟后期或蜡熟初期时，其湿度较大，在收割时，前进速度要选择低些，小麦在蜡熟期或蜡熟后期时，湿度较小并且成熟均匀，前进速度可以适当选择高一些。雨后或早晚露水大，

小麦秸秆湿度大，在收割时前进速度要选择低一些。晴天的中午前后，小麦秸秆干燥，前进速度选择快一些。对于密度大、植株高、丰产的小麦，在收割时前进速度要选择慢一点，密度小又稀矮的小麦前进速度可选择快一些。收割机刚开始投入作业时，各部件技术状态处在使用观察阶段，作业负荷要小一些，前进速度要慢些。观察使用一段时间后，技术状态确实稳定可靠且小麦又成熟干燥，前进速度可快些，以便充分发挥机具作业效率。

(二)收割幅宽大小要适当

在收割机技术状态完好的情况下，尽可能进行满负荷作业，但喂入量不能超过规定的许可值，在作业时不能有漏割现象，割幅掌握在割台宽度的90%为好。

(三)正确掌握留茬高度

在保证正常收割的情况下，割茬尽量低些，但最低不得小于5厘米，否则会引起割刀吃泥，这样会加速刀口磨损和损坏。留茬高度一般不超过15厘米为好。

(四)作业行走方法的正确选择

收割机作业时的行走方法有3种：①顺时针向心回转法。②反时针向心回转法。③梭形收割法。在具体作业时，操作手应根据地块实际情况灵活选用。总的原则是：一要卸粮方便、快捷。二要尽量减少机车空行。

(五)作业时应保持直线行驶

收割机作业时应保持直线行驶，允许微量纠正方向。在转弯时一定要停止收割，采用倒车法转弯或兜圈法直角转弯，不可图快边割边转弯，否则收割机分禾器会将未割的麦子压倒，造成漏割损失。

(六)合理使用收割机

小麦在乳熟期也就是在没有断浆时，严禁收割；对倒伏过于严重的小麦不宜用机械收割；刚下过雨，秸秆湿度大，也不宜强行用机械收割。操作手在具体作业时，要根据实际情况，能够使用机械收割的尽量满足用户要求，对个别特殊情况确实不能用机械收的就不要用机械收割，尽量向用户做解释，以免产生负面效应。

二、联合收割机特定条件下操作原则

(一)大风天气的操作

其原则是：① 机组不要顺风向行驶，以防机组不能正常工作。② 清粮机构迎风一侧的进风口应调小，背风面的进风口调大，目的是减少清粮损失和提高清粮质量。

(二)坡地操作

其原则是：①尽量避免横坡行驶作业。②长距离上坡收割时，应调高筛子后部，选用较大的筛孔，进风口开度应减小，以减少粮食损失；短距离上坡收割时，则不必调整。③下坡地长距离收割时，筛子后部应调低。

(三)潮湿田操作

其原则是：①收割机作业地低洼时，应将收割机行驶装置改装成履带式或半履带式，以便及时收割作物。②泥脚深度较大时，增加机组的地轮宽度，以加强防滑能力并尽可能扩大接地面积，以防机器下陷。

(四)倒伏作物的操作

其原则是：①适当降低机组的前进速度。②正确选择机组的收割方向。机组前进方向应与作物倒伏方向相反(称为逆割)，或与倒伏作物成 45°左右的夹角(称为侧割)。③适当将拨禾轮向前、向下调整，以保证顺利拨禾，正常切割。

(五)低矮作物的操作

其原则是：①对割台和拨禾轮进行适当调整和改装。割台高度调整应保持割茬不高于15厘米而割刀又不吃土。如果割茬过低、割刀吃土会加速割刀磨损、崩齿和损坏。将拨禾轮向下向后进行适当调整，以便正常收割。②增加机组前进速度，保证正常的脱粒喂入量。③顺着播种行方向进行收获作业，可以减少因前进速度增加引起的机组强烈振动，同时也可减少收割损失。

(六)过干、过熟作物的操作

其原则是：①在拨禾轮压板上增加帆布条，以增加拨禾轮在拨禾中的缓冲作用，减少掉粒损失。②降低拨禾轮高度，使拨禾轮不击打作物穗头部位，以减少掉粒。③降低拨禾轮转速，以减少对切割作物的击打次数。

三、联合收割机作业前的准备工作

(一)联合收割机组的准备

主要有：①参加作业的拖拉机除进行正常的保养以外，同时还必须检查散热器、空气滤清器、动力输出装置的技术状态，是否符合技术要求，不符合时及时保养调整。②背负式联合收割机组，作业前要清理各工作部位的杂草、茎秆、泥土、油污等，按说明书的要求对工作润滑部位进行正常的润滑。③检查并紧固各部位的紧固螺栓，检查调整各部位传动带的张紧度，检查调整各焊件是否有脱焊、裂纹现象。校正、修复变形损坏的零部件，各润滑点按规定加注润滑油。启动发动机、升降割台，检查升降系统有无故障，检查各运转部件是否正常。④自走式联合收割机要检查发动机并进行正常的保养，检查电瓶电解液和液压油箱的液面高度，不足的应添加。

(二)试 运 转

联合收割机在进行作业前必须进行试运转，通过试运转，检查机器有无异常响声和卡滞现象：①启动发动机，运转1～2分钟后操纵液压手柄升降割台3～5次，检查液压系统有无异常。②结合动力，带动割台、输送、脱粒清选进行空运转，检查各工作部件运转是否正常，输送带是否跑偏。③如有异常现象，空运转3～5分钟后停机熄火，进一步进行检查和调整。④自走式联合收割机还要进行发动机和行走系统的磨合，磨合时间10～30小时。

(三)田间准备

为了使机器安全地进行工作并尽可能提高机器的生产效率，在联合收割机下田作业之前应做好以下田间准备工作。①了解作业田块的地形、作物的产量、品种、高度、倒伏情况，除去田间的木桩、石块、砖头等硬物，以防损坏切割器，填平田块的渠道、地沟、田埂等。机井、电线杆周围应人工割去作物，以便机器作业时绕开障碍物。②观察机器下田作业的道路及返回路段的树木、草垛、桥梁，以保证机器行走与田间转移的安全。③人工割田头，联合收割机下田作业时，一般从田块的右边进入。为了避免损失，应先用人工在右角割出2.6米×6米的空地，以便机器顺利作业。④劳力组合，该机田间作业，需驾驶员1名，接粮人员2名，2～3人收集粮台上卸下的粮袋，供给空麻袋，还需1人把机器割不到的地方及漏割的小麦割下集中以便抽空脱粒。

自走式联合收割机，需2名驾驶员，2～3人收集漏割和落穗，其他与背负式基本相同。

四、联合收割机检查与调整

(一)联合收割机出车前检查

1. 机器技术状态的检查 各操纵装置的功能是否正常,离合器、制动踏板自由行程是否适当;发动机机油、冷却液是否适量;履带是否松动或损伤(履带式),轮胎气压是否正常(轮式);仪表板指示灯、转速表的指示是否正常,喇叭是否鸣响,照明灯能否照明;驱动轮、脱粒滚筒等重要部位的螺栓、螺母有无松动;软管、电线包皮是否破损,有无漏水、漏油现象;割刀、脱粒齿、凹板筛网、切草机刀口等重要部件是否有严重的磨损或破损,间隙是否适当;分禾器、扶禾器(半喂入式)、拨禾轮(全喂入式)、割台机架等部件有无变形;各传动皮带、传动链、张紧轮是否松动或损伤,运动是否灵活可靠;发动机有无异响,排气烟色是否正常。

2. 随车装备的检查 是否配备足够的油料;是否配备了拨指、刀片、铆钉、易损皮带等常用配件;是否配备了皮尺、扳手、钳子、锤子、毛刷等常用的工具;是否携带了机器使用技术资料、工作日记本、毛巾、口罩及有关证件等。

(二)全喂入联合收割机调试

联合收割机进行正常作业之前,必须根据作物状况,对机器的作业性能进行调试。

1. 拨禾轮调整 拨禾轮的位置应根据作物的高低程度进行调整,如调整位置不正确会给收获造成损失或做无用功。

(1)拨禾轮高低的调整 在收割直立作物时,拨禾轮的弹齿或压板应作用在被割作物高度的 2/3 处。这样,已割作物才不至于被拨禾轮扬起,抛在割台外或缠绕在拨禾轮上。当收割高秆作物时,拨禾轮的位置应高些;收割低矮作物时,拨禾轮的位置应低些，但不能使拨禾轮碰到割刀或割台搅龙。

(2)拨禾轮前后的调整　拨禾轮与切割器、割台搅龙是相互配合工作的。拨禾轮往前调，拨禾作用增强，铺放作用减弱；往后调，作用相反。一般要求拨禾轮在不与割台搅龙相碰的情况下，使拨禾轮轴位于割刀的稍前方。当其调到最后位置时，要求拨禾轮弹齿与割台搅龙间距不小于20毫米。

(3)拨禾轮弹齿倾角的调整　当收获直立或轻微倒伏作物时，拨禾轮弹齿一般垂直向下或向前呈15°左右，以减少弹齿对作物穗头的打击，降低割台损失。当收割倒伏作物时，拨禾轮弹齿应向后倾斜15°～30°，以增强扶起作物的能力。

(4)拨禾轮转速的调整　拨禾轮转速一般用无级变速轮来调节。转速过高，压板会打掉籽粒，使割台损失增加；转速过低，压板不能有效地将作物拨向切割器。收割一般作物，拨禾轮的圆周速度与机器的前进速度相当；收割植株高、密度大的作物，拨禾轮圆周速度应略小于机器的前进速度，以减少拨禾轮的打击；收割低矮、稀疏的作物，拨禾轮的圆周速度应稍快于机器的前进速度，减少已割作物在割台台面上的堆积。

2. 脱粒装置调整　不同种类的作物脱粒时，滚筒转速、脱粒间隙不同。即使是同一作物，由于成熟程度、潮湿程度的差异，滚筒与凹板的配置与有关参数也不尽相同。一般原则是在脱净的前提下，尽量选择低转速。转速高时，籽粒破碎的量将增加。对于湿度大、成熟度不够的品种，要求适当增大滚筒转速；反之，则应降低滚筒转速。脱粒间隙的大小，也与作物品种、成熟程度、潮湿程度等有关。脱粒间隙越小，脱净率越高，但会使籽粒破碎增加，且滚筒容易堵塞。一般要求是在脱净的前提下，尽量使脱粒间隙大些。在收获成熟度和潮湿度正常的麦类作物时，凹板入口处的间隙为16毫米左右，出口处的间隙为6毫米左右。在收获潮湿和难脱作物时，脱粒间隙应小些。在调整时，沿轴向脱粒间隙应保持一致，部分机型的联合收割机不仅滚筒转速、脱粒间隙可以调整，而且凹板齿板的数量和配置型式也可以改变。如新疆-2型联合收割机凹板齿板分两面，一面带齿，一面为光面。收水稻时，看难脱程度，凹板齿板可安装两排齿或四排齿。在确保规定质量指标的前提下，尽量采用较少齿排，以降低能耗和破碎。收水稻以外的其他作物时，凹板齿板用光面做工作面。还有部分机型的联合收割机采用齿杆轴流滚筒脱粒装置。这种类型的脱粒装置，可调整部位较少，对不同作物品种的适应性，主要通过增减滚筒上的齿杆数量来保证。一般说来，收割难脱粒作物品种（如粳稻），可增加齿杆的数量；收割容易脱粒的大麦、小麦、籼稻时，可减少齿杆的数量。

3. 清选装置调整

（1）送风量的调整　若粮食的清洁度差，粮中有糠，说明风量小；在颖糠中有籽粒，则风量过大。一般收获籽粒大的作物，潮湿、杂草多、成熟度差的作物风量应大些；相反，送风量应小些。因此收获的早期，早晨和晚上的收割，要比收获的晚期和中午收割的风量应大些。

（2）清选室上下筛的调整　清选室上下筛的调整包括上下筛倾角的调整（部分机型不可调）及筛片开度的调整。上下筛倾斜度过大，粮食清洁度降低；过小就容易从筛面跑粮，使损失增大。上下筛开度过大，则增加杂余搅龙的工作负荷，容易造成堵塞；开度过小，没有脱净的穗头会从上筛后部的尾筛上跑掉。筛片开度合适的标志是筛片无堆积、无跑出杂余。

4. 割茬高低调整　割茬高有利于提高生产效率，减轻滚筒等工作部件的负荷，但不利于以后的翻耕。割茬过低，割刀容易“吃泥土”，使割刀损坏，同时使生产效率降低以及滚筒等工作部件的负荷增加。全喂入联合收割机一般割茬高度的选择范围为 10～15 厘米。当地块不平，杂草多，密度大，湿度大时，割茬应留高些。收获倒伏作物时，割茬应低些。割茬的高低通过升降割台来实现。

5. 行走速度调整　行走速度选择的原则是在保证收获质量的前提下，争取最大的生产效率。为了使联合收割机在额定喂入量下连续工作，需要按照作物的品种、单位面积产量、成熟程度、干湿程度等，选择合适的作业速度。对于产量高、成熟度差、秆长的作物可选用低速挡工作；反之，可适当提高作业速度。在收倒伏作物时，除尽可能减小割茬外，还要降低行走速度。

(三)试割应注意哪些事项

联合收割机作业之前必须进行试割，试割的目的是对机器调试后的技术状况进行一次全面的现场检查，并根据作业情况和农户要求进行必要的调整。

将联合收割机开到距待收作物一定距离处停下，在出粮口挂好接粮袋(有集粮箱则不需要)。在发动机低速运转下，平稳地接合工作部件离合器，使工作部件慢速转动，并将割台降到预计的割茬高度。如果各个部分运转正常，则逐渐将油门加到最大，使发动机转速达到标定转速。踏下离合器踏板，切断行走离合器动力，将变速箱变速杆放到低挡位置，然后平稳地接合离合器，联合收割机前进即开始收割作物。收割 10～20 米后，分离行走离合器，联合收割机停止前进收割，但发动机仍应保持大油门运转 10～20 秒。等到已割的作物全部通过机器脱粒清选系统后，再减小油门，降低发动机转速，分离工作部件离合器，使各工作部件停止运动，变速箱挂空挡，然后关闭发动机。

(四)试割完后应进行哪些必要的检查

1. 检查联合收割机作业质量 主要检查粮箱内粮食的清洁度(或含杂率)、籽粒破碎率、排草口作物的脱净率、排杂口籽粒清选损失率、割茬高度等。各项指标应符合使用说明书或有关规定的要求。如不符合，必须对有关部分进行再调整。

2. 检查联合收割机是否存在故障 重点检查各部件的紧固情况，各润滑部位(轴承)处的温度是否正常，各传动带或传动链条的张紧度是否正确。

对联合收割机进行调整后，按上述步骤再次进行试割，再次检查作业质量，直到符合要求为止。在机器试割过程中，要注意观察各工作部件工作情况，特别是要查看割刀切割是否正常，割台上的作物拨送喂入是否均匀、流畅，各传动系统工作是否平稳，机器工作声音是否正常，有没有异常气味。试割完成后，机器便可投入正常作业。

五、联合收割机维护保养的要求

(一)班 保 养

新机刚投入使用 4 小时后，应暂停作业，严格按班保养内容 (清理、检查、润滑等)进行保养。

(二)季度维护与保养

联合收割机除在每天工作前做好保养外，经过一个季节的作业后，对整机要做一次全面的维修保养。这不但能延长机器的使用寿命，而且为下一个季节使用做好准备。

第一，将机器各部分积聚的泥沙、杂物清除干净，包括输送槽和脱粒机内部。有条件还可利用空气压缩机气流冲洗。

第二，分解机器。自走式联合收割机如有足够存放库房，可不分解。若存放空间不足，可将割台拆下。背负式联合收割机需与拖拉机全面分解。以便于拖拉机综合利用和机器各部件的维修保养，步骤与方法如下：①将机组倒进机库，脱粒清选装置停靠的位置正好是它的存放位置。用砖头或木块将脱粒清选机架下部的 4 个点垫实(按脱粒清选装置的安装高度存放，便于下次安装)，并使发动机熄火。②调节所有传动带的张紧轮，使传动带松弛。拆下动力传动总轴至输送槽主动滚筒的传动带、输送槽中间滚筒右带轮到割台主轴左带轮的传动带、动力输出总成与动力传动总轴间的传动链条。③操纵液压升降手柄，降下割台，抬下输送槽。④拆下后（或斜)拉杆与脱粒清选装置的联接螺栓，拆下脱粒清选机架上卡住后支架的两个压板螺栓。启动发动机升起割台，使拖拉机缓慢向前，即可卸下脱粒清选装置。⑤将拖拉机开到割台的存放位置，降下割台，同时用两根平直的木板顺搅龙方向，垫在割台底板弧形角铁上，放置平稳。拆下两根钢丝绳上的钢丝卡头，拆下前支架的 U 形铁上卡住割台悬挂梁的两根插销，即可将割台卸下。⑥拆下前、后支架，钢丝绳，动力输出总成，机器拆卸完毕，拖拉机开出库。

第三，全面检查各工作部件。机器使用一季后，工作部件(特别是易损件)肯定会有不同程度的变形、磨损及损坏，尤其是使用了几年的旧机，更应对所有部件进行彻底的检查、修复、更换工作：①分禾器。分禾器是由薄钢板经成形、焊接而成，在作业和运输过程中，稍不留意，就会变形、断裂或脱焊。应将其拆下仔细检查后，根据具体情况进行必要的整形修复。②拨禾轮。拨禾轮着重检查禾板、拨齿、偏心滑轮机构有无变形，检查轴承磨损情况并针对具体情况校正或更换新件。③切割器。联合收割机的切割器是最容易损坏的工作部件之一，尤其是动刀片、定刀片、刀杆、护刃器、摩擦片等。检查时必须拆下所有压刃器、刀杆压板、摩擦片等，再对所有零件进行认真检查。④割台搅龙。割台搅龙叶片是否变形、脱焊、磨损，搅龙筒有无变形。伸缩扒指工作面磨损超过 4.5 毫米的应更换，扒指导套与伸缩扒指间隙超过 3 毫米的更换扒指导套。⑤放松输送带，更换变形严重的耙齿。⑥滚筒钉齿工作面磨损不大于 4.5 毫米，螺旋导向板变形或脱焊应整修，导向板高度磨损量超过 2 毫米应更换。⑦凹板筛钢丝工作面磨损超过 2 毫米的应更换。⑧出谷搅龙。其叶片变形、脱焊应拆下修复，叶片高度磨损超过 2.5 毫米应更换叶片。⑨所有罩壳、机架是否变形、脱焊、断裂，根据具体情况进行修复。⑩所有轴上的键槽、键是否完好，磨损严重的应修复。⑪所有轴承是否完好，滚珠、轴瓦磨损严重的应更换。⑫所有传动带是否完好，烧损、伸长严重的应更换。

另外，对于自走式联合收割机，还要定期检修发动机、转向、传动、制动等机构。分解检查零部件是一项细致、复杂的工作，务必认真进行，并且采用不同的修复工艺进行处理，恢复其应有的技术状态，从而保证整机状况的完好。

第四，对被磨去漆层的外露件，防锈后重新油漆。

第五，各黄油润滑点加注黄油。

第六，切割器、偏心伸缩扒指、链条、钢丝绳等传动部件，在清洗后涂上防锈脂。

第七，零部件存放整齐，大部件集中存放，小零件用木箱装好，避免散失。

第八，严禁在收割机各部件上堆放杂物。

第九，机库应通风、干燥、屋面完好，严禁将机器长期露天存放。

六、联合收割机易损件的更换与修复

(一)动刀片的更换

更换动刀片前,应先拆下刀杆与摇臂焊合上球头销的锁紧螺母,使球头与摇臂焊合分开,拆下压刃器,拆下刀杆压板,将刀杆抽出。用錾子先剔去需更换的刀片,再铆上新刀片。铆接时,应注意将整个刀杆垫平,把铆钉头顶在铆钉底模上,然后用锤子把铆钉镦粗,将刀片铆紧,再用铆钉冲打出铆钉头圆帽。刀片铆接后应检查刀杆是否变形。

如发现个别铆钉松动,一般可在割台上直接铆固,将需铆刀片移到两定刀片之间,在松动的铆钉下垫上垫铁,再用铆钉冲把铆钉重新铆紧。必要时剔去松动铆钉,换上新铆钉后铆紧动刀片。

(二)定刀片的更换

更换定刀片时,先拆下护刃器上的方颈螺栓,拆下护刃器,用錾子剔去报废刀片,再铆上新刀片。铆接中应注意钉头应低于定刀片工作面。如果护刃器变形或损坏,则换上铆有定刀片的新护刃器。

定刀片或护刃器在更换以后,要进行检查。要求所有定刀片在同一平面内,其偏差不超过 0.5 毫米。调整方法:在左右两端的护刃器之间,拉紧一根细线,细线放在每个定刀片的工作面上。如果其中某定刀片工作面与细线偏移太大,则拆下该定刀片所在护刃器上的方颈螺栓,刀片工作面向下偏移,应抽去护刃器与切割器梁之间的垫片(或以薄垫片换厚垫片)。反之则调整方法相反。

(三)刀杆的校正

1. 刀杆弯曲时校正　刀杆弯曲时,可用木锤敲击校正。

先校正最弯处，注意不可用铁锤直接校正刀杆，不能在刀杆上留下凹陷、毛刺和改变刀杆断面形状。

2. 刀杆扭曲的校正 将刀杆没扭曲的部位固定在虎钳上，用大活动扳手夹住扭曲部位，缓慢地用力，将刀杆扭曲的反方向扳转直到刀杆平直为止。校正时，扳手夹持刀杆的位置尽可能靠近虎钳，避免校正刀杆扭曲时引起刀杆弯曲。

3. 刀杆断裂后应更换 因为刀杆断裂的修复工艺较复杂，而且修复后的刀杆很难保证其平直度及有关动刀片间的距离，如果使用断裂的修复的刀杆，常会加剧相邻零部件的损坏和产生卡滞现象。

(四)螺旋叶片的修复

割台搅龙和出谷搅龙都是螺旋输送结构，螺旋叶片和损坏形式通常是皱褶、脱焊和边缘磨损。

叶片皱褶变形时，可在其一边垫上枕木，另一边用锤子锤平，叶片边缘磨损不严重的可暂不修，磨损严重的应新做叶片用气焊焊牢，脱焊部位用气焊、焊补，在叶片易变形处，可在适当位置添加强筋。

(五)脱粒滚筒修复后的平衡校正

1. 修复 用户一般是对脱粒钉齿进行修复，脱粒滚筒其他部分的修复应送修理厂进行。脱粒滚筒钉齿的修复可根据钉齿的损坏情况，采用个别钉齿或整根脱粒齿杆更新。由于脱粒滚筒直径大、转速高，在修复后如不平衡，运转时将产生很大的振动，因此脱粒滚筒在修复后必须进行平衡试验。

2. 平衡试验 经修理后的脱粒滚筒如果没有进行动平衡试验，必须进行静平衡试验，否则不能安装使用。静平衡试验的简易方法：①拆除滚筒与其他部件的传动带。②轻轻转动滚筒，如果滚筒在转速降低并停止前，滚筒无反转现象，滚筒的任一部位均能在最上方停止，说明滚筒重量得到了平均分配，滚筒基本平稳。③如果滚动筒静止前要正、反转反复几次，且经 2～3 次停止转动，都是同一根脱粒齿杆处于上方，说明该脱粒齿杆相对较轻，应在该齿杆上加一些垫片或螺母，且所加重量尽可能均衡分配在整根齿杆上。④反复几次校正，直至脱粒滚筒停止时的情况符合平衡校正要求。

(六)轴颈磨损的修复

收割机各传动轴的轴颈，使用较长时间后，常出现较大的磨损或键槽损坏，常用表面焊补法修复：①拆下需修的轴，有条件最好将需焊补的轴颈车圆，以使焊层厚度均匀。②用振动堆焊最好，振动堆焊焊层均匀细密，焊后变形小、硬度高。焊补后的轴颈，一般应比原来需要的尺寸大 5～8 毫米，以备机械加工。③焊补后的轴如有变形，应先校正，再车削加工。若轴颈虽有弯曲但焊层余量较大，只需修整轴端的中心孔，就可进行车削加工，恢复应有的配合性质。④有键槽的应用铣床加工出键槽，也可以手工加工。

机器工作部件的修复工艺有许多种，操作手应根据具体损坏情况及所在地的设备情况确定切实可行的修理方法。

七、联合收割机常见故障与排除

收割机在田间作业时，工作对象和工作条件不断变化，加上机器保养情况的好坏，操作人员熟练程度不同等因素的影响，机器可能出现各种故障。要求操作人员及时发现故障，准确地分析故障原因并采取正确措施排除故障，才能延长机器的使用寿命，保证机器的作业质量和提高作业效率。常见故障与排除方法见表 10-2 至表 10-7。

表 10-2 收割机输送部位常见故障与排除方法

故　障	原　因	排除方法
割刀堵塞	①刀片间隙太大或太小 ②刀片或护刃器磨损严重 ③切割器被铁丝、石块、木块等异物卡住 ④田间杂草太多,割茬过低 ⑤割刀传动系统带松	①正确调整动、定刀片间隙 ②更换新件 ③停机清除障碍,检查切割器是否损坏 ④适当提高割茬 ⑤张紧传动带
割台搅龙堵塞	①谷物太矮,喂入不均匀 ②喂入量太大 ③搅龙传动带松 ④割台前堆集谷物(拨禾轮太前)	①谷物高度不低于700毫米,尽量降低割茬 ②降低前进速度,提高割茬,减小割幅 ③张紧搅龙传动带 ④拨禾轮往后调,但不能碰割台搅龙
割台损失较大	①分禾器变形,太高或太低 ②分禾器上缠绕杂草 ③拨禾轮太高 ④拨禾轮转速与机组前进速度不相配	①调整、校正分禾器 ②清除分禾器上缠绕物,杂草太高田块,尽量提高割茬 ③调整拨禾轮高度使拨齿板不在穗层部分起作用 ④提高机组前进速度

续表 10-2

故　障	原　因	排除方法
拨禾轮翻草	①拨禾轮太低 ②拨齿板后倾角度太大	①调整拨禾轮高度 ②高速拨禾轮齿板角度
输送槽入口处翻草	①伸缩扒指偏心位置不当 ②割台底板变形 ③谷物太干，伸缩扒指将谷物打断而不能拨进输送槽入口	①调整伸缩扒指位置 ②校正割台底板 ③收小麦时，中午 12 时前后适当停机或黄熟期收割
输送槽堵塞	①传动带松 ②输送带松 ③耙齿脱落 ④喂入量大或不均匀 ⑤脱粒机喂入口挡草板变形	①张紧传动带 ②张紧输送带 ③装好耙齿 ④控制喂入量，校验输送槽位置 ⑤校正修复脱粒机挡草板

表 10-3　脱粒分离机构常见故障与排除方法

故　障	原　因	排除方法
滚筒堵塞	①传动带松 ②喂入量过大或不均匀 ③滚筒转速低 ④茎秆太湿，作物太高 ⑤导向板脱落	①张紧传动带 ②正确合理控制割台喂入量 ③用中大油门工作 ④收割成熟干燥作物，提高割茬 ⑤修复

续表 10-3

故　障	原　因	排除方法
滚筒转动不稳定或有异常声音	①滚筒内有异物 ②螺栓松动或脱落，或轴承、纹杆、钉齿等损坏 ③滚筒不平衡 ④滚筒轴向窜动与侧壁摩擦	①清除异物 ②拧紧螺栓，更换轴承，修复纹杆、钉齿等 ③重新调整平衡 ④调整并坚固牢靠
脱粒不净	①滚筒转速低 ②凹板间隙大 ③凹板两侧间隙不相等	①增加滚筒转速 ②减少凹板间隙 ③调整凹板两侧的吊杆长度使两侧间隙相等
粮食破碎太多	①滚筒转速过高 ②凹板间隙太小	①降低滚筒转速 ②调节凹板间隙
排草夹带损失太多	①喂量太大 ②作物枯叶较多，作物潮湿，分离筛孔堵塞	①减少喂量 ②打开滚筒盖，清理分离筛
排草轮堵塞	①传动带松 ②喂入量过大 ③茎秆潮湿	①张紧传动带 ②控制喂入量 ③收割干燥成熟作物

表 10-4 清选机构常见故障与排除方法

故 障	原 因	排除方法
初级风选损失剧增	①风量过大 ②出糠导向板角度不对	①调整风量 ②调整导向板
抛射器堵塞	①皮带太松，转速不够 ②抛射胶垫磨损 ③抛射片松动转向 ④喂入量过大	①张紧带，达到额定转速 ②更换抛射胶垫 ③调整紧固 ④均匀喂入
上分离筒堵塞	风量弱	①暂停收割（不停动力）打开望门，排除物料 ②将风管上插板往下调，增大风量
下分离筒出粮口堵塞	①风量弱 ②喂入量过大 ③发动机转速快 ④分层抛射板弧度不合适	①将风管上插板往下调，增大风量 ②调整喂入量 ③张紧风机带，风道插板往下调增大风量 ④调整分层抛射板弧度
出谷搅龙堵塞	①接粮麻袋装得太满，出粮口堵住 ②突然停机 ③安全离合器弹簧太松（上海Ⅲ型、上海ⅡB-A 型）	①麻袋不要装得太满 ②拖拉机停车或转弯时，动力轴要保持原转速 3～5 分钟 ③调节离合弹簧压紧力
颖壳中籽粒过多	①风量太大 ②杂余出口太大（上海ⅡB-A 型等） ③筛片开度或尾筛角度小（JL3060 等） ④鱼鳞筛堵塞（JL306 等）	①减少风量 ②升高后挡板高度，转动滑板向里调 ③适当增大开度、角度 ④清理

续表 10-4

故　障	原　因	排除方法
清洁度差	①杂余出口太小(上海Ⅱ B-A 型等) ②风量太小 ③鱼鳞筛开度大(JL306等)	①降低后挡板高度,转动滑板向外调 ②调大风量 ③减小筛片开度
升运器堵塞	①刮板链条过松 ②进入障碍物	①停机打开下盖,排除堵塞物,调整刮板链条紧度 ②排除障碍物

表 10-5　行走装置 (JL3060 等)常见故障与排除方法

故　障	原　因	排除方法
挂挡困难、噪声大	行走离合器分离不彻底	调整软轴长度
行走离合器打滑	①分离杠杆不在同一平面上 ②变速箱油面过高,摩擦片进油 ③分离轴承油过多,摩擦片进油	①调整分离杠杆 ②将摩擦片清洗,适当放掉变速箱内部分油液 ③将摩擦片拆下清洗,适当注油
行走无级变速器失灵	①液压油缸堵塞或漏油 ②从动盘卡住	①修理液压油缸 ②调整和润滑摩擦表面
行走无级变速油缸漏油	液压油缸油封磨损	更换油封

表 10-6 电气系统(JL3060 等)常见故障与排除方法

故障	原因	排除方法
启动机不转	①线路接触不良 ②总熔丝或 2 号熔丝熔断 ③蓄电池充电不足 ④启动机本身故障	①刮净脏物,拧紧螺栓 ②换用相同规格熔丝 ③对蓄电池充电 ④检修或调整新启动机
发电机不发电或充电不足	①线路接触不良或接错 ②定子或转子线圈损坏 ③二极管损坏 ④电刷接触不良 ⑤传动带过松	①对照电路图和接线图检查并保证各接点接触良好 ②换新发电机 ③换二极管 ④调整或换新碳刷 ⑤张紧
仪表不指示	①线路接触不良 ②熔丝熔断 ③传感器损坏	①检查并拧紧螺钉 ②换新熔丝 ③换新传感器
灯泡不亮	①开关损坏,线路接触不良 ②熔丝熔断,灯泡坏	①换新开关 ②换相同规格熔丝或灯泡

表 10-7 液压系统常见故障与排除方法

故障	原因	排除方法
液压系统所有液压缸在接通控制阀时,均不能工作	①油箱油位过低 ②CBN-E308 右花油泵工作情况不良或安全阀的调整和密封性不好	①检查油位,加液压油 ②如泵密封不好或磨损过度更换新泵,否则调整或更换挖掘阀中的安全阀

续表 10-7

故　障	原　因	排除方法
割台升降迟缓	①安全阀密封性不好或调整不正确 ②节流板放置位置不对	①更换调整控制阀中安全阀 ②重新安装
拨禾轮不能上升	①油管连接的快速接头没拧到位 ②节流孔堵死	①将快速接头拧到位 ②清理节流孔
液压方向机转向跑偏	①拨销变形或损坏 ②弹簧片失效,回位不正	①更换或修理拨销 ②更换弹簧片
液压方向机转向失灵	①液压油不足 ②CBN-E306 左花液压泵密封损坏 ③转向液压缸进入空气	①检查油面,添加液压油 ②检查修理或更换 ③排气
液压转向机转向费力	①油黏度大或冷凝 ②方向机发生故障 ③CBN-E306 左花油泵供油不足	①更换新油 ②检查、排除 ③更换新泵

第四节　半喂入式稻麦联合收割机使用、保养与故障排除

半喂入式稻麦联合收割机是一类稻麦兼用,除具有接地压力小,适合南方水田,脱粒性能好,收获损失小等优点外,还可以收割严重倒伏的作物。此类机型一般采用上脱式(或下

脱式)轴流滚筒二次脱粒,橡胶履带行走机构,电子控制行走无级变速和自动报警,并附有茎秆切碎还田装置。整体结构较复杂,对使用者的技术水平要求也较高。

一、半喂入式稻麦联合收割机构造与技术性能指标

半喂入式稻麦联合收割机主要由拨禾切割部分、输送部分、脱粒部分、动力行走部分和控制系统组成:①扶禾切割部分由分禾器、扶禾装置、拨禾装置、切割机构、割台支架等组成,其功能是将作物扶起并切断茎秆。②输送部分由上左输送链、上右输送链,下左、右输送链、喂入链、辅助输送链和排草链组成。输送装置的作用是将切割后的作物整齐连续地喂入给脱粒装置,并将茎秆排出。③脱粒部分由脱粒滚筒、凹板筛、顶盖板、副脱粒滚筒等组成。④清粮装置主要由主风扇、吸风扇和振动筛组成。⑤动力行走部分主要由发动机、传动机构、变速机构和履带行走机构组成。⑥控制台的操纵主要有主变速手柄、副变速手柄、转向手柄、油门手柄、割台升降手柄、割取离合器手柄及脱粒离合器手柄等组成。

半喂入联合收割机前进时,扶禾链将进入分禾器的作物扶直,割刀切断作物茎秆,上、下输送链分别夹持着作物的穗头和根部,经纵输送链将作物传到喂入链,喂入链将作物根部夹持着,送穗部进入主滚筒脱粒。脱过穗头的茎秆继续由排草链夹持送往机体尾部的切草装置切碎。也可选择保留完整茎秆。脱下的籽粒经凹板筛,振动筛等清粮装置,由搅龙输送到粮箱装袋。

二、半喂入式稻麦联合收割机使用调整、作业过程与保养

(一)调　整

半喂入式联合收割机调试项目有:割茬高度的调整、割幅的调整、作业速度的调整、脱粒喂入深度的调整、脱粒室导流板调节手柄的调整、振动筛筛片手柄的调整、主风扇风量的调整以及扶禾链辅助拨指导轨的调整。

1. 割茬高度、割幅及作业速度的调整

(1)割茬高度的调整　半喂入式联合收割机割茬高度一般控制在 5～15 厘米,地面高低不平或作物较高的,须将割茬高度适当提高以免割刀碰上杂物或影响作业效率。当作物高度较低或作物倒伏时须适当降低割茬高度,以保证作物的正常喂入长度。在一般情况下,如用户无特殊要求,适当提高割茬高度有利于延长割刀使用寿命。

(2)割幅的调整　有些机手为提高作业效率,总以为割幅越宽越好,实际作业时一般不应进行满幅收割,而应空出 5～15 厘米的幅宽。这样不易产生漏割,机器容易操作,劳动强度小。机器作业过程中如发现负荷较大还可将幅宽空出更多一点。

(3)作业速度的调整　作业速度的快慢取决于机器负荷的大小和机器的作业质量。一般情况下为提高作业效率,可将副变速放到高速挡,主变速位于最快位置进行快速收割,但在作物潮湿、倒伏、高产难脱或地块高低不平时,应适当降低前进速度,降低的程度主要以作业质量而定。

2. 脱粒喂入深度的调整　脱粒喂入深度决定了机器脱粒清选部分的负荷及脱净率的高低。脱粒喂入深度一般自动

控制，通过调节自动脱粒深度传感器位置使穗头到达脱粒深度指示的位置，脱粒性能较好。当收割穗幅差较大的作物时，可扳动手动脱粒深度开关将脱粒深度适当调深一点；当收获过程中发现脱粒负荷较大时，可使用手动脱粒深度开关将脱粒深度适当调浅一点。

3. 脱粒室导流板调节手柄的调整 送尘调节手柄的作用是调节脱出物在滚筒内停留时间的长短及负荷的大小，以控制脱粒程度。在作业中手柄通常位于中间位置。当谷粒中枝梗较多，谷物脱粒不净时，可改变送尘调节手柄的位置，增加脱出物在滚筒内停留的时间；当谷粒破壳严重或作物潮湿负荷较大时，应将送尘调节手柄向反方向调节，减少脱出物在滚筒内的停留时间。

4. 振动筛片手柄及主风扇风量的调整 振动筛片的作用主要是控制籽粒的清洁程度。在使用中筛片手柄一般位于中间位置。当籽粒清洁度差、枝梗较多时，应调小筛片的开度；当作物潮湿负荷大，杂余较多，籽粒抛撒严重时，应调大筛片的开度。主风扇风量的大小决定了籽粒清选的程度。风量大易清选干净，但籽粒损耗大，风量小则不易清选干净。

5. 扶禾链辅助拨指导轨的调整 扶禾链辅助拨指导轨用于控制拨指扶持作物的高度。一般情况下收割直立作物，拨指导轨的位置对收获质量影响不大。当作物较高、作物倒伏易打结时，必须将拨指导轨调到起作用的位置。当作物容易掉粒或麦收后期茎秆容易折断时，可将导轨调到不起作用的位置，使扶禾链上方拨指缩进扶禾链壳内。

(二)作业过程与收割方法

1. 作物和田块的条件 ①联合收割机适合的作物高度为70～120厘米。当作物高度超过120厘米时，割茬尽可能留得高一些;作物高度低于 70 厘米时,要将分禾板前端放低使其更靠近地面。②作物的干燥状态不良,或作物有病虫害,会使脱粒清选困难,应降低作业速度。③泥脚深度小于 15 厘米的田块,都可有效作业,但不要在上次形成的履带印迹上通过。

2. 联合收割机的准备 ①将侧分草杆拉到作业位置,进行安装。②把粗滤器扳至作业位置,并用胶木螺栓固紧。③作业前,对割刀和各传输链条进行加油。④拔起辅助接粮台的前后插销,将辅助接粮台放到作业位置上。

3. 收割作业方法 使用立式割台半喂入式联合收割机务必按以下作业方法要求操作。

①进出田块时将副变速手柄放到"低速"的位置,将主变速手柄放到"1"的位置,正对田埂垂直进出。②进入田块后,将割台升降手柄往前推,降下割台,使分禾器的前端下降到离田块表面 5～10 厘米的地方。③将副变速手柄根据作物的条件,扳到"高速"或"低速"的位置。④调节油门手柄,使发动机转速表的指针指向"作业"的位置。因为没有达到规定转速,脱不净率会增加,效率降低,脱粒机内部容易堵塞。而转速过高,脱粒损失会增大。⑤将脱粒离合器手柄,割取离合器手柄都扳到"入"的位置。⑥操作脱粒深度手动调节开关,根据茎秆长度进行调节。⑦从"1"速的位置,慢慢向前推,开始收割。一般采用左转弯行进路线收割。⑧当作物开始进入脱粒口后,操作脱粒深度手动调节开关,使穗头处于脱粒深度指示标志的位置。⑨割完以后,将割取离合器手柄扳到"切"的位置,等到出粮口不再出粮后,再将脱粒离合器手柄扳到"切"的位置,关闭发动机。

4. 倒伏作物的收割方法 收割倒伏作物,一般在割取速度，割取高度和割取方向3个方面进行控制。当操作得当时，半喂入式联合收割功能收割较严重倒伏的作物：①倒伏作物的割取速度，应根据倒伏程度和工作状态确定。②倒伏作物的割高以不产生漏割为前提，尽量调节至接近地面，但是在逆割时，必须稍微提高割取高度。③割取方向应根据作物的倒伏状态和程度选择。一般逆割倒伏角应小于70°，顺割倒伏角应小于85°。

5. 作业中的调整方法 在收割作业过程中，要及时根据作物的情况和作业中机器的状态，参考说明书进行调整。如清选手柄的调节、送尘手柄的调节、割茬高度调整。

(三)保养与定期检查

1. 清扫保养 为及时清除堵塞和防止不同品种稻麦的混杂，每日收获作业后，应按下列步骤对清扫部位彻底清扫：①打开尾部切草机，清扫振动筛内部。②拆下左侧盖，清扫一次搅龙。③打开喂入链，清扫喂入链台和出口挡圈处。④拆下右侧接粮台侧盖，清扫提升搅龙和二次搅龙的接合部。⑤打开喂入链后，将凹板筛沿圆周方向拉出，清扫内部。

2. 加油保养 联合收割机的各旋转部分和滑动部分要在清扫后加上油。

割刀、割台的输送链，以及脱粒部分的输送链，压草板和排草导杆等分别加油。

3. 定期检查及调整方法 在农闲期间进行定期检查和维修，就能在农忙期充分发挥机械的性能，进行安全舒适的作业。为了防止由于机械保养不善引发的事故，必须按本节的要求和方法进行定期检查和维修，确保各部安全。

特别燃油管、散热器水管等橡胶类零件每2年更换1次，电线每年检查1次，经常保持机械最佳状态，以确保能安心地进行工作。

4. 长时间不使用时的保养 收割机长时间不使用时，按下列要领进行保养存放：①收割机存放处应选择干燥通风良好，没有雨水侵袭的地方，橡胶履带下要垫木板。②各手柄都放在“切”位置。③收拢侧分草杆。④将割台放到底。⑤打开发动机室，从放水口彻底放净冷却水。⑥燃油箱应装满柴油，否则空油箱会凝结水滴，引起生锈。⑦外部容易生锈的部分，要涂以防锈油或发动机机油、黄油。⑧蓄电池完全充电，尽可能从机上拆下，保管在通风良好阴凉的地方，而装在机上保管时，必须将接地侧（一侧）电瓶线拆下。

三、半喂入式稻麦联合收割机故障检查与排除

当机械状况或作业质量恶化时，首先关闭发动机、拉上停车制动器后，然后参照表 10-8 至表 10-11 进行诊断和处理。

（一）发动机部分

发动机故障的检查与处置，见表 10-8。

（二）收割、输送部分

收割、输送部分检查与处置，见表 10-9。

表 10-8　发动机故障的检查和处置方法

故　障	检查部位	处　置
钥匙开关处“始动”位置时,启动马达不转	①脱粒离合器手柄是否处于“入”的位置 ②制动器踏板是否踏下 ③蓄电池是否有电 ④蓄电池接线端子是否松动,腐蚀 ⑤总保险丝接线柱或保险丝是否熔断	①将脱粒离合器手柄扳到“入”的位置 ②制动器踏板完全踏下 ③蓄电池充电 ④清洁接件端,切实拧紧,涂黄油防锈 ⑤更换新的总保险丝接线柱或保险丝
启动马达运转但发动机不启动	①输油泵是否动作(输油泵不良) ②燃油箱是否加进燃油 ③油路中是否混入空气 ④燃油开关是否关着 ⑤燃油中是否有水	①更换输油泵 ②加满油,排除空气 ③排除油路中的空气 ④将燃油开关打开 ⑤如果沉淀杯或油水分离器中有水沉淀,应排尽水
当脱粒离合器扳到“入”,发动机就停止	①燃油是否搞错 ②是否有燃油 ③切草机盖是否由于草屑堵塞而打开	①加柴油 ②加柴油 ③去除草屑,关上盖

表 10-9　收割、输送部分的故障检查和处置方法

故　障	检查部位	处　置
作物不输送	①割刀和输送部是否有泥块、石头等异物堵住 ②割台传动皮带是否松	①检查割刀和输送部，如有异物应予以清除 ②正确调节
拔出植株	①分禾器是否插入植株 ②割取速度是否太快 ③割刀是否很好切割	①用割台升降手柄使分禾器的前端调节到 5～10 厘米范围内 ②根据作物和田块的条件选用合适的收割速度 ③调节动、定刀间隙
漏割	①割刀是否损坏，特别注意观察上下刀刃 ②分禾器前端高度是否异常 ③割刀上是否堆积有泥块，草屑	①更换割刀 ②正确调节 ③清除泥块和草屑
穗头过分迟送	①主副变速的关系是否正确 ②自动脱粒深度是否正确(脱粒过深，穗头弯曲迟后) ③长秆、短秆作业时，自动脱粒深度的调节是否正确 ④主要在低速作业时，辅助输送导杆调节是否正确	①正确调节。 在倒伏的地方，副变速使用低速。一般在不进行副变速操作时提高主变速的速度，穗头则先进。如果将副变速放在“低”侧，穗头则先走 ②正确调节。在不出现脱不净、茎秆溢出的情况下。尽量调节为浅脱粒 ③将自动换成手动、调到稍浅一侧。注意不可发生脱不干净和茎秆溢出 ④调整辅助输送导杆、导板弹簧，注意长茎秆时，是否茎秆溢出

(三)脱粒部分

脱粒部分的检查与处置,见表10-10。

表10-10 脱粒部分的故障检查与处置方法

故障	检查部位	处置
脱不净	①脱粒深度是否过浅 ②主滚筒转速是否过低 ③脱粒深度传感器是否被草和草屑缠住	①用脱粒深度开关将穗头调节到红箭头处 ②观察转速表,用油门手柄调至规定转速 ③清除草和草屑
籽粒飞散多	①送尘调节手柄是否在“多”位置 ②发动机转速是否过高 ③清选调节手柄的调节是否适当	①将送尘调节手柄调到“2～3”位置或“1”位置 ②观察转速表,用油门手柄调至规定转速 ③正确调节
脱粒室内有咔嗒声,同时效率降低	①早上收割时作物是否太潮湿 ②脱粒深度是否太深 ③脱粒深度传感器位置是否调得太深 ④压草板和喂入链的间隙是否太大 ⑤主滚筒的转速是否太低 ⑥作业速度是否太快 ⑦送尘调节手柄是否处于“少”的位置 ⑧主滚筒切刀是否磨损	①干燥后收割 ②用脱粒深度开关将穗头调节到红箭头处 ③调节传感器位置 ④将压草板调到底 ⑤观察转速表,用油门手柄调至规定转速 ⑥降低速度进行作业 ⑦倒伏作业时,将送尘调节手柄调到“多”位置 ⑧研磨或更换切刀

续表 10-10

故　障	检查部位	处　置
清选恶化	①清选调节手柄的调节是否正确 ②发动机转速是否过低 ③主风扇风路和吸风口处是否被草屑堵住 ④脱粒深度是否太深	①根据作业条件，将清选调节手柄调节在合适的位置上 ②观察转速表，用油门手柄调至规定转速 ③清除草屑 ④用脱粒深度开关将穗头调节到红箭头处

(四)自动装置部分

自动装置部分的故障检查与处置，见表 10-11。

表 10-11　自动装置部分的故障检查与处置方法

故　障	检查部位	处　置
脱粒深度自动控制装置	①保险丝熔断 ②脱粒深度传感器 L，M，H 和限位开关周围是否积有草屑 ③限位开关是否有故障 ④割取开关、脱粒开关附近是否堆积有草屑 ⑤控制器(自脱粒)是否异常	①更换保险丝 ②除去草屑 ③拆下限位开关接插件，改用紧急用接插件(黄带)(可以用手动操作) ④清除草屑 ⑤拆下控制器(自动脱粒)接插件，改用紧急用接插件(可以用手动操作)。另外，如果自动和手动都不动作，而保险丝和限位开关正常时，改用紧急用接插件

第五节　玉米收获机具

一、玉米联合收获机类型与特点

我国目前开发研制的玉米联合收获机大体可分为 4 种类型:背负式机型、自走式机型、玉米割台、牵引式机型。

背负式玉米联合收获机(图 10-7),即与拖拉机配套使用的玉米联合收获机,它具有提高拖拉机的利用率、机具价格低的优点。但是受到与拖拉机配套的限制,作业效率较低。目前国内已开发有单行、双行、三行等产品,分别与小四轮及大中型拖拉机配套使用,按照其与拖拉机的安装位置分为正置式和侧置式,一般多行正置式背负式玉米联合收获机不需要开作业工艺道。

图 10-7　背负式玉米联合收获机

自走式玉米联合收获机(图 10-8),即自带动力的玉米联合收获机,该类产品国内目前有 3 行和 4 行,其特点是工作效率高,作业效果好,使用和保养方便,但其用途专一。国内现有机型摘穗机构多为摘穗板—拉径辊—拨禾链组合结构,秸秆粉碎装置有青贮型和粉碎型 2 种。

图 10-8　自走式玉米小麦两用联合收获机

玉米割台又称玉米摘穗台,玉米割台的使用是与麦稻联合收获机配套作业,扩展了现有麦稻联合收获机的功能,同时价格低廉,在 1 万～2 万元/台。目前国内开发该类型的产品主要与新疆-2、佳木斯-3060、北京-2.5 等型小麦联合收获机配套。这类机具一般没有果穗收集功能,将果穗铺放在地面。

牵引式玉米联合收获机是由拖拉机牵拉作业,所以在作业时由拖拉机牵引收获机再牵引果穗收集车,配置较长,转弯、行走不便,主要应用在大型农场。

二、玉米联合收获机推荐机型与选购

根据《2006～2008年国家支持推广的农业机械产品目录》和2008年部分地区国家补贴的谷物收获机械目录，推荐使用的玉米收获机械见附表10-3。玉米收获机械选购应注意的问题如下。

(一)人的素质

玉米联合收获机从国外的自走式、大马力、智能化到目前国内生产的以中、小型拖拉机为主要动力的悬挂式(又称背负式)、配置1次可收获1～4行玉米的机型。在选购时，首先要根据自己的机械技术水平，对机电液一体化的掌握控制能力和维修能力。尽量选择结构简单、易掌握，操作维修方便，收获性能好，与自己技术素质条件相符合的设备。

(二)区域适应性

1. 寻行功能 国内外生产的玉米联合收获机大部分机型都要求“对行收获”，而我国各地玉米种植行距千差万别，即使一个自然村所种的玉米也有不同行距。因此，具有寻行(即:不对行)功能的玉米联合收获机是用户选择之一。

2. 摘穗台的可调性 我国玉米种植地带较长且分散，自然条件相差悬殊，导致玉米品种不一、种植农艺不一。因而，玉米长势、产量各异，明显分成了1年1茬区和1年2茬区的不同地域。1年2茬区，产量低、植株矮、果穗小、秸秆细；1年1茬区产量高、植株高、果穗大、秸秆粗，且种植多为垄作，这样一来，需要考虑选择摘穗台高度可调整，摘穗台的设计强度、制造强度可靠和产品耐用性高的机型。

3. 茬口不同 1年2茬区，三秋季节为及时抢种冬小麦，大部分玉米都在秸秆青绿、籽粒蜡熟状态时期收获果穗。这样，无论是玉米断茎率和掉杂率都很低，无须考虑安装和使用排杂装置。1 年 1 茬区，收获时玉米已完全成熟，果穗下垂，秸秆枯黄叶子干脆，断茎率较高，且果穗箱中杂叶夹带严重，要选择有清选排杂功能的玉米收获联合收获机。

4. 作业通道 我国农村现行的分田到户经营体制，土地分割种植，一般地块面积较小，田间辅助道路较窄，进地作业困难，在使用机械化收获玉米时，选择可不对行收获、能从田间地头任意位置进田作业、自行开割辅助作业通道的玉米联合收获机机型是非常关键的。目前，可备选择的机型多为由拖拉机挂接的悬挂式(又称背负式) 玉米收获联合收获机，要想实现自开收割通道必须选择摘穗台(又称：前割台)宽度要大于或等同于拖拉机宽度的型号机。一可减少人工开割辅助作业通道的劳动强度；二可提高工作效率。

(三)投资效益是选择机型的重要根据

目前，我国的玉米联合收获机主要分为自走式、悬挂式、牵引式、小麦收割机更换玉米摘穗台等几大类。自走式自动化程度高，对机手素质要求高，价格较贵，故障率较多，维修难度大，费用高，投资回收期较长。牵引式机型机组长，为侧式牵引，机体宽度较大，不能自行开道，小地块不适应。小麦收割机更换玉米摘穗台是近 1～2 年起步研究的新方案，尚需时间成熟，不宜过早购买。从我国广大玉米主产区需求考虑，玉米种植面积及品种比例分布状况、农艺要求及劳动力资源成本匹配、玉米机械化收获技术应用的必要性和紧迫性、区域机械化装备水平、用户综合购买力等，投资效益性(投资回收期)是用户选择玉米联合收获机机型的重要根据。目前，以选择背负式玉米联合收获机为宜。

1. 背负式玉米联合收获机 这类机型与拖拉机配套使

用，可提高拖拉机的利用率，相应降低玉米联合收获机的1次性投资。当前开发生产的有1～3行3种机型，可分别与小四轮及大中型拖拉机(50型、55型、65型、70型)配套使用，按照其在拖拉机上的安装位置又可分为正置式和侧置式两种，正置式不需要人工开割道，为悬挂式玉米联合收获机应用较多的一种形式，一般1行的采用侧置式。悬挂式玉米联合收获机可一次完成摘穗、集穗、秸秆还田或秸秆切碎收集等作业。一般悬挂式玉米联合收获机的适应行距为55～75厘米，并且有行距可调与不可调两种类型，最近几年不对行收获的机型也开始投入市场。在市场需求的推动下，青贮型的悬挂式玉米联合收获机发展很快，已进入示范推广阶段。在实际生产中，2行还田型悬挂式玉米联合收获机是应用数量最多的一种机型。

2. 自走式玉米联合收获机 自走式玉米联合收获机是一种专用玉米收获机型，有2行、3行、4行以及4行以上等几种型号，其主要功能是一次完成摘穗、集穗、秸秆还田或秸秆切碎收集青贮等作业，有的还带有剥皮功能，可随机摘除果穗上的苞叶。根据秸秆粉碎装置的不同，自走式玉米联合收获机分为青贮型和还田型两种，可分别实现秸秆的切碎收集或还田。该两种机型结构紧凑、性能较为完善、作业效率高、作业质量好等优点，在发展潮流方面具有代表性。其不足是售价较高，投资回收期长，构造复杂，故障率偏高。

3. 牵引式玉米联合收获机等其他类型 牵引式玉米联合收获机是我国最早研制和开发的机型，一般为2～3行侧牵引，配套动力为36.8～58.8千瓦。由于机械安置在动力机械一侧，所以作业前需要人工收割开道，加之机组较长，转弯半径大，在广大农村应用受到很大局限，目前已经很少生产或使用。

4. 玉米专用割台　主要是在自走式小麦联合收获机上将其割台换成玉米摘穗台，一次完成摘穗和还田作业。目前该装置已经进入示范推广阶段，但购买时应注意自身已有的小麦联合收割机机型是否配套，安装使用是否方便，所购买机型的质量、服务保障是否齐全。近两年，有些小麦联合收割机生产企业开始推出一种所谓小麦、玉米两用收获机，实际上就是在自走式小麦联合收割机上加装了一台玉米割台装置。

(四)要重视拖拉机的最佳配套性

在选择拖拉机时，首先要考虑动力贮备。安全的动力贮备系数应达到130%～150%较好。如配置2米宽摘穗台的玉米收获机，额定动力配置为30千瓦，最好与40千瓦以上的拖拉机匹配。为节油或降低投资，也不要贮备动力过多。为实现跨区作业，尽可能选择带有驾驶室的拖拉机。还要考虑企业产品的综合指标，如厂家的专业性、生产年限、产品退货、返修率、被投诉情况、三包情况等。考虑到跨区作业的环境影响，选择具有跨区作业适应性好的厂家机型。跨区作业前要对拖拉机厂家售后服务网点、保障能力加以落实，使跨区作业取得较好收益。

(五)选购产品应把质量与售后服务列为重点

主要包括：①玉米联合收获机是一个新产品，在购买时一定要注意产品是否通过省级以上农业机械鉴定部门鉴定，有无省级以上农机主管部门颁发的《农机推广许可证》，随机清查"三证"(产品合格证、三包凭证、产品使用说明书)是否齐全。②在购机时，要掌握该机在你的意向作业区以前或邻近作业区的使用情况，要了解该机型以往的销售数量及分布状况，最好找老用户咨询后再决定购机。③售后服务中心、站、点的工作半径(一般在100千米内为宜)对售后服务质量有重要影响。售后服务质量在一定程度上决定着玉米收获机作业效益。要详细落实,充分准备,提高玉米收获机工作效率。④要充分了解相关信息,尽可能购买名牌产品。一定要选用取得省级以上农机部门颁发的推广许可证的产品。还可以到当地农机技术推广机构咨询,获得有价值的建议,并优先考虑购买列入国家或地方政府支持推广的先进适用的农机目录中的产品,如果能申请和享受国家购机补贴政策就更好了。此外,可找有机户直接了解产品的适应性和质量、售后服务情况。无论什么情况,要坚决杜绝购买假冒伪劣的农机产品。

三、玉米联合收获机维护与保养

(一)作业日技术保养

主要有:①每日工作前应清理玉米联合收获机残存的尘土、茎叶及其他附着物。②检查各组成部分连接情况,必要时加以紧固。特别要检查粉碎装置的刀片、输送器的刮板和板条的紧固,注意轮子对轮毂的固定。③检查三角带、传动链条、喂入和输送链的张紧程度。必要时进行调整,损坏的应更换。④检查减速箱、同步带轮封闭式齿轮传动箱的润滑油是否有泄漏和不足。⑤检查液压系统液压油是否有泄漏和不足。⑥及时清理发动机水箱、除尘罩和空气滤清器。⑦发动机按其说明书进行技术保养。

(二)收获机的润滑

玉米联合收获机的一切摩擦部分,都要及时、仔细和正确地进行润滑,从而提高玉米联合收获机的可靠性,减少摩擦力及功率的消耗。为了减少润滑保养时间,提高玉米联合收获机的时间利用率,在玉米联合收获机上广泛采用了两面带密封圈的单列向心球轴承、外球面单列向心球轴承,在一定时期内不需要加油。但是，有些轴承和工作部件（如传动箱体等），应按使用说明书的要求定期加注润滑油或更换润滑油。

（三）三角皮带传动维护和保养

主要有：①在使用中必须经常保持皮带的正常张紧度。皮带过松或过紧都会缩短使用寿命。皮带过松会打滑，使工作机构失去效能；皮带过紧会使轴承过度磨损，增加功率消耗，甚至将轴拉弯。②必须防止同步带轮沾油。③必须防止皮带机械损伤。挂上或卸下皮带时，必须将张紧轮松开，如果新皮带不好上时，应卸下一个皮带轮，套上皮带后再把卸下的皮带轮装上。同一回路的皮带轮轮槽应在同一回转平面上。④齿条轮缘有缺口或变形时，应及时修理或更换。⑤同一回路用 2 条或 3 条胀套皮带时，其长度应该一致。

（四）链条传动维护和保养

主要是：①同一回路中的链轮应在同一回转平面上。②链条应保持适当的紧度，太紧易磨损，太松则链条跳动大。

（五）液压系统维护和保养

主要是：①检查液压油箱内的油面时，应将收割台放到最低位置，如液压油不足时，应予补充。②新玉米联合收获机工作 30 小时后应更换液压油箱里的液压油，以后每年更换 1 次。③加油时应将油箱加油孔周围擦干净，拆下并清洗滤清器，将新油慢慢通过滤清器倒入。④液压油倒入油箱前应沉淀，保证液压油干净，不允许油里含有水、沙、铁屑、灰土或其他杂质。

四、玉米联合收获机使用与故障排除

（一）作业前的主要准备工作

包括：①收获前 10～15 天，应做好田间调查，了解作业田里玉米的倒伏程度、种植密度和行距、最低结穗高度、地块的大小和长短等情况，制定好作业计划。②收获前3～5天，将农田中的渠沟、大垄沟填平，并在水井、电杆拉线等不明显障碍物上设置警示标志，以利于安全作业。③正确调整秸秆粉碎还田机的作业高度，一般根茬高度为8厘米即可，调得太低刀具易打土，会导致刀具磨损过快、动力消耗大、机具寿命降低。

(二)玉米联合收获机的正确使用

方法有：①禁止在作业现场加油和机器运转时加油，严禁在收获机上和作业现场吸烟，以免发生火灾。②认真检查各转动部件有无杂草缠绕，发现杂草，应立即清除，以免摩擦引起火灾。③应备有灭火器，并随机携带。经常检查灭火器性能是否良好，用户在遇到火灾时，应首先想到使用灭火器。④禁止在收获机空运转、作业、转移时拆掉安全防护罩。防护罩损坏时应及时更换。⑤启动机器时，必须发出信号并且确信周围无人靠近时才可启动。⑥收获机运转时，不许用手或身体其他部位挨碰危险运动部件，禁止靠近摘穗台拨禾链、拉茎辊、茎秆切碎还田机等危险运动部件，要与整机保持安全距离。保养、调整、维修及清理堵塞时，一定要停车，待发动机熄火、零部件停止运转后才能进行。⑦在摘穗台下工作时，必须在摘穗台可靠支撑后进行。⑧收获机在田间作业时，拖拉机油门必须保持在额定转速并注意观察仪表和信号装置。⑨收获机作业中因超负荷堵塞必须断开行走离合器和工作离合器，必要时立即停止发动机工作。⑩严禁在高压线下停车，作业时不要与高压线平行行驶。⑪禁止用收获机组拖带任何其他机器。⑫检查、维修液压油时必须先用纸板或木板去检查可疑之处，以免被泄漏的高压液压油穿透、击伤手及皮肤。

⑬收获机出现故障应及时检修，严禁带病作业。工作部件缠草或出现故障时，必须及时停车清理排除。⑭经常检查拖拉机刹车机构、转向和信号系统的可靠性。如发现异常，必须调整维修。⑮收获机作业时，茎秆切碎还田机后面严禁站人。⑯收获机停车时，必须将还田机放落到地面。⑰摘穗台移动或行距调整时，摘穗台部分禁止运转。⑱茎秆切碎还田机作业时，禁止刀片入土。

(三)玉米联合收获机常见的故障与排除方法

详见表10-12。

表10-12　玉米联合收获机常见的故障与排除方法

故障现象	故障原因	排除方法
摘辊堵塞	①田间杂草异常多 ②切草刀闸间隙大 ③摘辊间隙太小 ④前进速度不适当 ⑤拨禾链不转 ⑥摘穗齿箱安全弹簧弹力不够	①降低行驶速度 ②调整切草刀间隙 ③调整摘穗辊间隙 ④改变工作挡位 ⑤排除拨禾轮故障 ⑥调整弹簧
机械剧烈震动	①传动轴弯曲 ②十字轴轴承损坏 ③切碎器转子不平衡	①校直传动轴 ②更换轴承 ③切碎器刀片丢失时应及时补上

续表 10-12

故障现象	故障原因	排除方法
拨禾链不转	①拨齿触地 ②双拨禾器上下链轮被草缠住 ③拨禾链太松，挂住拖地板 ④安全离合器弹簧力不足或摩擦片损坏 ⑤被果穗卡住	①作业中要注意使拨禾链的所有拨齿不触地 ②拧紧螺杆，调整弹簧预压长度；清除杂草 ③调整拨禾链张紧度 ④调整弹簧或更换摩擦片 ⑤清除卡穗
切碎器转子被缠住	① 皮带过松 ②刀片角触地	① 调整皮带紧度 ② 割茬最低高度不要小于30毫米
剥皮率低	①成对剥皮辊间有间隙 ②剥皮辊缠有果穗叶毛 ③钉齿太低或脱落	①调整皮带压力 ②清　除 ③调整钉齿高度或补充齿钉
漏切或切碎质量不好	① 行距不合要求或行走偏斜 ② 皮带过松打滑 ③刀片损坏丢失 ④ 前进速度过快	① 改进行驶操作 ② 调紧皮带 ③ 更换补齐刀片 ④ 适当降低前进速度
果穗籽粒丢失多	①地头转弯太早 ②摘辊间隙大	①应使第二升运器输送完毕再转弯 ② 适当调整摘辊间隙
剥皮机堵塞	①成对剥皮机未靠紧 ②传送皮带松 ③压送器胶皮老化，折断	①调整靠近弹簧 ②调整皮带紧度 ③调压送器高低位置

附表 10-1 推荐使用的自走式联合收割机及其技术参数

生产企业	产品型号	主要配置及参数		
第一拖拉机股份有限公司 电话 0379－64969400 13608657961	东方红 4LZ-180	1.8 米割幅,1.8 千克/秒喂入量,螺旋拨齿式割台搅龙型式,整机重量 2380 千克,发动机型号 4L68/QC495L,40 千瓦,外形尺寸(毫米)4945×2431×2560,轴流滚筒脱粒方式,风扇及振动筛组合清选机构,平均接地压力 23.8 千帕,人工卸粮		
		选装配置	选配一	调换三滚筒结构
			选配二	液压助力转向
			选配三	手动无级变速拨禾轮
			选配四	液压无级变速拨禾轮
	东方红 4LZ-200	2.0 米割幅;2.0 千克/秒喂入量,螺旋拨齿式割台搅龙型式,整机重量 2630 千克,发动机型号 4L68/QC495L,40 千瓦,外形尺寸(毫米)4945×2631×2560,轴流杆齿滚筒脱粒方式,风扇及振动筛组合清选机构,平均接地压力 23.8 千帕,机械卸粮(配人工卸粮口),驾驶室形式:遮阳篷		
		选装配置	选配一	副割刀
			选配二	驾驶室
			选配三	调换 4102 柴油机;2.2 米割台
			选配四	400 毫米履带
			选配五	卸粮筒
			选配六	暖风系统
			选配七	调换三滚筒结构
			选配八	液压助力转向
			选配九	调换 4105 柴油机;2.5 米割台
			选配十	手动无级变速拨禾轮
			选配十一	液压无级变速拨禾轮
			选配十二	调换大粮仓

续附表 10-1

<table>
<tr><th>生产企业</th><th>产品型号</th><th colspan="3">主要配置及参数</th></tr>
<tr><td rowspan="14">福田雷沃国际重工
股份有限公司
电话 0536—7602591
15305367186</td><td rowspan="3">4LZ-1.5(DA168)</td><td colspan="3">玻璃钢驾驶室，1.68 米割台，全柴 N490L 发动机(32.4 千瓦)，拨禾轮液压升降，二次脱选，浩泰机械变速桥，顶置粮仓(容积 0.55 米^3)。整机产地：潍坊</td></tr>
<tr><td rowspan="2">选装配置</td><td>选配一</td><td>下切割器总成</td></tr>
<tr><td>选配二</td><td>选装 1.38 米割台</td></tr>
<tr><td rowspan="4">4LZ-1.5(DA180)</td><td colspan="3">玻璃钢驾驶室，1.8 米割台，全柴 N495L 发动机(40 千瓦)，拨禾轮液压升降，二次脱选，浩泰机械变速桥，高地隙，侧置小粮箱(容积 0.3 米^3)高地隙。整机产地：潍坊</td></tr>
<tr><td rowspan="3">选装配置</td><td>选配一</td><td>顶置粮仓，下切割器总成</td></tr>
<tr><td>选配二</td><td>临海变速箱，高地隙</td></tr>
<tr><td>选配三</td><td>换装 350 毫米履带</td></tr>
<tr><td rowspan="7">4LZ-2A(DB200)</td><td colspan="3">玻璃钢驾驶棚；2.0 米割台，全柴 QC495L 发动机(40 千瓦)，拨禾轮液压升降，二次脱选，顶置粮箱(容积 1.2 米^3)，加大临海驱动桥，高地隙，400 毫米履带。整机产地：潍坊</td></tr>
<tr><td rowspan="6">选装配置</td><td>选配一</td><td>下切割器总成</td></tr>
<tr><td>选配二</td><td>调换全柴 4102 发动机</td></tr>
<tr><td>选配三</td><td>弧形驾驶室</td></tr>
<tr><td>选配四</td><td>高地隙，福田专用液压转向驱动桥</td></tr>
<tr><td>选配五</td><td>增配收割油菜附件</td></tr>
<tr><td>选配六</td><td>HST 无级变速系统(配福田专用液压转向桥)</td></tr>
</table>

续附表 10-1

生产企业	产品型号	主要配置及参数		
现代农装湖州联合收割机有限公司 电话 0572 — 2109052	4LZ-1.2 (湖州—130)	发动机:490;功率(千瓦):32.4;割幅(米):1.36;输送:平皮带输送;清选、复脱装置:有;履带接地压力(千帕):18;离地间隙(毫米):250		
		选装配置	选配一	选配下割刀
			选配二	选配液压拨禾轮
			选配三	选配 1.6 米割台
			选配四	选配链条输送槽
	4LZ-2.0 (湖州 200)	发动机:495;功率(千瓦):37,割幅(米):2.0;输送:平皮带输送,清选、复脱装置:有;履带接地压力(千帕):21.5;离地间隙(毫米):250		
		选装配置	选配一	选配无级变速
			选配二	选配油菜收割总成
			选配三	选配豪华驾驶室
			选配四	选配普通驾驶室
			选配五	选配 498 动力
			选配六	选配一杆操作
			选配七	选配 2.2 米割台
			选配八	选配下割刀
			选配九	选配 400 毫米履带 2 条
			选配十	选配外置卸粮搅龙
			选配十一	选配液压拨禾轮
			选配十二	选配链条输送槽
			选配十三	选配小粮箱
			选配十四	选配 1.8 米割台

续附表 10-1

<table>
<tr><th>生产企业</th><th>产品型号</th><th colspan="3">主要配置及参数</th></tr>
<tr><td rowspan="11">现代农装湖州联合收割机有限公司
电话 0572 — 2109052</td><td rowspan="11">4LZ-2.8
(碧浪福)</td><td colspan="3">发动机:4102;功率(千瓦):48;割幅(米):2.28;输送:平皮带输送;清选、复脱装置:有;履带接地压力(千帕):22;离地间隙(毫米):250</td></tr>
<tr><td rowspan="10">选装配置</td><td>选配一</td><td>选配 4105 动力</td></tr>
<tr><td>选配二</td><td>选配豪华驾驶室</td></tr>
<tr><td>选配三</td><td>选配普通驾驶室</td></tr>
<tr><td>选配四</td><td>选配 2.52 米割台</td></tr>
<tr><td>选配五</td><td>选配下割刀</td></tr>
<tr><td>选配六</td><td>选配外置卸粮搅龙</td></tr>
<tr><td>选配七</td><td>选配平粮装置</td></tr>
<tr><td>选配八</td><td>选配液压拨禾轮</td></tr>
<tr><td>选配九</td><td>选配破埂器</td></tr>
<tr><td>选配十</td><td>选配链条输送槽</td></tr>
<tr><td rowspan="6">现代农装湖州联合收割机有限公司
电话 0572 — 2109052</td><td rowspan="6">4LZ-1.5(湖州-160)</td><td colspan="3">发动机:490;柴油机功率(千瓦):32.4;割幅(米):1.6 输送:平皮带输送;清选、复脱装置:有;履带接地压力(千帕):18.5;离地间隙(毫米):250;喂入量(千克/秒):1.5</td></tr>
<tr><td rowspan="5">选装配置</td><td>选配一</td><td>选配油菜收割总成</td></tr>
<tr><td>选配二</td><td>选配装下割刀</td></tr>
<tr><td>选配三</td><td>选配液压拨禾轮</td></tr>
<tr><td>选配四</td><td>选配链条输送槽</td></tr>
<tr><td>选配五</td><td>选配三出口小粮仓</td></tr>
</table>

续附表 10-1

<table>
<tr><th>生产企业</th><th>产品型号</th><th colspan="3">主要配置及参数</th></tr>
<tr><td rowspan="10">现代农装湖州联合收割机有限公司
电话 0572 — 2109052</td><td rowspan="10">4LZ-2.0(碧浪)</td><td colspan="3">发动机:495;柴油机功率(千瓦):36.7;割幅(米):2.0;输送:平皮带输送;清选、复脱装置:有;履带接地压力(千帕):21.5;离地间隙(毫米):250;喂入量(千克/秒):2.0</td></tr>
<tr><td rowspan="9">选装配置</td><td>选配一</td><td>选配无级变速</td></tr>
<tr><td>选配二</td><td>选配油菜收割总成</td></tr>
<tr><td>选配三</td><td>选配 498 柴油机</td></tr>
<tr><td>选配四</td><td>选配普通驾驶室</td></tr>
<tr><td>选配五</td><td>选配一杆操作</td></tr>
<tr><td>选配六</td><td>选配 2.2 米割台</td></tr>
<tr><td>选配七</td><td>选配下割刀</td></tr>
<tr><td>选配八</td><td>选配液压拨禾轮</td></tr>
<tr><td>选配九</td><td>选配链条输送槽</td></tr>
<tr><td rowspan="5">浙江三联收割机制造有限公司
电话 0576—2455211
576—2448768</td><td rowspan="5">4LZ-1.28</td><td colspan="3">485 发动机;标定功率/转速 29.4 千瓦/2600 转/分;割幅 1.38 米;双层筛清选装置;复脱装置;履带规格 90×42×350;履带接地压力 21.7 千帕;最小离地间隙 200 毫米。整机产地:浙江省台州市</td></tr>
<tr><td rowspan="4">选装配置</td><td>选配一</td><td>下割刀</td></tr>
<tr><td>选配二</td><td>顶置粮仓</td></tr>
<tr><td>选配三</td><td>液压拨禾轮</td></tr>
<tr><td>选配四</td><td>490 发动机</td></tr>
</table>

续附表 10-1

生产企业	产品型号	主要配置及参数		
浙江三联收割机制造有限公司 电话 0576－2455211 576－2448768	4LZ-2.0	495 发动机；标定功率/转速 40 千瓦/2600 转/分；24V 启动机；双电瓶；割幅 2.0 米；双层筛清选装置；复脱装置；履带规格 90×46×350；履带接地压力 22.8 千帕；最小离地间隙 210 毫米。整机产地：浙江省台州市		
		选装配置	选配一	下割刀
			选配二	液压拨禾轮
			选配三	链条输送槽
			选配四	顶置粮仓
			选配五	调换 4102 发动机
			选配六	专用大变速箱
			选配七	封闭驾驶室(弧形)
			选配八	液压无级变速
			选配九	单手柄液压转向
			选配十	油菜割台
			选配十一	提升卸粮筒(液压)

续附表 10-1

<table>
<tr><th>生产企业</th><th>产品型号</th><th colspan="3">主要配置及参数</th></tr>
<tr><td rowspan="11">浙江三联收割机制造有限公司
电话 0576—2455211
576—2448768</td><td rowspan="11">4LZ-2.8</td><td colspan="3">4102 发动机 46 千瓦 2700 转/分;24V 起动机;双电瓶;割幅 2.17 米;双层筛清选装置;复脱装置;履带规格 90×46×350;履带接地压力 23.7 千帕;最小离地间隙 210 毫米。整机产地:浙江省台州市</td></tr>
<tr><td rowspan="10">选装配置</td><td>选配一</td><td>下割刀</td></tr>
<tr><td>选配二</td><td>液压拨禾轮</td></tr>
<tr><td>选配三</td><td>链条输送槽</td></tr>
<tr><td>选配四</td><td>专用大变速箱</td></tr>
<tr><td>选配五</td><td>调换 2.38 米割台(包括换 90×48×400 履带)</td></tr>
<tr><td>选配六</td><td>调换 2.58 米割台(包括换 90×48×400 履带)</td></tr>
<tr><td>选配七</td><td>长冲程 4102 发动机</td></tr>
<tr><td>选配八</td><td>4108 发动机</td></tr>
<tr><td>选配九</td><td>驾驶室(弧形)</td></tr>
<tr><td>选配十</td><td>提升卸粮筒(液压)</td></tr>
<tr><td rowspan="4">江西国力联合收割机有限公司
电话 0795—4605658</td><td rowspan="3">4LZ-1.8</td><td colspan="3">A490BT 发动机;33 千瓦;1.8 米割幅;粮仓容积 0.14 立方米;自动卸粮方式;履带接地压力≤23 千帕;最小离地间隙≥240 毫米</td></tr>
<tr><td rowspan="2">选装配置</td><td>选配一</td><td>大变速箱</td></tr>
<tr><td>选配二</td><td>A495BT 发动机 36.8 千瓦</td></tr>
<tr><td>4LZ-2.0</td><td colspan="3">A498BT 发动机;40.5 千瓦;2.0 米割幅;粮仓容积 0.2 立方米;自动卸粮方式;履带 46 齿;履带接地压力≤23 千帕;最小离地间隙≥240 毫米</td></tr>
</table>

续附表 10-1

生产企业	产品型号	主要配置及参数		
江苏沃得农业机械有限公司 电话 511－6348034	4LZ-1.6	1.8 米割幅；常柴 490 发动机；29.4 千瓦；普通变速箱；布篷；侧置小粮仓；拨禾轮机械升降；单割刀；350 毫米履带		
		选装配置	选配一	塑钢顶篷
			选配二	495 发动机
			选配三	加大变速箱(链传)
			选配四	400 毫米履带
			选配五	驾驶室
			选配六	下割刀
			选配七	拨禾轮液压升降
			选配八	中置大粮仓
			选配九	高地隙
			选配十	液压转向
			选配十一	无级变速
江苏沃得农业机械有限公司 电话 511－6348034	4LZ-3.0	2.8 米割幅；洛拖 4MC-T23 发动机；66.2 千瓦；加大加强型变速箱(齿传)；双滚筒；驾驶室；400 毫米履带		
		选装配置	选配一	液压转向
			选配二	茎秆抛撒器

续附表 10-1

生产企业	产品型号	主要配置及参数		
山东巨明机械有限公司 电话 0533—8010721 13518648999	4LZ-3	功率:48 千瓦;整机重量 3000 千克;割幅 2.38 米;喂入量 3 千克/秒;损失率≤3.5%;含杂率≤2.0%;破碎率≤2.0%;液压升降、电子报警、信号灯显示、后视装置、弧形全封闭驾驶室。外形尺寸(毫米):5000×2700×3000		
		选装配置	选配一	下割刀器总成
			选配二	卸粮筒
			选配三	液压破梗器
中国收获机械总公司 电话 0379—62186126 13384005006	4LZ-2	①配套动力 42 千瓦;②高底盘,采用 400 毫米宽履带;主要技术参数:外形尺寸(毫米):5000×2390×2850;结构重量:2700 千克;喂入量:2 千克/秒;割幅:2.10 米		
		选装配置	选配一	4102 发动机
			选配二	驾驶室
			选配三	下割刀
			选配四	自卸粮箱
	4LL-1.5	①配套动力 40 千瓦;②清选采用吹吸双风机;③转向液压一杆联动操纵机构;④直通式水箱:主要技术参数:外形尺寸(毫米):4750×2365×2740;结构重量:2200 千克;喂入量:1.8 千克/秒;割幅:1.80 米		
		选装配置	选配一	HST 无级变速系统
			选配二	驾驶室
			选配三	下割刀
			选配四	495T 发动机
			选配五	偏置小粮仓
			选配六	2 米割台

续附表 10-1

<table>
<tr><th>生产企业</th><th>产品型号</th><th colspan="3">主要配置及参数</th></tr>
<tr><td rowspan="10">浙江柳林机械有限公司
电话 0576—82661574
13957646996</td><td rowspan="10">4LZ-258</td><td colspan="3">该机型号主要配置及参数：发动机：4102(DI)加长冲程 60 千瓦（江苏常柴或成都云内）；割台割幅：2.58 米；耙齿平板带式 450 毫米输送器；双层清选筛、自脱粒复脱装置；拨禾轮升降液压自动调节；大粮仓，机械螺旋自动卸粮；浙江临海高地隙、加强型水稻机专用变速驱动桥；90×400×48 橡胶履带；带遮阳棚式驾驶台；24 伏电器系统；机器接地压力≤24 千帕、最小离地间隙≥250 毫米。整机产地：浙江台州市</td></tr>
<tr><td rowspan="9">选装配置</td><td>选配一</td><td>选配链条式输送器</td></tr>
<tr><td>选配二</td><td>选配专利生产柳林专用 2×(6+6)12 挡位高地隙、加强型水稻机变速驱动桥</td></tr>
<tr><td>选配三</td><td>选配全封闭驾驶室</td></tr>
<tr><td>选配四</td><td>选配 90×400×48 加高加强型橡胶履带</td></tr>
<tr><td>选配五</td><td>选配大粮仓倾斜出粮筒高位卸粮</td></tr>
<tr><td>选配六</td><td>选配加大粮仓垂直提升高位水平卸粮</td></tr>
<tr><td>选配七</td><td>选配 4108(DI)66 千瓦发动机（一拖东方红）</td></tr>
<tr><td>选配八</td><td>增配油菜收割附属装置</td></tr>
<tr><td>选配九</td><td>驾驶室选配暖风机</td></tr>
<tr><td rowspan="2">湖南中天龙舟农机有限公司
电话 0730—5243268
13548934813</td><td rowspan="2">4LZ-1.4</td><td colspan="3">SZ1125 动力；割幅 1.4 米；双层筛选；履带接地压力 23 千帕；最小离地间隙 250 毫米。整机产地：湖南汨罗市</td></tr>
<tr><td>选装配置</td><td>选配一</td><td>调换 490；割幅 1.6 米</td></tr>
</table>

续附表 10-1

生产企业	产品型号	主要配置及参数		
湖南中天龙舟农机有限公司 电话 0730—5243268 13548934813	4LZ—2.0	495T 发动机;42 千瓦 2650 转/分;割幅 2.0 米;双层筛选;有复脱装置;履带接地压力 24 千帕;最小离地间隙 250 毫米。整机产地:湖南省汨罗市		
		选装配置	选配一	液压拨禾轮
			选配二	配双剪
			选配三	4102 动力,常柴,12 小时功率 46 千瓦,标定转速 2600 转/分
			选配四	大变速箱
			选配五	链条耙齿式输送
			选配六	液压助力转向
			选配七	翻转式驾驶室
			选配八	无级变速装置
湖南岳阳常丰联合收割机有限公司 电话 0579—7611688	4L-0.8	割幅:1.22(米);12 小时功率:20.5(千瓦);接地压力:0.23(千帕);最小离地间隙 200(毫米);总损失率≤3.5 %;含杂率≤2 %;破碎率 ≤2 %		
		选装配置	选配一	调换双缸柴油机
			选配二	下割刀(双剪),自制。其余配置同上

续附表 10-1

生产企业	产品型号	主要配置及参数		
桂林桂联农业装备有限责任公司 电话 0773—6818055 服务热线:0773—6818035	4LZ3.0	发动机:495BT;功率:36.7 千瓦;割幅:1.95 米;侧置接粮喂入量(千克/秒):3.0 半封闭驾驶室;桂联专用变速箱 SB-3 输送槽链条输送;液压拨禾轮;双层筛带二次回收清选摇架结构轮系;履带:400 毫米×90 毫米×46 节		
		选装配置	选配一	中置粮仓
			选配二	割台 2.5 米
			选配三	全柴 4102 发动机
			选配四	豪华封闭驾驶室
			选配五	履带:450 毫米×90 毫米×50 节
			选配六	中置大粮仓
			选配七	粮仓输出装置
			选配八	加强型底盘
	4LZ1.5	发动机:490BT 功率:29.4 千瓦;喂入量(千克/秒):1.5 割幅:1.65 米;简易驾驶室;桂联专用变速箱 SB—3 摇架结构轮系;输送槽皮带输送;双层筛;二次回收;履带:350 毫米×90 毫米×46 节;麻袋卸粮		
		选装配置	选配一	495BT 发动机
			选配二	割台 1.95 米
			选配三	液压拨禾轮
			选配四	链条输送
			选配五	履带:400 毫米×90 毫米×46 节
			选配六	中置粮仓

续附表 10-1

<table>
<tr><th>生产企业</th><th>产品型号</th><th colspan="3">主要配置及参数</th></tr>
<tr><td rowspan="6">湖州星光农机制造
有限公司
电话 0572—3966168</td><td rowspan="6">4LL-2.2</td><td colspan="3">①简易驾驶室；②2.3 米割台；③4102 发动机；④液压升降拨禾轮；⑤中置大小粮仓；⑥350×90×48 橡胶履带；⑦双轴流滚筒；⑧两次复脱装置；⑨喂入量标准设计值 2.2(千克/秒)；⑩履带接地压力≤24 千帕；⑪46×90×350 橡胶履带；⑫叶片可调往复式双层振动筛；⑬自脱粒复脱装置；⑭双轴流双钉齿式脱粒滚筒</td></tr>
<tr><td rowspan="5">选装配置</td><td>选配一</td><td>调换 4105L 发动机</td></tr>
<tr><td>选配二</td><td>调换 400×90×48 橡胶履带</td></tr>
<tr><td>选配三</td><td>调换 2.58 米割台</td></tr>
<tr><td>选配四</td><td>液压转向系统</td></tr>
<tr><td>选配五</td><td>液压破埂器</td></tr>
<tr><td rowspan="5">河南三中通用机械
有限公司
电话 0371—63781260
13937137189</td><td rowspan="5">4LZ-2</td><td colspan="3">发动机型号:495L;功率:40 千瓦 喂入量:2 千克/秒;割幅:2 米</td></tr>
<tr><td rowspan="4">选装配置</td><td>选配一</td><td>封闭驾驶室</td></tr>
<tr><td>选配二</td><td>发动机:4102L;功率:48 千瓦</td></tr>
<tr><td>选配三</td><td>2.2 米割台</td></tr>
<tr><td>选配四</td><td>下割刀</td></tr>
</table>

续附表 10-1

生产企业	产品型号	主要配置及参数		
吉林省东风机械装备有限公司 电话 0434－3332222	4LZ-1.5-1548	常柴 490L 发动机;34.5 千瓦/2600 转/分;割幅 2 米;双层清选筛;回馈复脱;履带接地压力 23 千帕;最小离地间隙 230 毫米		
		选装配置	选配一	弧形驾驶室
			选配二	加大变速箱
			选配三	4L68 发动机
			选配四	木翻轮液压升降
			选配五	破埂器
			选配六	暖风机
			选配七	双滚筒脱粒装置
湖州思达机械制造有限公司 电话 0572-2810971	4LZ-2.8	发动机 4102GB;功率 46 千瓦;割幅 2.38 米;双层筛清选装置;复脱装置;履带接地压力:≤24 千帕;最小离地间隙 240 毫米		
		选装配置	选配一	发动机 4105,功率 53 千瓦
			选配二	液压无级变速
			选配三	驾驶室
			选配四	破埂机
			选配五	下割刀
			选配六	外置出粮口
			选配七	调换 2.6 米割台

续附表 10-1

生产企业	产品型号	主要配置及参数		
上海向明机械有限公司	4LZ-2.0	发动机 LQ4105；割幅 2.5 米；喂入量 2 千克/秒		
		选装配置	选配一	配置拨禾轮液压装置
			选配二	配置自动全液压卸粮臂装置
			选配三	配置 2.8 米割台
	4LZ-1.5A	发动机 QC495；割幅 2 米；喂入量 1.5 千克/秒		
		选装配置	选配一	配置人工接粮装置
			选配二	配置拨禾轮液压装置
			选配三	配置驾驶室
			选配四	配置割幅 2 米的油菜收割装置及其他附件
山东大丰机械有限公司 电话 0537－3832588 13305477880	4LZ-2.0 型	发动机：常柴 4L68 型；功率 40 千瓦；割幅 2 米；有双层筛；有复脱装置；履带接地压力≤24 千帕；最小离地间隙 284 毫米；机械转向		
		选装配置	选配一	驾驶室，全封闭
			选配二	下切割器，割幅 2 米
			选配三	卸粮筒，螺旋叶片式筒内径 185 毫米
			选配四	CZ4102Q 发动机 46 千瓦
			选配五	CA4102 发动机 51 千瓦
			选配六	90 毫米×48 节×400 毫米履带
			选配七	2.2 米割台 割幅 2.2 米
			选配八	2.36 米割台 割幅 2.36 米
			选配九	液压转向机构

续附表 10-1

生产企业	产品型号	主要配置及参数		
佳木斯现代农业装备有限公司 电话 0454－8575336	4LZ-3	4102L 48 千瓦发动机;2.38 米割台;弧形驾驶室;液压转向;顶置粮仓;破埂器;切流＋轴流滚筒;FD168 高强神州专用变速箱;400×90×48 履带;宽轨距;高地隙;手动装袋＋搅龙自卸		
		选装配置	选配一	选装 2.58 米水稻割台
			选配二	选装 4105L 55 千瓦发动机
			选配三	选装 40 瓦暖风机
广东省农业机械研究所 电话 020－38481190(总机) 020－38480290/38481712	广联珠江 4LZ-1.5ⅢD	配套动力 32.4 千瓦;双层筛加复脱回收清选;总损失率小于等于 2;含杂率小于等于 2;破碎率小于等于 1;生产率:0.16～0.4 公顷/小时		
		选装配置	选配一	4L68 发动机
			选配二	液压拨禾轮
			选配三	大粮箱
			选配四	塑钢顶棚
			选配五	加强变速箱
			选配六	驾驶室
			选配七	中间输送皮带改链条输送
			选配八	半喂入式悬挂轮系
	广联珠江 4LZ-2.0	配套动力 40 千瓦;双层筛加复脱回收清选;总损失率小于等于 2;含杂率小于等于 2.5;破碎率小于等于 1;生产率:0.16～0.4 公顷/小时		
		选装配置	选配一	液压拨禾轮
			选配二	大粮箱
			选配三	塑钢顶棚
			选配四	加强变速箱
			选配五	驾驶室
			选配六	中间输送皮带改链条输送
			选配七	半喂入式悬挂轮系

附表 10-2　推荐使用的半喂入式联合收割机及其技术参数

<table>
<tr><th>生产企业</th><th>产品型号</th><th colspan="3">主要配置及参数</th></tr>
<tr><td>桂林桂联农业装备有限责任公司
电话 0773－6818055；
0773－6818035</td><td>4LB1.5 型</td><td colspan="3">发动机：495BT；功率：40 千瓦；割幅：1.5 米；液压式割台升降；双筒下置轴流脱粒方式；液压无级变速；有茎秆切碎装置；收割行数 4 行；关键部位国外进口；履带：400 毫米×90 毫米×45 节</td></tr>
<tr><td rowspan="2">福田雷沃国际重工股份有限公司潍坊农业装备事业部
电话 0536－7602591
15305367186</td><td>4LB-150(B1500)</td><td colspan="3">4A220C-CH 柴油机(进口)，1.45 米割台，零部件全球采购。整机产地：潍坊</td></tr>
<tr><td>4LB-150(B1503</td><td colspan="3">1.45 米割台，4A220C-CH 柴油机(进口)，进口液压无级变速＋3 挡机械变速行走系统。整机产地：潍坊</td></tr>
<tr><td>现代农装湖州联合收割机有限公司
电话 0572 － 2109052</td><td>4LBZ-150(碧浪 150)</td><td colspan="3">发动机：495BT；功率：40 千瓦；割幅(米)：1.5；喂入深度调节装置：有；复脱滚筒：有；茎秆切碎装置：有；履带接地压力(千帕)：20.2；最小离地间隙(毫米)：192</td></tr>
<tr><td rowspan="3">湖州星光农机制造有限公司
电话 0572－3966168</td><td rowspan="3">4LBZ-1.4(星光 450)</td><td colspan="3">①发动机 QC495L(D1)40 千瓦/2600 转/分；②割幅 1385～1450 毫米；③喂入量标准设计值 1.4(千克/秒)；④履带接地压力≤24 千帕；⑤叶片可调往复式双层振动筛；⑥复脱滚筒装置</td></tr>
<tr><td rowspan="2">选装配置</td><td>配一</td><td>韩国进口 HST</td></tr>
<tr><td>配二</td><td>韩国进口底盘</td></tr>
</table>

续附表 10-2

生产企业	产品型号	主要配置及参数		
广州市科利亚农业机械有限公司 电话 020 — 87446513/87441986	4LBZ-148	履带式、液电一体化—无级变速、有微电脑自动监测功率:35.3 千瓦;1.48 米割幅;0.26～0.46 公顷/小时;接地压力≤22 千帕;碎草长度 5 厘米;谷仓口不对称的设计更省力;底盘最小离地间隙≥200 毫米;湿田通过能力强;散热水箱采用铝合金制作,散热效果好更加环保		
		选装配置	选配一	自动集草器
			选配二	进口韩国发动机 DB33
	4LBZ-148C	履带式、液电一体化—无级变速、有微电脑自动监测功率:44.2 千瓦;1.48 米割幅;0.3～0.56 公顷/小时;接地压力≤22 千帕;碎草长度 5 厘米;谷仓口不对称的设计更省力;底盘最小离地间隙≥200 毫米;湿田通过能力强;散热水箱采用铝合金制作,散热效果好更加环保		
		选装配置	选配一	自动集草器
			选配二	进口韩国发动机 DB33
	4LBZ-180	履带式、液电一体化—无级变速、有微电脑自动监测功率:51.5 千瓦;1.8 米割幅;0.36～0.73 公顷/小时;接地压力≤22 千帕;碎草长度 5 厘米;底盘最小离地间隙≥200 毫米;谷仓口不对称的设计更省力;散热水箱采用铝合金制作,散热效果好更加环保		
		选装配置	选配一	自动集草器
			选配二	进口韩国发动机 DB33
哈尔滨东金沃尔科技有限公司 电话 0451—88108555 0451—88108222—8388	KC575S-A	发动机型号:495BT;粮仓容积:4 袋标准;履带型号:400×90×45		

续附表 10-2

<table>
<tr><th>生产企业</th><th>产品型号</th><th colspan="3">主要配置及参数</th></tr>
<tr><td rowspan="3">无锡联合收割机有限公司
电话 0510－88263818</td><td rowspan="2">4LBZ-145</td><td colspan="3">发动机:4A220C-CH1;功率:35.3 千瓦;割幅:1450 毫米;纯生产率:0.2～0.4 公顷/小时</td></tr>
<tr><td>选装配置</td><td>选配一</td><td>发动机、切草机;发动机:TD1700C-2;功率:25.7 千瓦;割幅:1450 毫米;纯生产率:0.2～0.4 公顷/小时</td></tr>
<tr><td>4LBZ-145C</td><td colspan="3">发动机:4A220DITC-1;功率:44.1 千瓦;割幅:1450 毫米;纯生产率:0.3～0.5 公顷/小时</td></tr>
<tr><td rowspan="3">现代农装北方(北京)农业机械有限公司
电话 010－51666996
13426451688</td><td rowspan="3">503 型</td><td colspan="3">①发动机 12 小时标定功率 40 千瓦;②整机重量 2480 千克;③割幅 1450～1500 毫米;④手动喂入深浅调节装置;⑤平均接地比压 0.238 千帕;⑥配有茎秆切碎装置;⑦带二次脱粒复脱器;⑧最小离地间隙 200 毫米</td></tr>
<tr><td rowspan="2">选装配置</td><td>选配一</td><td>选用进口割台</td></tr>
<tr><td>选配二</td><td>选用进口割台和进口脱粒装置</td></tr>
<tr><td rowspan="3">南通联农农业机械有限公司
电话 0513－86528092/
86546388</td><td rowspan="3">4LB-1450</td><td colspan="3">自重 2510 千克;外形尺寸(毫米):4180×1800×2300;收获行数:4 行;割幅:1450 毫米;发动机型号:ZN490;12 小时功率:38 千瓦;手动喂入深度调节;轴流式二次脱粒;粮箱容积(米^3):0.25;报警装置:割台、喂入深度、粮仓、倒车;履带型号:宽 350 毫米,46 节,节距 90;接地压力≤22(千帕);最小离地间隙:200(毫米);有茎秆切碎装置;液压无级变速;双动力切割器;进口日本坂东三角带</td></tr>
<tr><td rowspan="2">选装配置</td><td>选配一</td><td>调换进口韩国液压无级变速(HST)</td></tr>
<tr><td>选配二</td><td>调换 4L68 发动机(40 千瓦)</td></tr>
</table>

续附表 10-2

生产企业	产品型号	主要配置及参数
洋马农机(中国)有限公司 电话 0510－85216887 13912387590 委托代理 0539－8380970 13864972477	4LBZJ-140B (Ce-1M)	发动机:日本洋马 3 缸、水冷、4 冲程柴油机;行走变速:液压无级变速(HST);脱粒:轴流式二次脱粒,脱粒深度自动控制;报警装置:二次搅龙、水温、油压、充电、燃油量、割台、切草机;安全装置:割台辅助输送、切草机堵塞、发动机自动熄火;技术参数:功率:25.74 千瓦(35 马力);效率:0.22～0.333 公顷/小时;前进速度:1.2 米/秒;收割行数及割幅:4 行、1400 毫米
	4LBZJ-140C (Ce-2M)	发动机:日本洋马 4 缸、水冷、4 冲程柴油机;行走变速:液压无级变速(HST);脱粒:轴流式二次脱粒,脱粒深度自动控制;报警装置:二次搅龙、水温、油压、充电、燃油量、割台、切草机、排草;安全装置:割台辅助输送、切草机堵塞、发动机自动熄火;技术参数:功率:35.3 千瓦(48 马力);效率:0.27～0.40 公顷/小时;前进速度:1.34 米/秒;收割行数及割幅:4 行、1400 毫米
	4LBZJ-140D (AG600)	发动机:日本洋马 4 缸、水冷、4 冲程柴油机;行走变速:液压无级变速(HST);脱粒:轴流式二次脱粒,脱粒深度自动控制;报警装置:二次搅龙、水温、油压、充电、燃油量、割台、切草机、排草、粮箱;安全装置:割台辅助输送、切草机堵塞、发动机自动熄火;技术参数:功率:44.1 千瓦(60 马力);效率:0.30～0.50 公顷/小时;前进速度:1.65 米/秒;收割行数及割幅:4 行、1400 毫米

续附表 10-2

生产企业	产品型号	主要配置及参数
久保田农业机械(苏州)有限公司 电话 0512－67163907 13913533528	PRO488 型	①自重(千克):2220;②外形尺寸(毫米):4155×1900×2200;③收获行数及割幅(毫米):4 行、1450;④发动机型号及 12 小时功率(千瓦):V2203-M-DI-C-E-2、35.3;⑤脱粒机构形式:下脱粒、单滚筒、轴流式;⑥粮仓容积(米^3):0.2;⑦报警装置:倒车、粮仓、排草、2 号搅龙堵塞、充电、水温、燃料、机油压;⑧履带型号:宽×接地长(毫米):400×1300;⑨接地压力 20.9(千帕),离地间隙 185(毫米);⑩茎秆切碎装置:圆盘陶瓷刀、切草长度 50 毫米;⑪作业效率:0.2～0.46 公顷/小时(麦或硬田直立水稻情况下)
	PRO588 型	①自重(千克):2285;②外形尺寸(毫米):4250×1900×2200;③收获行数及割幅(毫米):4 行、1450;④发动机型号及 12 小时功率(千瓦):V2003-M-DI-T-C-1、42.7;⑤脱粒机构形式:下脱粒、单滚筒、轴流式;⑥粮仓容积(米^3):0.2;⑦报警装置:倒车、粮仓、排草、2 号搅龙堵塞、充电、水温、燃料、机油压;⑧履带型号:宽×接地长(毫米):400×1350;⑨接地压力 20.7(千帕),离地间隙 185(毫米);⑩茎秆切碎装置:圆盘陶瓷刀、切草长度 50 毫米;⑪作业效率:0.26～0.46 公顷/小时(麦或硬田直立水稻情况下)
井关农机(常州)有限公司 电话 0519－5125808; 0519－85125808	HF448	4 行功率:35.3 千瓦;外形尺寸(毫米):4150×1865×2155;重量(千克):2285;液压式割台升降;双筒下置轴流脱粒方式;液压无级变速;行驶速度 0～1.76 米/秒;割幅1400～1475 毫米;振动,鼓动,吸引清选方式;有茎秆切碎装置。整机产地:常州

续附表 10-2

生产企业	产品型号	主要配置及参数
江苏东洋机械有限公司 电话 0515－86119003 13961991348	HL6060C	①发动机型号:DB33-ELMAC;②发动机形式:水冷式 4 缸 4 冲程柴油机;③发动机功率(千瓦)/转速(转/分):44.1/2600;④燃油箱容量(升):65;⑤履带中心距毫米:1000;⑥变速方式:液压无级变速(HST),副变速 3 挡;⑦进或退行驶速度(米/秒):0～2;⑧割台挡数:2 挡同步变速;⑨适用作业范围(毫米):650～1300;⑩脱粒方式:下置复筒式